U0186824

潘剑锋　王谦　邵霞　范宝伟　卢青波　编著

燃烧学

理论基础及其应用

（第2版）

江苏大学出版社
JIANGSU UNIVERSITY PRESS

镇　江

图书在版编目(CIP)数据

燃烧学理论基础及其应用 / 潘剑锋等编著. — 2 版
. — 镇江：江苏大学出版社，2022.8
ISBN 978-7-5684-1810-2

Ⅰ．①燃… Ⅱ．①潘… Ⅲ．①燃烧学 Ⅳ．
①O643.2

中国版本图书馆 CIP 数据核字(2022)第 105240 号

燃烧学理论基础及其应用(第 2 版)

Ranshaoxue Lilun Jichu Ji Qi Yingyong(Di-er Ban)

编　　著/潘剑锋　王谦　邵霞　范宝伟　卢青波
责任编辑/李菊萍
出版发行/江苏大学出版社
地　　址/江苏省镇江市京口区学府路 301 号(邮编：212013)
电　　话/0511-84446464(传真)
网　　址/http://press.ujs.edu.cn
排　　版/镇江市江东印刷有限责任公司
印　　刷/镇江文苑制版印刷有限责任公司
开　　本/718 mm×1 000 mm　1/16
印　　张/18.5
字　　数/331 千字
版　　次/2013 年 8 月第 1 版　2022 年 8 月第 2 版
印　　次/2022 年 8 月第 2 版第 1 次印刷　累计第 6 次印刷
书　　号/ISBN 978-7-5684-1810-2
定　　价/48.00 元

如有印装质量问题请与本社营销部联系(电话：0511-84440882)

2 版前言

本书是在第 1 版的基础上修订而成的,在编写的指导思想和体例方面与前一版一脉相承,主要变化体现在以下几个方面:

1. 修订了燃烧学的基本概念和基本原理、燃烧实验诊断技术和燃烧过程的数值模拟方法的部分内容,进一步提升了基础原理部分的系统性、逻辑性;介绍了燃烧学领域的新发展和新应用,进一步凸显教材"全、紧、新"的特色,即燃烧学基础知识全面、与工程实际应用联系紧密、微尺度燃烧及爆震燃烧等内容新颖.

2. 纠正了部分有误和欠妥的文字和表述,根据内容调整更新了部分参考文献,进一步维护和提高了教材的严谨性、科学性;

3. 在第七和第八章介绍了一些新的研究成果,让教材更具前沿性. 全书围绕并服务于能源与动力工程专业学生的培养目标和定位,满足目前教学改革的需要和宽口径专业教学的要求.

本书在编写过程中参考了国内外的相关文献资料,在此对文献的作者表达诚挚的谢意!江苏大学能源与动力工程学院工程热物理系其他教师和部分在读的研究生在本书编写过程中给予了支持和帮助,在此一并致谢.

限于编者水平,书中疏漏和不足之处在所难免,热忱希望读者批评指正.

1 版前言

节能减排是我国的一项基本国策,也是生态文明建设的基础性工程.这对所有热力装置提出了技术革新的要求,且随着社会经济的发展和人们生活水平的提高,这种要求更加迫切.具体而言,一方面,随着非再生性能源日益耗竭和人们对环保更加重视,不断推出的更为严格的排放法规迫使热力装置不断提高动力性、经济性和排放性,即实现燃料消耗率低、排放污染少、使用寿命长、噪声小等.这些互相关联而又相互制约的要求,都与燃烧有着不可分割的紧密联系.另一方面,正如诺贝尔化学奖获得者谢苗诺夫所说:实现对各种化学反应速度和化学反应方向的精确定量的控制,这是化学理论研究的长远任务.可惜,到目前为止,在化学工艺的理论方面,还远远落后于无线电技术、电子学和原子物理学等其他方面的研究.这句话在 21 世纪的今天仍然是适用的,要完成这一任务需要有更多的人力和物力投入到相关的研究工作中来.因此,能源与动力工程专业的学生掌握燃烧学的基础知识,就显得十分必要.

燃烧学是由热力学、化学动力学、流体力学和传热传质学等组成的一门科学,是研究燃料和氧化剂进行激烈化学反应及其物理准备过程的一门学科.它又是一门应用面广泛的专业基础课,是工程热物理学科、动力机械及工程学科的重要研究内容和组成部分,其建立在流体力学、传热学、工程热力学等课程相关知识的基础上,也是后续专业课如内燃机设计、燃烧污染与控制、燃烧技术与设备等课程的学习基础.

本书介绍了燃烧学的基本概念和基本原理、燃烧实验诊断技术和燃烧过程的数值模拟方法,并介绍了燃烧学领域的一些新发展和新应用.其主要特色可以概括为"全、紧、新"三个字,即燃烧学基础知识全面、与工程实际应用联系紧密、微尺度燃烧及爆震燃烧等内容新颖.全书围绕并服务于能源与动力工程专业学生的培养目标和定位,满足目前教学改革的需要和宽口径专业教学的要求.

全书分两大部分共八章:第一到六章为第一部分,即燃烧学基础理论知识介绍；第七和第八章为第二部分，介绍燃烧学研究方法和燃烧学领域的一些新发展和新应用.整体编写思路是由浅入深，化繁为简，在增加知识量的同时降低读者的接受难度.

本书以罗马尼亚的 V. Berindean 教授提供的教学资料（李德桃教授翻译）为编写基础，在此对他们致以深深的谢意.在编写过程中，编者也参考了许多国内外的相关文献资料，在此对这些文献的作者表示感谢！江苏大学能源与动力工程学院工程热物理系其他老师和一些在读的研究生为本书的编写提供了支持和帮助，在此一并致谢.

限于编者水平，书中疏漏和不足之处在所难免，热忱希望读者批评指正.

目 录

绪　论

　　燃烧是指燃料和氧化剂发生快速化学反应,并伴有发光发热的现象,是化学反应、流动、传热传质并存与相互作用的复杂的物理化学过程,这些物理化学现象之间互相联系和制约,并以其综合关系决定着燃料燃烧的最终结果.燃烧是工业生产和生活中获取能量的最基本、最便捷的方式.随着工业文明的不断发展,人类高度依赖利用燃料燃烧作为能量来源,针对燃烧过程的组织、新型燃烧技术、燃烧污染物控制与排放等方面的研究不断深入,燃烧理论也在不断完善中.

　　燃烧学是研究燃烧过程基本规律的科学.虽然早在 140 万～150 万年以前,人类就已掌握了使用火的技术,但是直到 18 世纪法国科学家拉瓦锡(Lavoisier)发现了氧气之后,才开始揭示燃烧的化学本质.19 世纪,人们用热化学和热力学方法研究燃烧,发现了燃烧热、绝热燃烧温度和燃烧产物平衡成分等重要特性.20 世纪初,苏联化学家谢苗诺夫(Semyonov)和美国化学家刘易斯(Lewis)等人发现燃烧具有分支链式反应的特点,且影响燃烧速率的重要因素是反应动力学.20 世纪 20 年代,苏联科学家泽尔多维奇(Zeldovich)等在研究了预混火焰和扩散火焰、层流燃烧、湍流燃烧、液滴燃烧和碳粒燃烧等基本规律之后又进一步发现:燃烧现象都是化学反应动力学和传热传质等物理因素的相互作用,并随之建立了着火和火焰传播理论.20 世纪 40—50 年代,科学家们针对预混火焰和扩散火焰、层流火焰和湍流火焰、液滴燃烧和碳粒燃烧等进行了深入研究并取得了迅速的发展,他们对燃烧过程的主导因素是流体动力学而不是化学动力学达成共识.20 世纪 50—60 年代,恰逢航空、航天技术的大发展,针对燃烧的研究也由一般动力机械内部燃烧问题扩展到喷气发动机、火箭和飞行器头部烧蚀等问题.美国力学家冯·卡门(Von Karman)和中国科学家钱学森首先提出用连续介质力学来研究燃烧基本现象,同时,许多学者利用黏性流体力学和边界层理论对层流燃烧、湍流燃烧、着火、火焰稳定等问题进行定量分析,反应流体力学逐渐发展成形.20 世纪 70 年代初,由于高速电子计算机的出现,英国科学家斯柏尔丁(Spalding)等人提出了一系列流动、传热传质和燃烧的计算方法,把燃烧

1

学的基本概念、化学流体力学理论、计算流体力学方法和燃烧室的工程设计有机地结合起来,建立了燃烧的数学模型方法和数值计算方法,但是遭遇湍流问题的困难. 20 世纪 70 年代中期,应用激光技术和气体分析技术直接测量燃烧过程中气体和颗粒的速度、温度、浓度等,加深了人们对燃烧现象的认识. 20 世纪 80 年代初,多国科学家针对湍流输运、湍流燃烧等进行了大量的研究工作,逐渐形成现有的"计算燃烧学". 在最近几十年,传统燃烧学开始与湍流理论、多相流体力学、辐射传热学、复杂反应的化学动力学相互渗透,燃烧学的完整体系得到了一定的发展.

燃烧学起源于传统经验科学,如今已发展成为涉及热力学、流体力学、化学反应动力学、传热传质学、物理学等学科的综合理论科学. 其研究内容主要包括两部分,即燃烧理论和燃烧技术. 燃烧理论着重研究燃烧过程中的燃烧反应机理、预混可燃气体的着火、火焰的传播机理、火焰的结构、单一油滴和碳粒的燃烧等,它主要是运用化学、传热传质学及流体力学的有关理论,说明各种燃烧基本现象的物理化学本质;燃烧技术主要是把燃烧理论中所阐明的物理概念和基本规律与实际工程中的燃烧问题联系起来,对现有的燃烧方法进行分析和改进,对新的燃烧方法进行探讨和实验,以不断提高燃料利用率和燃烧设备的技术水平. 由于燃烧学的研究内容十分复杂,因此其研究方法具有多样性,理论研究、实验诊断和数值模拟是相关研究方法中最重要的三部分. 燃烧理论研究涉及的内容主要有燃烧化学反应动力学的研究、层流燃烧和湍流燃烧的研究;实验诊断技术包括激光诱导荧光(LIF)、光腔衰荡(CARS)、激光诱导炽光(LII)等基于激光光谱的先进燃烧诊断技术;数值模拟方法包括多种描述湍流-复杂化学反应相互作用的理论模型,如大涡模拟(LES)和直接数值模拟(DNS)在湍流燃烧中的应用. 燃烧理论建立在对实验研究和数值模拟结果分析、总结的基础上,燃烧理论的发展也代表了研究方法的发展.

燃烧学是一门正在不断发展的学科,能源、航空航天、环境工程和火灾防治等领域都面临许多有待解决的重大燃烧学问题,如高强度燃烧、低品位燃料燃烧、煤浆(油－煤,水－煤,油－水－煤等)燃烧、流化床燃烧、氧/燃料燃烧、生物质燃料燃烧、内燃机高效低污染燃烧、航空发动机燃烧、催化燃烧、燃烧污染物排放和控制等.

我国是一个高度依赖燃料燃烧获取能量的国家,虽然能源资源总量比较丰富,但人均占有量低. 随着人们对节约能源和减少污染物排放的要求日益提高,开发高效率、低污染的燃烧设备变得十分迫切,严峻的形势要求我们深入地研究燃烧现象和规律.

燃烧热力学基础

燃烧反应的作用是将燃料的化学能转化为热能.因此,燃烧化学热力学(thermodynamics)的第一个任务是分析化学能转变为热能的能量变化规律,确定化学反应的热效应;第二个任务是分析化学平衡条件及达到化学平衡时系统的状态,如燃烧产物的温度和成分.

第一节　燃烧反应计算

燃烧可按两种方式进行:完全燃烧和不完全燃烧.

——当初始物质的全部化学能都转化为另一种能量时,也就是说,最终物质不再含有化学能时,燃烧是完全的.为此,必须提供能使全部燃料氧化的氧量.

——若为燃料供应的氧量少于它全部氧化所需要的氧量,则燃烧是不完全的.这时,尚有部分初始化学能保留在燃烧产物中,因此不完全燃烧获得的能量比较少.

燃烧反应计算需根据燃料中的可燃物分子与氧化剂分子进行化学反应的反应式,以及物质平衡和热量平衡的原理,确定燃烧反应的各参数.这些参数主要包括:单位数量的燃料燃烧所需要的氧化剂(空气或氧气)数量,燃烧产物的成分,燃烧产物的数量,燃烧温度和燃烧完全程度.

燃烧反应的实际进程和反应结果与体系的实际热力学条件及动力学条件有关.在燃烧反应计算中,要对这些条件加以规定或进行假设.

以下是关于燃烧反应计算条件的几点说明.

(1)燃烧反应计算需要知道燃料成分,如应用成分(固体、液体燃料)或湿成分(气体燃料).

(2)若原始数据不是应用成分或湿成分,则首先应进行必要的成分换算. 燃烧反应的氧化剂, 在热力机械中多数是用空气, 少数情况下也用氧气或富氧空气.

（3）空气的主要成分是氧气和氮气, 还有少量的氩、氙、氖、氦等稀有气体及二氧化碳气体、水蒸气. 燃烧反应计算中将假定空气的组成仅为氧气、氮气和水蒸气. 此时, 可假定干空气的成分按质量计, 氧占 23.2%, 氮占 76.8%; 若按体积计, 则氧占 21%, 氮占 79%. 空气中水蒸气的含量通常可以按某温度（大气温度）下的饱和水蒸气含量计算.

一、燃烧所需空气量

完全燃烧所需要的最小氧量可由表示燃烧反应物化学当量关系的计量方程确定. 对于气体, 化学计量系数的比例就表示同温、同压下的体积比.

燃烧的化学方程的通式为

$$aA + bB + \cdots \rightleftharpoons eE + fF + \cdots + q \tag{1.1.1}$$

式中, a, b 为反应物的物质的量, 或称反应物的计量系数; e, f 为反应产物的物质的量, 或称反应产物的计量系数; A, B 为反应物质; E, F 为反应产物; q 为反应热量.

按热化学的习惯, 在燃烧反应中, 其热化学方程左边的反应物质所含化学能的总量比右边产物所含化学能的总量多, 燃烧时化学能总是转变为热能放出, 用 q 的负值表示. 按照这一规定, 化学能转化为另一种能量的方向总是从左到右.

鉴于多数情况下化学能转化为热能时放出热量, 用 q 的负值表示, 故从左到右, 称为放热方向; 反应的逆方向则吸收热量, 用 q 的正值表示, 故从右到左, 称为吸热方向. 如

$$1 \text{ kmol } H_2 + \frac{1}{2} \text{ kmol } O_2 = 1 \text{ kmol } H_2O - 285.7 \times 10^3 \text{ kJ} \tag{1.1.2}$$

$$1 \text{ kmol } C + \frac{1}{2} \text{ kmol } O_2 = 1 \text{ kmol } CO - 123.9 \times 10^3 \text{ kJ} \tag{1.1.3}$$

$$1 \text{ kmol } CO + \frac{1}{2} \text{ kmol } O_2 = 1 \text{ kmol } CO_2 - 282.6 \times 10^3 \text{ kJ} \tag{1.1.4}$$

$$1 \text{ kmol } C + 1 \text{ kmol } O_2 = 1 \text{ kmol } CO_2 - 406.5 \times 10^3 \text{ kJ} \tag{1.1.5}$$

$$1 \text{ kmol } S + 1 \text{ kmol } O_2 = 1 \text{ kmol } SO_2 - 296.3 \times 10^3 \text{ kJ} \tag{1.1.6}$$

用燃烧方程可以先确定燃料中每种组分燃烧所需要的理论氧气量, 或者说最小氧气量 $n_{O_2, \min}$, 从而计算出所需空气量. 通常液体燃料没有固定的

组成,因此要根据它已知的元素成分进行计算.

假设

$$m(C)+m(H)+m(O)+m(S)+\cdots=1 \text{ kg} \qquad (1.1.7)$$

若设 C,H,O,S 的质量分别为 x,y,e,w kg,则 C 为 $\dfrac{x}{12}$ kmol,H_2 为 $\dfrac{y}{2}$ kmol,O_2 为 $\dfrac{e}{32}$ kmol,S 为 $\dfrac{w}{32}$ kmol.

从方程(1.1.2)(1.1.3)(1.1.4)(1.1.5)(1.1.6),可推导出式(1.1.7)中各元素燃烧需要的氧气量:

——完全燃烧 $\dfrac{y}{2}$ kmol H_2 需要 $\dfrac{y}{4}$ kmol O_2;

——完全燃烧 $\dfrac{x}{12}$ kmol C 需要 $\dfrac{x}{12}$ kmol O_2;

——燃烧 $\dfrac{w}{32}$ kmol S 需要 $\dfrac{w}{32}$ kmol O_2.

从以上所需氧气量的总数中应扣除燃料中所含氧气量 $\dfrac{e}{32}$ kmol,这样,消耗 1 kg 液体燃料,所需最小氧气量 $n_{O_2,\min}$ 为

$$n_{O_2,\min}=\frac{x}{12}+\frac{y}{4}-\frac{e-w}{32} \quad (\text{kmol}) \qquad (1.1.8)$$

空气是由 21%(体积分数)的氧和 79%(体积分数)的氮组成的,消耗 1 kg 液体燃料,所需最小氧气量 $n_{O_2,\min}$ 的空气量 $n_{air,\min}$ 为

$$n_{air,\min}=\frac{n_{O_2,\min}}{0.21}=\frac{1}{0.21}\left(\frac{x}{12}+\frac{y}{4}-\frac{e-w}{32}\right) \quad (\text{kmol}) \qquad (1.1.9)$$

若已知燃料的分子式(一般形式为 $C_m H_n O_p$),则式(1.1.8)和(1.1.9)可变成

$$n_{O_2,\min}=m+\frac{n}{4}-\frac{p}{2} \qquad (1.1.10)$$

$$n_{air,\min}=\frac{n_{O_2,\min}}{0.21}=\frac{1}{0.21}\left(m+\frac{n}{4}-\frac{p}{2}\right) \qquad (1.1.11)$$

表 1.1.1 中给出了发动机常用燃料每千克的典型组成、完全燃烧所需最小氧气量和空气量及其热值.

表中所给氧气、空气需求量均为理论值,通常在实际条件下为了保证燃烧室内的燃料完全燃烧,会向燃烧室内供给比理论需求量多一些的空气或氧气.而有时为了得到还原性气氛,便少供给一些空气或氧气.因此,实

际工况下要求确定"实际空气消耗量"(n_{air}).

表 1.1.1 发动机常用燃料特性

燃料	每千克组成			$n_{O_2,min}/$ kmol	$n_{air,min}/$ kmol	低热值/ mJ
	C	H	O			
汽油	0.854	0.142	0.004	0.106 5	0.507 3	43.97
原油	0.860	0.137	0.003	0.105 8	0.503 8	42.21
柴油	0.857	0.133	0.010	0.104 3	0.496 6	42.67
重油	0.860	0.120	0.020	0.101 0	0.480 9	41.27
甲醇	0.375	0.125	0.500	0.046 9	0.223 1	20.26
乙醇	0.522	0.130	0.348	0.065 1	0.288 0	27.20
二甲醚	0.522	0.130	0.348	0.065 1	0.288 0	27.20
天然气	0.756	0.244		0.123 8	0.589 1	50.00

实际空气消耗量 n_{air} 可表示为

$$n_{air} = \lambda n_{air,min} \quad (kmol) \tag{1.1.12}$$

若空气量以质量(kg)表示,则

$$m_{air} = 28.84\lambda n_{air,min} \tag{1.1.13}$$

式中,λ 为过量空气(excess air)系数.

λ 值是在设计燃烧装置时预选的或根据实测确定的. 这样利用上述公式便可计算实际空气消耗量 n_{air} 的值.

二、燃烧产物的组成

(一) 完全燃烧的产物组成与生成量

燃烧产物(combustion production)的生成量及成分是根据燃烧反应的物质平衡进行计算的. 完全燃烧时可根据化学方程确定燃烧产物的组成,燃烧产物包括 CO_2,H_2O,SO_2,N_2. 若以燃烧 1 kg 燃料计,则有

$$n_{CO_2} = \frac{x}{12}; \quad n_{H_2O} = \frac{y}{2}; \quad n_{SO_2} = \frac{w}{32}; \quad n_{N_2} = 0.79\lambda n_{air,min} \quad (kmol)$$

$$\tag{1.1.14}$$

当 $\lambda > 1$ 时,燃烧产物中除了 CO_2,H_2O,SO_2,N_2 外,还含有剩余的氧,其量可通过过量的空气确定:

$$\lambda n_{air,min} - n_{air,min} = (\lambda-1)n_{air,min} \quad (kmol) \tag{1.1.15}$$

从而得到

$$n_{O_2} = 0.21(\lambda - 1)n_{air,min} \quad (kmol) \tag{1.1.16}$$

燃烧产物的总量为

$$n = \frac{x}{12} + \frac{y}{2} + \frac{w}{32} + 0.21(\lambda - 1)n_{air,min} + 0.79\lambda n_{air,min} \quad (kmol) \tag{1.1.17}$$

若混合比为理论值,即 $\lambda = 1$,则上式变为

$$n = \frac{x}{12} + \frac{y}{4} + \frac{w}{32} + 0.79\lambda n_{air,min} \quad (kmol) \tag{1.1.18}$$

在压燃式发动机中,每一循环进入的空气量实际上不随负荷大小而变化,而喷入的燃料量可近似认为是和负荷成比例的,因此随着负荷的减小 λ 增大,燃烧产物中 CO_2 和 H_2O 的比例降低,O_2 的比例增加.

（二）不完全燃烧的产物组成

当空气量不足,出现富燃料时（$\lambda < 1$）,部分碳不能完全燃烧,部分氢也不能完全燃烧.

假设总碳量 $\frac{x}{12}$ kmol 中,有 $\frac{x_1}{12}$ kmol 燃烧成为 CO_2,有 $\frac{x_2}{12}$ kmol 燃烧成为 CO,则

$$\frac{x}{12} = \frac{x_1}{12} + \frac{x_2}{12} \quad (kmol) \tag{1.1.19}$$

燃烧得到的 CO_2 和 CO 量分别为

$$n_{CO_2} = \frac{x_1}{12} \quad (kmol) \tag{1.1.20}$$

$$n_{CO} = \frac{x_2}{12} \quad (kmol) \tag{1.1.21}$$

由燃烧方程式（1.1.2）～（1.1.6）可知,1 kmol 碳不完全燃烧生成 1 kmol 的一氧化碳.不完全燃烧时,生成的水量也有变化,若 $\frac{y_1}{2}$ kmol H_2 燃料未燃烧,则

$$n_{H_2O} = \frac{y}{2} - \frac{y_1}{2} \quad (kmol) \tag{1.1.22}$$

产物总量为

$$n = \frac{x_1}{12} + \frac{x_2}{12} + \left(\frac{y}{2} - \frac{y_1}{2}\right) + \frac{y_1}{2} + 0.79\lambda n_{air,min} \quad (kmol) \tag{1.1.23}$$

若供给的全部氧都用于燃料的燃烧,则可以由氧量平衡写出

$$\frac{x_1}{12} + \frac{1}{2} \cdot \frac{x_2}{12} + \frac{y}{4} - \frac{y_1}{4} - \frac{e}{32} = 0.21\lambda n_{air,min} \tag{1.1.24}$$

将式(1.1.19)代入可得

$$\left(\frac{x}{12}+\frac{y}{4}-\frac{e}{32}\right)-\frac{1}{2}\cdot\frac{x_2}{12}-\frac{y_1}{4}=0.21\lambda n_{\mathrm{air,min}} \tag{1.1.25}$$

又

$$n_{\mathrm{O_2,min}}=\frac{x}{12}+\frac{y}{4}-\frac{e}{32}=0.21 n_{\mathrm{air,min}} \quad (\mathrm{kmol}) \tag{1.1.26}$$

便得

$$\frac{x_2}{12}+\frac{y_1}{2}=0.42(1-\lambda)n_{\mathrm{air,min}} \tag{1.1.27}$$

若记

$$K=\frac{\dfrac{y_1}{2}}{\dfrac{x_2}{12}}=\frac{n_{\mathrm{H_2}}}{n_{\mathrm{CO}}} \tag{1.1.28}$$

则得

$$n_{\mathrm{CO}}=\frac{0.42(1-\lambda)n_{\mathrm{air,min}}}{1+K} \quad (\mathrm{kmol}) \tag{1.1.29}$$

其中,K 值要根据燃料中氢和碳的含量加以选择. 对于 $\frac{n_{\mathrm{H}}}{n_{\mathrm{C}}}=0.17\sim0.19$ 的液体燃料,K 取 $0.45\sim0.50$;对于汽油,K 取 0.30;对于天然气,K 取 $0.6\sim0.7$. 显然,若假定氢全部燃烧,则生成的一氧化碳量为

$$\frac{x_2}{12}=n_{\mathrm{CO}}=0.42(1-\lambda)n_{\mathrm{air,min}} \quad (\mathrm{kmol}) \tag{1.1.30}$$

不完全燃烧还表现为生成不充分混合物,此时燃烧是在 $\lambda<1$ 即氧量不足的情况下进行的,所以仅有部分碳完全燃烧生成二氧化碳,其余部分生成物则为一氧化碳、自由碳、甲烷和氢. 一般氢和氧的反应能力比碳强,不完全燃烧时形成的仅仅是一氧化碳和自由碳或炭黑. 在压缩式发动机里,燃烧产物仅含有少部分一氧化碳[在排气中不超过 0.5%(体积分数)],但是,排气中含有较多的炭黑. 因此,需要根据炭黑的含量判断燃烧状况.

若用 x_{C} 表示自由碳的摩尔分数,则碳的燃烧方程为

1 kmol C+1 kmol $\mathrm{O_2}$=x_{C} kmol C+$(1-x_{\mathrm{C}})$ kmol $\mathrm{CO_2}$+

$$x_{\mathrm{C}} \text{ kmol } \mathrm{O_2} \tag{1.1.31}$$

燃烧产物中除了含有二氧化碳和 x_{C} kmol 的自由碳外,还有 x_{C} kmol 的游离氧气. 自由碳的体积和燃烧产物的体积相比可以忽略不计,则不完全燃烧产物中气相的总摩尔量为

$$n_{\mathrm{CO_2}}+n_{\mathrm{O_2}}=(1-x_{\mathrm{C}})+x_{\mathrm{C}}=1 \quad (\mathrm{kmol}) \tag{1.1.32}$$

因为水蒸气和氧气的体积与燃烧程度无关,所以不完全燃烧可得到与完全燃烧时同样多的气体物质的量,即可得到同样大小的气体总体积. 二

8

氧化碳含量的降低必然使氧气含量相应地增加,这样在过量空气系数为某定值时,$\varphi_{CO_2} + \varphi_{O_2}$ 的值不变.这样,根据气体分析可以确定过量空气系数,并进一步推算出二氧化碳可能的最大体积分数 $\varphi_{CO_2,max}$.

不完全燃烧生成的二氧化碳的碳量为

$$\frac{\varphi_{CO_2}}{\varphi_{CO_2,max}} = 1 - x_C \qquad (1.1.33)$$

式中,φ_{CO_2} 为通过气体分析确定的二氧化碳的体积分数,%.

由式(1.1.33)得

$$x_C = 1 - \frac{\varphi_{CO_2}}{\varphi_{CO_2,max}} \qquad (1.1.34)$$

若燃料的平均组成为 $w(C) = 0.86$,$w(H) = 0.13$,$w(O) = 0.01$,通过气体分析得到 $\varphi_{CO_2} = 9.2\%$,$\varphi_{O_2} = 8.2\%$,$\varphi_{N_2} = 82.6\%$,$\lambda = 1.49$,则 $\varphi_{CO_2,max} = 10.15\%$,$x_C = 0.094$,这表明未燃烧的碳量或炭黑量为燃烧中总碳量的 9.4%.

(三) 燃烧时物质的物质的量或者体积的变化

燃烧产物的质量等于反应物(燃料+空气)的质量的总和,而燃烧前后的体积一般是不相等的.燃烧产物体积的变化取决于燃烧过程中分子的分解和燃烧产物中分子的形成导致的物质的量的变化.若以 n_0 表示反应物的物质的量,n 表示产物的物质的量,以每燃烧 1 kg 燃料计,则燃烧后物质的量的变化为

$$\Delta n = n - n_0; \quad n_0 = \lambda n_{air,min} \quad (kmol) \qquad (1.1.35)$$

① 对于完全燃烧,$\lambda \geq 1$,则

$$\Delta n = \frac{y}{4} + \frac{e}{32} - \frac{1}{M_{燃}} \quad (kmol) \qquad (1.1.36)$$

式中,$M_{燃}$ 为燃料的摩尔质量,g/mol.

相对于气体体积而言,点燃式发动机外部形成混合气,$1/M_{燃} > 0$,而压燃式发动机 $1/M_{燃} = 0$.

燃烧时物质的量或者体积的变化只决定于燃料中的氢、氧含量和燃料的摩尔质量,而与空气过量系数无关.对于液体燃料,燃烧后体积总是增加的.

② 对于不完全燃烧,$\lambda < 1$,则

$$\Delta n = \frac{y}{4} + \frac{e}{32} + 0.21(1-\lambda)n_{air,min} - \frac{1}{M_{燃}} \quad (kmol) \qquad (1.1.37)$$

因为过量空气系数小于 1,碳不完全燃烧,其体积的增加量取决于 λ 的大小.

分子式为 $C_m H_n O_p$ 的气体燃料,一般燃烧时 $\lambda > 1$,燃烧 1 m³ 体积燃料后,体积的变化为

$$\Delta V = \frac{n}{4} + \frac{p}{2} - 1 \quad (m^3) \qquad (1.1.38)$$

分子式为 $C_m H_n$ 时相应的 ΔV 为

$$\Delta V = \frac{n}{4} - 1 \quad (m^3) \qquad (1.1.39)$$

显然,$n > 4$ 时,燃烧后体积增加;$n < 4$ 时,体积减小;$n = 4$ 时,体积不变(如甲烷).

(四) 理论分子变化系数

燃烧反应引起的分子数及相应的体积变化可用理论分子变化系数来衡量,它是反应产物分子数与反应物分子数之比.

$$\mu_0 = \frac{n}{n_0} = \frac{n_0 + \Delta n}{n_0} = 1 + \frac{\Delta n}{n_0} = \frac{\frac{y}{4} + \frac{e}{32}}{\lambda n_{air,min}} \qquad (1.1.40)$$

若 $\lambda \geqslant 1$,则

$$\mu_0 = 1 + \frac{8y + e}{32 \lambda n_{air,min}} \qquad (1.1.41)$$

当每千克柴油中各元素质量恰好为 $m(C) = 0.87$ kg,$m(H) = 0.126$ kg,$m(O) = 0.004$ kg 时,

$$\mu_0 = 1 + \frac{0.063\ 9}{\lambda} \qquad (1.1.42)$$

这表明随着过量空气系数的增大,μ_0 降低. 因而对于压燃式发动机,燃烧产物体积的增加实际上不影响循环的进行和其热效率.

第二节 生成热、反应热和燃烧热

所有的化学反应都伴随着能量的吸收或释放,而能量通常是以热量的形式出现的. 当反应体系在等温条件下进行某一化学反应过程时,除膨胀功外,不做其他功,此时体系吸收或释放的热量,称为该反应的热效应. 对已知的某化学反应来说,通常所说的热效应如不特别注明,都是指等压条件下的热效应. 反应在 1.013×10^3 Pa,298 K 下进行时的热效应称为标准热效应,其值以 $\Delta H^{\ominus}$ 表示,其中"$\ominus$"表示标准状态(1.013×10^5 Pa,25 ℃). 根据热力学惯例,吸热为正值,放热为负值.

一、生成热

标准生成热定义为"由最稳定的单质化合成标准状态下 1 mol 纯物质的反应热",以 $\Delta h_f^{\ominus}$ 表示,单位为 kJ/mol.

一些物质的标准生成热见表 1.2.1. 很明显,稳定单质的生成热都等于零.

例如,H_2 与 I_2 反应的热化学方程式可以写成

$$\frac{1}{2}H_2(g) + \frac{1}{2}I_2(s) \longrightarrow HI(g)$$

$$\Delta h_f^{\ominus} = 25.10 \text{ kJ/mol}$$

这里 H_2 和 I_2 是稳定单质,故 $\Delta h_f^{\ominus} = 25.10$ kJ/mol 是 HI 的标准生成热. 符号 s 代表固态,g 代表气态,l 表示液态.

在下列热化学方程中

$$CO(g) + \frac{1}{2}O_2(g) \longrightarrow CO_2(g)$$

$$\Delta h_f^{\ominus} = -282.84 \text{ kJ/mol}$$

$$N_2(g) + 3H_2(g) \longrightarrow 2NH_3(g)$$

$$\Delta h_f^{\ominus} = 82.04 \text{ kJ/mol}$$

由于 CO 是化合物,不是稳定单质,故 $\Delta h_f^{\ominus} = 82.84$ kJ/mol 不是 CO_2 的生成热. N_2,H_2 虽是稳定单质,但生成物为 2 mol NH_3,故 $\Delta h_f^{\ominus} = 82.04$ kJ/mol 也不是 NH_3 的生成热.

因为有机化合物大都不能由稳定单质生成,所以表 1.2.1 中的有机化合物的生成热并不是直接测定的,而是通过计算得到的.

表 1.2.1　物质的标准生成热 $(1.013 \times 10^3$ Pa, 25 ℃ $)$

名称	分子式	状态	生成热/(kJ/mol)
一氧化碳	CO	气	−110.54
二氧化碳	CO_2	气	−393.51
甲烷	CH_4	气	−74.85
乙炔	C_2H_2	气	226.90
乙烯	C_2H_4	气	52.55
苯	C_6H_6	气	82.93
苯	C_6H_6	液	48.04
辛烷	C_8H_{18}	气	−208.45

续表

名称	分子式	状态	生成热/(kJ/mol)
正辛烷	C_8H_{18}	液	−249.95
正辛烷	C_8H_{18}	气	−208.45
氧化钙	CaO	晶体	−635.13
碳酸钙	$CaCO_3$	晶体	−1 211.27
氧	O_2	气	0.00
氮	N_2	气	0.00
碳(石墨)	C	晶体	0.00
碳(钻石)	C	晶体	1.88
水	H_2O	气	−241.84
水	H_2O	液	−285.85
乙烷	C_2H_6	气	−84.67
丙烷	C_3H_8	气	−103.85
正丁烷	C_4H_{10}	气	−124.73
异丁烷	C_4H_{10}	气	−131.59
正戊烷	C_5H_{12}	气	−146.44
正己烷	C_6H_{14}	气	−167.19
正庚烷	C_7H_{16}	气	−187.82
丙烯	C_3H_6	气	20.42
甲醛	CH_2O	气	−113.80
乙醛	C_2H_4O	气	−166.36
甲醇	CH_4O	液	−238.57
乙醇	C_2H_6O	液	−277.65
甲酸	CH_2O_2	液	−409.20
醋酸	$C_2H_4O_2$	液	−487.02
乙二酸	$C_2H_2O_4$	固	−826.76
四氯化碳	CCl_4	液	−139.33
氨基乙酸	$C_2H_5O_2N$	固	−528.56
氨	NH_3	气	−41.02
溴化氢	HBr	气	35.98*
碘化氢	HI	气	25.10*

注:＊ 标准温度为 18 ℃.

二、反应热

等温等压条件下,反应物形成生成物时吸收或释放的热量称为反应热,以 ΔH_r 表示,其值等于生成物焓的总和与反应物焓的总和之差.标准状态下的反应热称为标准反应热,以 $\Delta H_r^{\ominus}$ 表示,其中"$\ominus$"表示标准状态 $(1.013 \times 10^5 \text{ Pa}, 25 \text{ ℃})$,单位为 kJ/mol. 当泛指一个化学反应,不做严格的定量热力学计算时,反应热单位可用 kJ 表示.

$$\Delta H_r^{\ominus} = \sum_{s=f} n_s \Delta h_{f,s}^{\ominus} - \sum_{j=r} n_j \Delta h_{f,j}^{\ominus} \qquad (1.2.1)$$

其中,n_s,n_j 分别表示生成物和反应物的物质的量;$\Delta h_{f,s}^{\ominus}$,$\Delta h_{f,j}^{\ominus}$ 分别表示生成物和反应物的标准生成热.

例如

$$C(s) + O_2(g) \longrightarrow CO_2(g)$$

的标准反应热可由式(1.2.1)求得,即

$$\begin{aligned}
\Delta H_r^{\ominus} &= n_{CO_2} \Delta h_{f,CO_2}^{\ominus} - (n_C \Delta h_{f,C}^{\ominus} + n_{O_2} \Delta h_{f,O_2}^{\ominus}) \\
&= 1 \times (-393.51) - (1 \times 0 + 1 \times 0) \\
&= -393.51 \text{ kJ}
\end{aligned}$$

由表 1.2.1 可以查得 CO_2 的标准生成热 $\Delta h_f^{\ominus} = -393.51$ kJ/mol,这就意味着当反应物是稳定单质,生成物为 1 mol 的化合物时,该式的反应热在数值上就等于该化合物的生成热.

对任意给定压力和温度的反应热的计算可以按下面的方法进行. 对于理想气体,焓值不取决于压力,反应热也与压力无关,而只随温度变化. 在任意压力和温度下,反应热 ΔH_r 应等于系统从反应物转变成生成物时焓的减少量,即

$$\Delta H_r = \sum_{s=f} n_s \Delta h_{sT_i} - \sum_{j=r} n_j \Delta h_{jT_i} \qquad (1.2.2)$$

ΔH_r 随温度的变化由下式给出:

$$\frac{d\Delta H_r}{dT}\bigg|_p = \sum_{s=f} n_s \frac{d\Delta h_{sT_i}}{dT}\bigg|_p - \sum_{j=r} n_j \frac{d\Delta h_{jT_i}}{dT}\bigg|_p \qquad (1.2.3)$$

由比定压热容的定义,有

$$\frac{d\Delta H_r}{dT}\bigg|_p = \sum_{s=f} M_s c_{p,s} - \sum_{j=r} M_j c_{p,j} \qquad (1.2.4)$$

这个结果表明,反应热随温度的变化速率等于反应物和生成物的等压比热容差. 此即为反应热随温度变化的基尔霍夫(Kirchhoff)定律. 如果要求两个温度间的反应热的变化,可以对上述方程进行积分,即

$$\Delta H_{r_2} - \Delta H_{r_1} = \int_{T_1}^{T_2} \left(\sum_{s=f} n_s c_{p,s} - \sum_{j=r} n_j c_{p,j} \right) dT \qquad (1.2.5)$$

式中,ΔH_{r_2},ΔH_{r_1} 分别为温度 T_2,T_1 时的反应热;$c_{p,s}$,$c_{p,j}$ 分别表示生成物和反应物的比定压热容,其值随温度变化而变化. 若认为 $c_{p,s}$,$c_{p,j}$ 与温度关系不大,则有

$$\Delta H_{r_2} - \Delta H_{r_1} = \sum_{s=f} n_s c_{p,s} (T_2 - T_1) - \sum_{j=r} n_j c_{p,j} (T_2 - T_1)$$

$$(1.2.6)$$

如果已知反应热 $\Delta H_{r_1}^{\ominus} = \Delta H_f^{\ominus}$,可由式(1.2.5)或式(1.2.6)计算任何温度下的反应热 ΔH_{r_2}.

三、燃烧热

1 mol 的燃料和氧化剂在等温等压条件下完全燃烧释放的热量称为燃烧热,标准状态时的燃烧热称为标准燃烧热,以 $\Delta h_c^{\ominus}$ 表示,单位为 kJ/mol.

表 1.2.2 列出了某些燃料在等温等压条件下的标准燃烧热,其完全燃烧产物为 $H_2O(l)$,$CO_2(g)$ 及 $N_2(g)$. 需要注意的是,这里的 H_2O 为液态,而不是气态. 由表 1.2.1 可看出,$H_2O(l)$ 的生成热和 $H_2O(g)$ 的生成热是不同的.

$$H_2O(l) \longrightarrow H_2O(g)$$
$$\Delta h^{\ominus} = -44.01 \text{ kJ/mol}$$

这里 $\Delta h^{\ominus}$ 为 1mol $H_2O(l)$ 的汽化潜热. 表 1.2.2 中列出的燃烧热在工程上一般称为高位热值.

燃烧热也可以按式(1.2.1)计算.

表 1.2.2 某些燃料的燃烧热[1.013×10^5 Pa, 25 ℃,产物为 $N_2(g)$,$H_2O(l)$ 和 $CO_2(g)$]

名称	分子式	状态	燃烧热/(kJ/mol)
碳(石墨)	C	固	−392.88
氢	H_2	气	−285.77
一氧化碳	CO	气	−282.84
甲烷	CH_4	气	−881.99
乙烷	C_2H_6	气	−1 541.39
丙烷	C_3H_8	气	−2 201.61
丁烷	C_4H_{10}	液	−2 870.64
戊烷	C_5H_{12}	液	−3 486.95
庚烷	C_7H_{16}	液	−4 811.18
辛烷	C_8H_{18}	液	−5 450.50

续表

名称	分子式	状态	燃烧热/(kJ/mol)
十二烷	$C_{12}H_{26}$	液	$-8\,132.43$
十六烷	$C_{16}H_{34}$	固	$-1\,070.69$
乙烯	C_2H_4	气	$-1\,411.26$
乙醇	C_2H_6O	液	$-1\,370.94$
甲醇	CH_4O	液	-712.95
苯	C_6H_6	液	$-3\,273.14$
环庚烷	C_7H_{14}	液	$-4\,549.26$
环戊烷	C_5H_{10}	液	$-3\,278.59$
醋酸	$C_2H_4O_2$	液	-876.13
苯甲酸	$C_7H_6O_2$	固	$-3\,226.70$
乙基醋酸盐	$C_4H_8O_2$	液	$-2\,246.39$
萘	$C_{10}H_8$	固	$-5\,155.94$
蔗糖	$C_{12}H_{22}O_{11}$	固	$-5\,646.73$
2-茨酮	$C_{10}H_{16}O$	固	$-5\,903.62$
甲苯	C_7H_8	液	$-3\,908.69$
二甲苯	C_8H_{10}	液	$-4\,567.67$
氨基甲酸乙酯	$C_3H_7NO_2$	固	$-1\,661.88$
苯乙烯	C_8H_8	液	$-4\,381.09$

[**例 1.1**] 试求甲烷在空气中完全燃烧时的燃烧热.

解 先写出热化学方程式

$$\nu_1 CH_4(g) + \nu_2 O_2(g) + 3.76\nu_2 N_2(g) \rightarrow \nu_3 CO_2(g) + \nu_4 H_2O(l) + 3.76\nu_2 N_2(g)$$

根据质量守恒,得

碳:$\nu_1 = \nu_3$;氢:$4\nu_1 = 2\nu_4$;氧:$2\nu_2 = 2\nu_3 + \nu_4$;氮:$2 \times 3.76\nu_2 = 2 \times 3.76\nu_2$.

假定取 $\nu_1 = 1$,解得

$$\nu_1 = \nu_3 = 1, \quad \nu_4 = 2, \quad \nu_2 = 2$$

则有

$$CH_4(g) + 2O_2(g) + 7.52N_2(g) \rightarrow CO_2(g) + 2H_2O(l) + 7.52N_2(g)$$

由表 1.2.1 知

$$\Delta h_{f,CO_2}^{\ominus} = -393.51 \text{ kJ/mol}$$

$$\Delta h_{f,H_2O(l)}^{\ominus} = -285.85 \text{ kJ/mol}$$

$$\Delta h_{f,CH_4}^{\ominus} = -74.85 \text{ kJ/mol}$$

$$\Delta h_{f,N_2}^{\ominus} = 0$$

$$\Delta h_{f,O_2}^{\ominus} = 0$$

则燃烧热可以由式(1.2.1)计算.这里 CH_4 为 1 mol,因此其反应热在数值上等于 CH_4 的燃烧热.

$$\Delta H_r^{\ominus} = \Delta h_c^{\ominus} = \sum_{s=f} n_s \Delta h_{f,s}^{\ominus} - \sum_{j=r} n_j \Delta h_{f,j}^{\ominus}$$
$$= [1 \times (-393.51) + 2 \times (-285.85) + 7.52 \times 0] -$$
$$[1 \times (-74.85) + 2 \times 0 + 7.52 \times 0]$$
$$= -890.36 \text{ kJ/mol}$$

计算值与表 1.2.2 查到的 CH_4 的燃烧热很接近.

第三节 燃烧热的测量和计算

由前述可知,化学反应所放出或吸收的热,可用两种量热计测量:一种是定容量热计,另一种是定压量热计.在定容量热计中燃烧热不做功,因此燃烧所吸收的热量等于内能的增量 ΔU;在定压量热计中燃烧热做功,因此燃烧所吸收的热量等于焓的增量 Δh.

在工程实际中常常会遇到一些难于控制和测定其热效应的反应,通过热化学定律可以使用间接方法将它计算出来,这样就不必对每个反应做实验了.下面介绍几个热化学定律及其在燃烧热计算中的应用.

一、拉瓦锡-拉普拉斯(Laplace)定律

该定律指出,化合物的分解热等于它的生成热,而符号相反.

根据这个定律,按相反的次序来写热化学方程,就可以根据化合物的生成热确定化合物的分解热.

例如,CO_2 的标准生成热可由表 1.2.1 查得,即有

$$C(s) + O_2(g) \longrightarrow CO_2(g)$$
$$\Delta h_f^{\ominus} = -393.51 \text{ kJ/mol} \tag{1.3.1}$$

但是,CO_2 的分解热很难测定.根据拉瓦锡-拉普拉斯定律,由式(1.3.1)可以求得 CO_2 的分解热,即

$$CO_2(g) \longrightarrow C(s) + O_2(g)$$
$$\Delta h_f^{\ominus} = 393.51 \text{ kJ/mol}$$

二、盖斯(Hess)定律

实验证明,不管化学反应是一步完成的,还是分几步完成的,其反应的

热效应相同.换言之,即反应的热效应只与起始状态和终了状态有关,而与变化的途径无关,这就是盖斯定律.该定律暗示了热化学方程能够用代数方法做加减.

例如,碳和氧化合成一氧化碳的生成热不能直接由实验测定,因为产物中必然混有 CO_2,但可以间接地通过下列两个燃烧反应式求出.

$$C(s) + O_2(g) \longrightarrow CO_2(g)$$
$$\Delta h_c^{\ominus} = -392.88 \ \text{kJ/mol} \tag{1.3.2}$$

$$CO(g) + \frac{1}{2}O_2(g) \longrightarrow CO_2(g)$$
$$\Delta h_c^{\ominus} = -282.84 \ \text{kJ/mol} \tag{1.3.3}$$

两式相减,得

$$C(s) + \frac{1}{2}O_2(g) \longrightarrow CO(g)$$
$$\Delta h_f^{\ominus} = -110.04 \ \text{kJ/mol} \tag{1.3.4}$$

为了求出反应的热效应,可以借助于某些辅助反应,至于反应究竟是否按照中间途径进行,可不必考虑.但是由于每一个实验数据都有一定的误差,所以应尽量避免引入不必要的辅助反应.

前已提及,有机化合物的生成热不是直接测定的,而是通过计算得来的,下面举例说明.

[**例 1.2**] 试求苯的生成热.

解 已知它的热化学方程为

$$C_6H_6(l) + \frac{15}{2}O_2(g) \longrightarrow 3H_2O(l) + 6CO_2(g)$$
$$\Delta h_c^{\ominus} = -3\ 273.14 \ \text{kJ/mol}$$

由于 C_6H_6 为 1 mol,因此该反应的反应热在数值上等于 C_6H_6 的燃烧热.由式(1.2.1)可得

$$\Delta H_r^{\ominus} = (3\Delta h_{f,H_2O(l)}^{\ominus} + 6\Delta h_{f,CO_2}^{\ominus}) - \left(\Delta h_{f,C_6H_6(l)}^{\ominus} + \frac{15}{2}\Delta h_{f,O_2}^{\ominus}\right)$$

其中,$H_2O(l)$,$CO_2(g)$ 及 $O_2(g)$ 的生成热均可由表 1.2.1 查得,将 $\Delta H_r^{\ominus} = \Delta h_c^{\ominus} = -3\ 273.14 \ \text{kJ/mol}$ 代入上式,即可求得 C_6H_6 的生成热.

第四节　燃气的离解

一、化学平衡(chemical equilibrium)

燃烧反应出现化学平衡状态,可以视为初始物质完全转化为最终物质的过程中反应的停止,若压力、温度不变,则化学平衡状态下初始物质和最终产物两者浓度不再随时间变化.化学平衡状态从宏观上看表现为静态,但实际上是一种动态平衡.

有许多化学反应的平衡常数 K_p 实际上是无法查到的,但可以利用简单化学反应的化学平衡通过代数计算求得.假设化学反应式为

$$aA + bB \Longrightarrow cC + dD$$

则

$$K_p = \frac{p_C^c \, p_D^d}{p_A^a \, p_B^b} = \frac{x_C^c \, x_D^d}{x_A^a \, x_B^b} p^{[(c+d)-(a+b)]}$$

式中,p 代表总压;p_A,p_B,p_C,p_D 和 x_A,x_B,x_C,x_D 分别表示各个组分的分压力和摩尔分数.

例如,已知下列两个反应的平衡常数为

$$H_2O \Longleftrightarrow \frac{1}{2}H_2 + OH$$

$$K_{p_1} = \frac{p_{H_2}^{\frac{1}{2}} p_{OH}}{p_{H_2O}}$$

$$\frac{1}{2}H_2 \Longleftrightarrow H$$

$$K_{p_2} = \frac{p_H}{p_{H_2}^{\frac{1}{2}}}$$

可以求得下面反应的平衡常数:

$$H_2O \Longleftrightarrow H + OH$$

$$K_p = \frac{p_H p_{OH}}{p_{H_2O}} = K_{p_1} K_{p_2} \tag{1.4.1}$$

对于有固体碳的燃烧系统,固体物质的分压力可忽略不计,如

$$C + O_2 \Longleftrightarrow CO_2$$

$$K_p = \frac{p_{CO_2}}{p_{O_2}}$$

二、燃气的离解

随着温度的升高,大多数多原子气体会部分地离解成较简单的分子或者基团,直至离解成原子.

气体分子的离解是由分子能量提高致使分子中原子的振幅增大,分子的转动速度加快造成的.随着温度的升高,分子的运动速度显著加快.在高温下,分子之间的碰撞很容易使它们之间的连接断开.根据麦克斯韦(Maxwill)的分子动能和内能的分配定律(原子的转动和振动),可得到每一温度下的平衡状态.能量的概率分布和离解平衡状态的概率分布可依照统计力学加以计算.

燃烧产物的组成和含量是温度和压力的函数.对于一个 C—H—O—N 系统的富氧情况来说,其主要产物是 CO_2,H_2O,O_2 及 N_2.随着火焰温度的升高,离解开始出现,从而可能产生 CO,H_2,OH,H,O,O_3,C,CH_4,N,NO 及 NH_3 等组分,在不同的温度、压力水平下,离解产物是不同的.

当 $T>2\ 200$ K,$p=1.013\times10^5$ Pa 或 $T>2\ 500$ K,$p=2.0\times10^6$ Pa 时,将至少有 1% 的 CO_2 和 H_2O 离解:

$$CO_2 \rightleftharpoons CO + \frac{1}{2}O_2$$

$$\Delta H_r^{\ominus} = 783.7 \text{ kJ}$$

$$H_2O \rightleftharpoons H_2 + \frac{1}{2}O_2$$

$$\Delta H_r^{\ominus} = 241.8 \text{ kJ}$$

$$H_2O \rightleftharpoons \frac{1}{2}H_2 + OH$$

$$\Delta H_r^{\ominus} = 280.7 \text{ kJ}$$

这时产物包括 CO,H_2,O_2 和 OH.

在 $T>2\ 400$ K,$p=1.013\times10^5$ Pa 和 $T>2\ 800$ K,$p=2.0\times10^6$ Pa 时,O_2 和 H_2 离解(在富氧情况下):

$$H_2 \rightleftharpoons 2H$$

$$\Delta H_r^{\ominus} = 434.4 \text{ kJ}$$

$$O_2 \rightleftharpoons 2O$$

$$\Delta H_r^{\ominus} = 490.4 \text{ kJ}$$

上述反应中产物是 H 和 O. 而实际上,O 也可能来自高温下水的离解:

$$H_2O \rightleftharpoons H_2 + O$$

$$\Delta H_r^{\ominus} = 489.1 \text{ kJ}$$

由此可知,在富氧的火焰里,水可离解成 H_2,O_2,OH,H 和 O 等各种成分.

在更高的温度下,氮开始参加反应. 当 $T > 3\,000$ K 时,

$$\frac{1}{2}N_2 + \frac{1}{2}O_2 \rightleftharpoons NO$$

$$\Delta H_r^{\ominus} = 90.0 \text{ kJ}$$

当 $T > 3\,000$ K,$p = 1.013 \times 10^5$ Pa 或 $T > 3\,600$ K,$p = 2.0 \times 10^6$ Pa 时,N_2 开始按下式离解:

$$N_2 \rightleftharpoons 2N$$

$$\Delta H_r^{\ominus} = 941.8 \text{ kJ}$$

三、化学平衡时燃烧产物成分的计算

在简单的燃烧计算中,都假设燃烧是"一步完成的""完全的",亦即燃料在有足够 O_2 的情况下全部反应生成燃烧产物 CO_2 和 H_2O,并不考虑离解反应,这与实际燃烧反应情况不符. 如前所述,在高温燃烧反应中,燃烧产物 CO_2,H_2O,O_2,N_2 等气体都会产生离解现象,因此必须考虑燃烧反应过程的中间反应及其化学平衡. 从化学平衡角度计算得到的各种燃烧产物在其热力学状态下的摩尔分数,与一步完成的完全燃烧不同,因而燃烧产物的平均分子质量、气体常数、内能、焓等参数也就不同. 平衡燃烧产物主要与反应时的温度 T、压力 p 和当量比 φ(实际燃空比与化学计量燃空比的比值)有关. 下面着重讨论在不同 T,p,φ 情况下,运用化学平衡原理求解各种燃烧产物的摩尔分数 x_i 的方法.

设燃料的一般分子式为 $C_nH_mO_lN_k$(其中 l 和 k 一般为 0),则该燃料完全燃烧理论所需 O_2 的物质的量为 $(n + m/4 - l/2)$. 若当量比为 φ,则实际所需 O_2 的物质的量为 $(n + m/4 - l/2)/\varphi$. 根据燃烧温度,假设燃烧产物共有 H,O,N,H_2,OH,CO,NO,O_2,H_2O,CO_2,N_2,Ar 等 12 种,依次用 x_1,x_2,$\cdots$,x_{12} 表示其摩尔分数. x_{13} 为产生 1 mol 燃烧产物的燃料的物质的量,则燃料和空气的化学反应方程式为

$$x_{13}\left[C_nH_mO_lN_k + \frac{n+m/4-l/2}{\varphi}(O_2 + 3.727\,4N_2 + 0.044\,4Ar)\right] \rightarrow$$

$$x_1H + x_2O + x_3N + x_4H_2 + x_5OH + x_6CO + x_7NO + x_8O_2 + x_9H_2O +$$

$$x_{10} CO_2 + x_{11} N_2 + x_{12} Ar \tag{1.4.2}$$

为简化起见,方程式左端可以简写成:

$$x_{13}(\nu_1 C + \nu_2 H + \nu_3 O_2 + \nu_4 N_2 + \nu_5 Ar)$$

式中:$\nu_1 = n$;

$\nu_2 = m$;

$\nu_3 = l/2 + \nu_0$;

$\nu_4 = k/2 + 3.727\ 4\nu_0$;

$\nu_5 = 0.044\ 4\nu_0$.

令 $\nu_0 = (n + m/4 - l/2)/\varphi$.

由方程式(1.4.2)左右两边的原子平衡可得

C 原子平衡 $\qquad x_6 + x_{10} = nx_{13}$ $\qquad\qquad$ (1.4.3)

H 原子平衡 $\qquad x_1 + 2x_4 + x_5 + 2x_9 = mx_{13}$ $\qquad$ (1.4.4)

O 原子平衡 $\quad x_2 + x_5 + x_6 + x_7 + 2x_8 + x_9 + 2x_{10} = 2\nu_3 x_{13}$ $\quad$ (1.4.5)

N 原子平衡 $\qquad x_3 + x_7 + 2x_{11} = 2\nu_4 x_{13}$ $\qquad\qquad$ (1.4.6)

Ar 原子平衡 $\qquad x_{12} = \nu_5 x_{13}$ $\qquad\qquad$ (1.4.7)

约束条件为

$$\sum_{i=1}^{12} x_i = 1 \tag{1.4.8}$$

以上共 6 个方程式,为了解 $x_1, x_2, \cdots, x_{13}$ 共 13 个未知数,需要补充 7 个方程式,这就需要通过燃烧产物的离解平衡条件得到. 一般可以选择下列 7 个离解或中间反应的平衡条件,建立 7 个平衡方程,即

$$1/2 H_2 \rightleftharpoons H \quad K_1 = x_1 p^{1/2}/x_4^{1/2} \tag{1.4.9}$$

$$1/2 O_2 \rightleftharpoons O \quad K_2 = x_2 p^{1/2}/x_8^{1/2} \tag{1.4.10}$$

$$1/2 N_2 \rightleftharpoons N \quad K_3 = x_3 p^{1/2}/x_{11}^{1/2} \tag{1.4.11}$$

$$1/2 O_2 + 1/2 H_2 \rightleftharpoons OH \quad K_5 = x_5/(x_4^{1/2} \cdot x_8^{1/2}) \tag{1.4.12}$$

$$1/2 O_2 + 1/2 N_2 \rightleftharpoons NO \quad K_7 = x_7/(x_8^{1/2} \cdot x_{11}^{1/2}) \tag{1.4.13}$$

$$H_2 + 1/2 O_2 \rightleftharpoons H_2O \quad K_9 = x_9/(x_4 \cdot x_8^{1/2} p^{1/2}) \tag{1.4.14}$$

$$CO + 1/2 O_2 \rightleftharpoons CO_2 \quad K_{10} = x_{10}/(x_6 \cdot x_8^{1/2} p^{1/2}) \tag{1.4.15}$$

式中,$K_1, K_2, K_3, K_5, K_7, K_9, K_{10}$ 为平衡常数;p 为系统总压力,Pa. 由式(1.4.9)~式(1.4.15)可得

$$x_1 = K_1 x_4^{1/2}/p^{1/2} \tag{1.4.16}$$

$$x_2 = K_2 x_8^{1/2}/p^{1/2} \tag{1.4.17}$$

$$x_3 = K_3 x_{11}^{1/2}/p^{1/2} \qquad\qquad (1.4.18)$$

$$x_5 = K_5 x_4^{1/2} x_8^{1/2} \qquad\qquad (1.4.19)$$

$$x_7 = K_7 x_8^{1/2} x_{11}^{1/2} \qquad\qquad (1.4.20)$$

$$x_9 = K_9 x_4 x_8^{1/2} p^{1/2} \qquad\qquad (1.4.21)$$

$$x_{10} = K_{10} x_6 x_8^{1/2} p^{1/2} \qquad\qquad (1.4.22)$$

由于各个简单反应的平衡常数是温度的单值函数,故方程式线性化后,就可以通过式(1.4.3)~式(1.4.15)的 13 个方程求出 13 个未知数 x_1～x_{13}.李德桃、王谦编写的《燃烧学基础》给出了各种燃烧产物的摩尔分数 x_i,内能 U_i,焓 h_i 及这些参数对 p,T,φ 的偏导数的计算方法,这对燃烧计算是很有用的.图 1.4.1 给出了燃烧产物组成与温度的关系曲线.由图可以看出,在进入离解区域之前,物质的量是不变的,开始离解后物质的总量增加,而燃烧产物的物质的量减少.

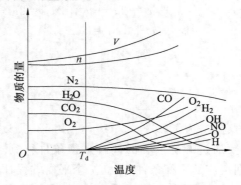

图 1.4.1 燃烧产物组成与温度的关系

思考题

1. 化学内能、温度与燃烧热之间有何关系?

2. 燃烧反应计算的依据是什么?有哪些假设条件?需要哪些原始数据?

3. 燃料在完全燃烧和不完全燃烧条件下,燃烧产物的成分有何不同?造成不完全燃烧的原因有哪些?

4. 燃烧过程中影响化学平衡的因素有哪些?

燃烧动力学基础

化学动力学(chemical kinetics)研究包括两个方面:第一,确定各种化学反应速率及各种因素(浓度、温度等)对反应速率的影响,从而提供合适的反应条件,使反应按人们所希望的速率进行;第二,研究各种化学反应机理,即研究从反应物到生成物所经历的过程.大量实验表明,反应速率的快慢主要决定于化学反应的内在机理,外界因素(如温度、压力)都是通过影响或改变反应机理起作用的.因此,研究其反应机理、揭示化学反应速率的本质,能使人们更合理地控制化学反应速率.燃烧动力学是化学动力学的一个部分,遵循化学动力学的一般规律.

第一节　化学反应速率

一、反应速率的定义及表示方法

第一章中研究化学平衡时,假设平衡是瞬时达到的,亦即随着温度、压力不断地变化,燃烧产物总是能在瞬时间达到相应的平衡浓度.这种假设对反应速率十分迅速的化学反应来说是可以成立的,但对于反应速率很慢的化学反应,则需要较长的时间才能达到平衡,与假设的瞬时达到存在很大差距,因此需要研究其反应速率.

化学反应速率(reaction rate),可用单位时间内反应物浓度的降低或生成物浓度的升高来表示.在一个化学反应系统中,反应开始以后,反应物的浓度不断降低,生成物的浓度不断升高.对于大多数反应系统,反应物(或生成物)的浓度随时间的变化一般不呈线性关系,如图 2.1.1 所示.

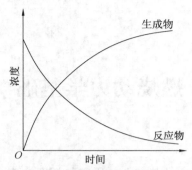

图 2.1.1　反应物与生成物浓度随时间的变化

　　按照上述反应速率的定义,化学反应速率恒为正值.若采用不同的浓度单位,则化学反应速率可用下述形式表达:

$$w_c = \pm \frac{\mathrm{d}c_i}{\mathrm{d}t} \quad (\mathrm{mol \cdot m^{-3} \cdot s^{-1}}) \tag{2.1.1}$$

$$w_n = \pm \frac{\mathrm{d}C_i}{\mathrm{d}t} \quad (\mathrm{m^{-3} \cdot s^{-1}}) \tag{2.1.2}$$

$$w_x = \pm \frac{\mathrm{d}x_i}{\mathrm{d}t} \quad (\mathrm{s^{-1}}) \tag{2.1.3}$$

　　在式(2.1.1)中,c_i 是反应物的物质的量浓度,代表单位体积内所含某种反应物的物质的量,表达式为 $c_i = n_i/V$,式中,n_i 为物质的量.若 $\mathrm{d}c_i/\mathrm{d}t < 0$,为了使 $w_c > 0$,则 $\mathrm{d}c_i/\mathrm{d}t$ 之前应取负号.

　　在式(2.1.2)中,C_i 是反应物的分子浓度,代表单位体积内所含反应物分子数的多少,表达式为 $C_i = N_i/V$,式中,N_i 为分子数.

　　在式(2.1.3)中,x_i 是反应物的摩尔分数,代表某反应物在整个系统中所占的比例,表达式为 $x_i = n_i/n$,式中,n 为混合物的物质的量.

　　因为浓度的表示方法不同,所以化学反应速率的数值是不同的,但它们之间有一定的关系.

　　例如,w_c 与 w_n 的关系为

$$w_n = N_A w_c \tag{2.1.4}$$

式中,N_A 为阿伏加德罗常数.

　　一个化学反应系统的反应速率可以用反应物浓度的变化来表示,也可以用产物浓度的变化来表示.虽然两者得出的反应速率值不同,但它们之间存在着单值计量关系,此关系式可以由化学反应式得到.

例如,已知任一反应为

$$a\mathrm{A} + b\mathrm{B} \longrightarrow e\mathrm{E} + f\mathrm{F}$$

则反应速率可写成

$$w_{\mathrm{A}} = -\frac{\mathrm{d}c_{\mathrm{A}}}{\mathrm{d}t}; \qquad w_{\mathrm{B}} = -\frac{\mathrm{d}c_{\mathrm{B}}}{\mathrm{d}t}$$

$$w_{\mathrm{E}} = +\frac{\mathrm{d}c_{\mathrm{E}}}{\mathrm{d}t}; \qquad w_{\mathrm{F}} = +\frac{\mathrm{d}c_{\mathrm{F}}}{\mathrm{d}t} \tag{2.1.5}$$

在定容系统中,单位时间内物质 A,B,E,F 浓度的变化与其自身的化学计量系数(stoichiometric coefficient)成比例. 以上 4 个反应速率之间有如下关系:

$$-\frac{1}{a}\frac{\mathrm{d}[\mathrm{A}]}{\mathrm{d}t} = -\frac{1}{b}\frac{\mathrm{d}[\mathrm{B}]}{\mathrm{d}t} = \frac{1}{e}\frac{\mathrm{d}[\mathrm{E}]}{\mathrm{d}t} = \frac{1}{f}\frac{\mathrm{d}[\mathrm{F}]}{\mathrm{d}t} \tag{2.1.6}$$

式中,$[\mathrm{A}]$,$[\mathrm{B}]$,$[\mathrm{E}]$,$[\mathrm{F}]$分别表示物质 A,B,E,F 的浓度. 上式也可写成

$$\frac{w_{\mathrm{A}}}{a} = \frac{w_{\mathrm{B}}}{b} = \frac{w_{\mathrm{E}}}{e} = \frac{w_{\mathrm{F}}}{f} = w \tag{2.1.7}$$

因为一般情况下 $a \neq b \neq e \neq f$,所以 $w_{\mathrm{A}} \neq w_{\mathrm{B}} \neq w_{\mathrm{E}} \neq w_{\mathrm{F}}$.

式(2.1.7)中的 w 代表反应系统的化学反应速率,其数值是唯一的,又称为系统反应速率. 由此可见,反应系统的化学反应速率可以通过测定系统内任一组分浓度的变化率来确定.

二、基元反应(elementary reactions)

以上描述了定容系统中化学反应速率的快慢. 接下来,讨论定压、定容条件下影响并控制化学反应过程的主要因素.

以氢和氧化合生成水的反应为例,其反应式为

$$2\mathrm{H}_2 + \mathrm{O}_2 \longrightarrow 2\mathrm{H}_2\mathrm{O} \tag{2.1.8}$$

该式给出了反应物中氢分子和氧分子参与反应的计量关系,最后生成的产物是水分子. 人们已经知道该反应是以爆炸的方式进行的,即反应速率非常快. 事实上,一个氧分子和两个氢分子能碰在一起的概率很小,在碰撞中一步直接转化为两个水分子的可能性更小. 多数情况下,氢分子和氧分子需要经过若干步反应,才能转化成水分子. 反应式(2.1.8)仅代表了氢分子和氧分子生成水分子反应的总结果,没有表示出反应的中间过程,这种反应称为总体反应. 总体反应只可以用来进行化学计量,我们之前所学的化学方程式大都表示的是总体反应.

反应物分子在碰撞中一步转化为产物分子的反应称为基元反应(或称

简单反应、动力学反应). 一个化学反应从反应物分子转化为产物分子往往需要经历若干个基元反应才能完成,这些基元反应描述了反应所经历的真实过程,在化学动力学中称之为反应历程,也叫反应机理.

三、化学反应速率的质量作用定律

实验证明,在等温条件下,对于单相的化学基元反应,任何瞬间的化学反应速率与该瞬间各反应物浓度的某次幂的乘积成正比,而各反应物浓度的幂次则等于基元反应式中该反应物的化学计量系数.这个表示化学反应速率与其反应物浓度之间关系的规律就是质量作用定律.

质量作用定律是建立在实验基础之上的经验定律,可以作如下简单解释:因为化学反应是反应物各分子之间碰撞后发生的,所以单位体积内的分子数目越多,即反应物的浓度越大,反应物分子与分子之间的碰撞次数就越多,反应过程就进行得越快.因此,化学反应速率与反应物的浓度成正比.

对于一般基元反应的反应式

$$a\mathrm{A}+b\mathrm{B}\longrightarrow e\mathrm{E}+f\mathrm{F} \tag{2.1.9}$$

根据质量作用定律可写出

$$w\propto[\mathrm{A}]^a[\mathrm{B}]^b \tag{2.1.10}$$

上式又可改写为

$$w=-\frac{1}{a}\frac{\mathrm{d}[\mathrm{A}]}{\mathrm{d}t}=\frac{1}{b}\frac{\mathrm{d}[\mathrm{E}]}{\mathrm{d}t}=k[\mathrm{A}]^a[\mathrm{B}]^b \tag{2.1.11}$$

根据式(2.1.7)可得

$$w_\mathrm{A}=aw, \quad w_\mathrm{B}=bw, \quad w_\mathrm{E}=ew, \quad w_\mathrm{F}=fw$$

式(2.1.11)中的 k 是比例常数,称为反应速率常数.它的数值等于各反应物都为单位浓度时的反应速率.若令

$$[\mathrm{A}]=[\mathrm{B}]=1$$

则

$$w=k$$

k 值与系统的温度、反应物的物理化学性质有关,而与反应物的浓度无关.但是 k 的数值对于同一反应随浓度和时间单位而异,时间单位越大,k 的数值也越大.对于上述反应,假设 $a=b=1$,则有

$$w=k[\mathrm{A}][\mathrm{B}] \tag{2.1.12}$$

若[A],[B]采用物质的量浓度,时间单位为 s,则反应速率 w 的单位是 $(\mathrm{mol}\cdot\mathrm{m}^{-3}\cdot\mathrm{s}^{-1})$,而 k 的单位是 $(\mathrm{mol}\cdot\mathrm{m}^{-3})^{-1}\cdot\mathrm{s}^{-1}=\mathrm{m}^3/(\mathrm{mol}\cdot\mathrm{s})$.

因为只有基元反应式才能代表反应的真实历程,所以也只有基元反应才能应用质量作用定律,按照式(2.1.11)写出它的反应速率表达式.

下面举例说明质量作用定律的应用.

[**例 2.1**]　H 原子的复合反应为

$$3H \xrightarrow{k} H_2 + H \tag{2.1.13}$$

试写出 H 原子复合反应的反应速率表达式.

解　在这个反应中,反应物是 H 原子,产物中也有 H 原子.反应过程中消耗 3 个 H 原子,又生成 1 个 H 原子,处理该问题的方法是分别计算 H 原子的消耗速率和生成速率,然后再计算净反应速率.

根据质量作用定律,系统的反应速率是

$$w = k[H]^3 \tag{2.1.14}$$

H 原子的生成速率为

$$w_{H,PD} = 1w = k[H]^3 \tag{2.1.15}$$

H 原子的消耗速率为

$$w_{H,CS} = 3w = 3k[H]^3 \tag{2.1.16}$$

因此,H 原子的净反应速率为

$$w_{H,NET} = w_{H,PD} - w_{H,CS} = -2w = -2k[H]^3 \tag{2.1.17}$$

若 $w_{H,NET} > 0$,则 $w_{H,NET}$ 表示该反应中 H 原子的净生成速率;若 $w_{H,NET} < 0$,则 $w_{H,NET}$ 表示该反应中 H 原子的净消耗速率.实验测量的化学反应速率都是某种物质的净反应速率,因为实验只能测量出 H 原子的净变化率,几乎不可能区分开 H 原子的浓度先降低了多少,后又升高了多少.

任何复杂的基元反应都可用下面的一般反应式表示:

$$\nu'_1 M_1 + \nu'_2 M_2 + \cdots + \nu'_n M_n \rightarrow \nu''_1 M_1 + \nu''_2 M_2 + \cdots + \nu''_n M_n \tag{2.1.18}$$

可简写为

$$\sum_{i=1}^{n} \nu'_i M_i \rightarrow \sum_{i=1}^{n} \nu''_i M_i \tag{2.1.19}$$

式中,ν'_i 为反应物的化学计量系数;ν''_i 为生成物的化学计量系数;M_i 代表化学反应系统中的第 i 种组分;n 为反应系统内组分的总数.式(2.1.19)是基元反应的一般表达式.

下面接着讨论物质 i 的净反应速率的一般表达式.若系统是按基元反应式(2.1.19)进行反应的,那么系统的反应速率为

$$w = k[M_1]^{\nu'_1}[M_2]^{\nu'_2} \cdots [M_n]^{\nu'_n}$$

$$= k \prod_{i=1}^{n} [\mathrm{M}_i]^{\nu_i'} \tag{2.1.20}$$

物质 i 的生成速率是

$$w_i'' = \nu_i'' \, k \prod_{i=1}^{n} [\mathrm{M}_i]^{\nu_i'} \tag{2.1.21}$$

物质 i 的消耗速率是

$$w_i' = \nu_i' \, k \prod_{i=1}^{n} [\mathrm{M}_i]^{\nu_i'} \tag{2.1.22}$$

因此,物质 i 的净反应速率为

$$(\dot{w}_i) = (\nu_i'' - \nu_i') w$$

即

$$(\dot{w}_i) = (\nu_i'' - \nu_i') k \prod_{i=1}^{n} [\mathrm{M}_i]^{\nu_i'} \tag{2.1.23}$$

由此可知,化学反应速率与净反应速率都是表示化学反应进行快慢的参数,两者的区别只是前者恒为正值,而后者则可正可负,且表达了该组分在反应中的增减情况.

四、化学反应速率的阿伦尼乌斯公式

从化学反应速率质量作用定律的表达式中可以看出,反应速率取决于反应物的浓度和速率常数 k,因此如何确定速率常数 k 是十分重要的.通常假设

$$k = f(T, p, 催化剂, 溶剂) \tag{2.1.24}$$

研究表明,温度对速率常数 k 的影响非常显著.温度升高使反应速率加快,这是众所周知的经验.实验表明:温度每升高 10 ℃,均相热化学反应的反应速率增大到原来的 2～4 倍,即

$$\frac{k_{t+10}}{k_t} = 2 \sim 4$$

这个规律称为范特荷甫(Van't Hoff)近似规则.多数的化学反应是符合这个规则的.

阿伦尼乌斯(Arrhenius)根据范特荷甫近似规则及大量实验结果提出了有名的阿伦尼乌斯公式:

$$\ln k = \frac{-E}{RT} + \ln A \tag{2.1.25}$$

$$k = A e^{-E/RT} \tag{2.1.26}$$

$$\lg k = -\frac{E}{2.303RT} + B \qquad (2.1.27)$$

式中, E, A, B 为常数, 对不同的反应其数值不同. E 是该反应的活化能 (activation energy).

根据实验结果, 以 $\lg k$ 和 $1/T$ 为坐标绘成的直线图与式(2.1.27)符合. 如果将式(2.1.25)微分, 可得

$$\frac{d(\ln k)}{dT} = \frac{E}{RT^2} \qquad (2.1.28)$$

式(2.1.25)和式(2.1.28)是阿伦尼乌斯公式的常用表达式, 它与化学平衡中的范特荷甫公式在形式上相似.

需要指出的是, 在阿伦尼乌斯公式中, E 代表化学反应的活化能, E 值越小, 反应速率越大. 这里的活化能 E 必须是针对基元反应的, 因为只有基元反应的速率与温度的关系才能用阿伦尼乌斯公式来表示, 而活化能的概念也只有在每一个基元反应中才有明确的意义.

在阿伦尼乌斯公式中, 常数 A 的物理意义并不明确. 1918 年刘易斯 (Lewis)根据活化能概念并结合气体分子运动学说提出了有效碰撞理论, 这才明确了常数 A 的物理意义.

五、化学反应速率的碰撞理论

化学反应速率的碰撞理论是建立在气体分子运动学说及统计力学基础上的. 碰撞理论着重强调的是分子反应前必须碰撞这个事实, 而不考虑参与反应的分子结构. 由阿伦尼乌斯公式可知, 并不是分子间的每一次碰撞都是有效的, 只有能量较大的活化分子的碰撞才能发生化学反应, 因此可以将化学反应速率定义为单位时间、单位体积内的有效碰撞分子数.

若令 Z 为单位时间、单位体积内分子的总碰撞次数, q 为活化分子的碰撞次数与分子总碰撞次数的比值, 则反映速率等于 Zq. 碰撞理论就是试图通过计算 Z 值和 q 值求出反应速率.

下面以双分子反应(A+B→C)来计算碰撞次数.

假设分子是弹性刚球, B 分子不动, 只有一个 A 分子以平均相对速度 $\overline{v}$ 移动并与 B 分子相碰, 且碰撞后 A 分子仍按直线运动, 如图 2.1.2 所示.

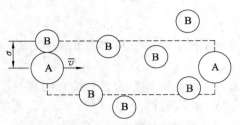

图 2.1.2 两个分子相碰的示意图

假设 r_A,r_B 分别代表 A,B 分子的半径.A 分子要和 B 分子相碰,则 A 分子和 B 分子的质心在运动方向上的投影距离必须小于(r_A+r_B).图中所示为两个分子恰巧相碰时的情况,此时,两个分子质心间的距离 $\sigma = r_A + r_B$,σ 称为碰撞半径.

由图 2.1.2 可知,在半径为 σ 的圆柱体内的 B 分子都能与 A 分子相碰,$\pi\sigma^2$ 称为分子碰撞的有效截面积.因此,一个 A 分子在单位时间内与 B 分子的碰撞次数 Z_{1B} 为

$$Z_{1B} = \pi\sigma^2 \bar{v} C_B \tag{2.1.29}$$

考虑到所有的 A 分子都在运动,则单位体积内的 A 分子与 B 分子碰撞的总次数为

$$Z = Z_{AB} = Z_{1B} C_A = \pi\sigma^2 \bar{v} C_A C_B \tag{2.1.30}$$

式中,C_A,C_B 分别表示 A,B 分子的分子浓度.

根据气体分子运动论可知,气体分子平均相对速度为

$$\bar{v} = \sqrt{\frac{8K_b T}{\pi m^*}} \tag{2.1.31}$$

式中,K_b 为玻耳兹曼(Boltzmann)常数,其值为 $K_b = 1.380\,622 \times 10^{-16}$ J/K;m^* 称为折合质量.

$$m^* = \frac{m_A m_B}{m_A + m_B} \tag{2.1.32}$$

式中,m_A,m_B 分别代表 A 分子和 B 分子的分子质量.

将以上各值代入式(2.1.30)可得

$$Z = Z_{AB} = \frac{C_A C_B}{g} \pi\sigma^2 \left(\frac{8K_b T}{\pi m^*}\right)^{1/2} \tag{2.1.33}$$

当 A 和 B 为两种不同分子时,$g=1$;为相同分子时,$g=2$.由气体黏度测定出 r_A 和 r_B 后,可计算出 σ.

若令
$$Q = \frac{\pi\sigma^2}{g}\left(\frac{8K_bT}{\pi m^*}\right)^{1/2} \qquad (2.1.34)$$

则有
$$Z = QC_AC_B \qquad (2.1.35)$$

然而,正如前面所述,并不是所有的分子碰撞都能引起化学反应,只有那些能量超过活化能 E 的活化分子的碰撞才能发生化学反应.一般来说,活化分子的数量是很少的,因此,在一般情况下化学反应速率是很低的.

活化分子数与总分子数的比值可由麦克斯韦-玻耳兹曼定律导出,即
$$\frac{C_A'}{C_A} = e^{-E_A/RT} \qquad (2.1.36)$$

$$\frac{C_B'}{C_B} = e^{-E_B/RT} \qquad (2.1.37)$$

式中,C_A' 和 C_B' 分别为 A 分子和 B 分子的活化分子浓度.将式(2.1.35)中的 C_A,C_B 换成活化分子浓度 C_A',C_B',便得活化分子的总碰撞次数
$$Z_a = QC_AC_Be^{-E/RT} \qquad (2.1.38)$$

其中
$$E = E_A + E_B \qquad (2.1.39)$$

单位时间内活化分子的碰撞次数等于反应物分子浓度的变化,也就是化学反应速率,故得
$$w = -\frac{dC_A}{dt} = QC_AC_Be^{-E/RT} \qquad (2.1.40)$$

或写成
$$w = -\frac{dC_A}{dt} = C_AC_B\pi\sigma^2\left(\frac{8K_bT}{\pi m^*}\right)^{1/2}e^{-E/RT} \qquad (2.1.41)$$

又根据质量作用定律有
$$-\frac{dC_A}{dt} = kC_AC_B \qquad (2.1.42)$$

比较方程(2.1.41)和(2.1.42),得
$$k = \pi\sigma^2\left(\frac{8K_bT}{\pi m^*}\right)^{1/2}e^{-E/RT} \qquad (2.1.43)$$

反应速率常数 k 的单位是(分子$/m^3 \cdot s)^{-1}$,可写成
$$k = k_0e^{-E/RT} \qquad (2.1.44)$$

则
$$k_0 = \pi\sigma^2\left(\frac{8K_bT}{\pi m^*}\right)^{1/2} \qquad (2.1.45)$$

式中，k_0 为碰撞因子，它的物理意义是单位时间、单位容积内某两类特定分子相互碰撞的概率.

比较式(2.1.34)和式(2.1.45)可知，$Q=k_0$，式(2.1.44)与阿伦尼乌斯公式(2.1.26)相同，这就从理论上说明了阿伦尼乌斯实验定律的正确性.

式(2.1.43)也可写成

$$k=Z^* \sqrt{T}e^{-E/RT} \tag{2.1.46}$$

式中，Z^* 为与温度无关的参数.

显然

$$k_0=Z^* \sqrt{T} \tag{2.1.47}$$

由此可见，碰撞理论比阿伦尼乌斯公式又前进了一步，不但可以由式(2.1.43)来计算反应速率常数，而且指出反应速率与反应物的分子量、分子直径及绝对温度有关系. 由式(2.1.43)还可以看出，公式中包含速率常数 k、碰撞半径 σ 和活化能 E 共 3 个未知数，因此可以用其中任意两个参数的实验值来计算第三个未知量，再用实验结果来检验它.

但是也有许多理论计算的反应速率常数要比实验值大得多. 为了解释这些实验结果，有人提出在公式中增加一个校正因子 β，即

$$k=\beta k_0 e^{-E/RT} \tag{2.1.48}$$

式中，β 称为概率因子(或方位因子)，β 的数值为 $10^{-9} \sim 1$. β 中包含使分子有效碰撞减少的各种因素. 例如，一对复杂的分子虽已活化，但仅限于在一定的方位上相碰才是有效碰撞，因而降低了反应速率；又如，当两个分子相互碰撞时，能量高的分子必将一部分能量传递给能量低的分子，这种作用须有一定的碰撞延续时间，若分子碰撞后延续时间不够长，则相互碰撞的分子间能量来不及相互传递，因此能量低的分子达不到活化状态，也就不可能进行反应，这也会降低反应速率.

碰撞理论的基本内容初步阐明了基元反应的机理，解释了阿伦尼乌斯公式中 A 和 E 的物理意义. 其缺点是将分子看成简单的刚体圆球，忽略了分子结构的复杂性，因此，该理论是一个初步理论.

第二节 化学反应的动力学分类

一、可逆反应与不可逆反应

同时沿正反两个方向进行的反应称为可逆反应. 可逆反应开始时一个方向的反应速率比另一个方向的反应速率大,经过一段时间后,正向的反应速率和逆向的反应速率相等,达到化学平衡状态:

$$\overrightarrow{W}=\overleftarrow{W} \tag{2.2.1}$$

或者

$$k_1 c_A^a \cdot c_B^b \cdots = k_2 c_C^c \cdot c_D^d \cdots \tag{2.2.2}$$

其中,c_i 为物质的量浓度.

所有的化学反应应该都是可逆的,但是在一定条件下,可以控制反应仅沿一个方向进行,直到初始物质实际上完全消失为止,这类反应称为不可逆反应. 例如,燃烧反应是不可逆反应.

二、简单反应(基元反应)与复杂反应

自然界的化学反应很多,可概括地分成简单反应和复杂反应两类.

（一）简单反应

简单反应仅仅包含一个反应步骤,实际上就是基元反应. 对于基元反应(或简单反应),在化学动力学中有两种分类法.

1. 按参加反应的分子数分类

发生化学反应的必要条件之一就是反应物分子之间相互碰撞. 因此对于单相基元化学反应可根据引起化学反应所需要的最少分子数目的不同,将化学反应分成单分子反应,双分子反应和三分子反应等.

所谓单分子反应是指反应进行过程中,只有一种分子参与作用的反应,例如:

$$I_2 \longrightarrow 2I$$

双分子反应是指两个同类或不同类分子碰撞时,相互作用发生的反应,例如:

$$O_2 + O_2 \longrightarrow O_3 + O$$

三分子反应是指 3 个同类或不同类分子同时碰撞,相互作用而发生的反应,例如:

$$Cl + Cl + M \longrightarrow Cl_2 + M$$

实际上,由于 3 个分子同时碰撞的概率很小,所以三分子反应很少发生,且它的反应速率极其缓慢,迄今还未发现三分子以上的反应.有些反应虽然从反应计量方程式上看,参加反应的分子数很多,但其实是个复杂反应,需要经过几个中间步骤,每个中间步骤通常是双分子或单分子反应.

2. 按反应速率与浓度的关系分类

根据化学反应速率与反应物物质的量浓度的关系,简单化学反应可分为一级反应、二级反应和三级反应等.

一级反应是指反应速率与反应物浓度的一次方成正比的反应.例如,单分子反应 $I_2 \rightarrow 2I$,已知其反应速率为 $w_{I_2} = k_1 c_{I_2}$,故此反应是一级反应.

二级反应是指反应速率与反应物浓度平方成正比的反应,或者与两种反应物浓度一次方的乘积成正比的反应,可用下式表达:

$$-\frac{dc_A}{dt} = k_2 c_A c_B \tag{2.2.3}$$

$$-\frac{dc_A}{dt} = k_2 c_A^2 \quad (c_A = c_B) \tag{2.2.4}$$

若反应速率为

$$w = k c_A^a c_B^b c_C^c \cdots \tag{2.2.5}$$

令 $v = a + b + c + \cdots$,则该反应称为 v 级反应.反应级数可由实验测得.

一般地说,n 分子反应其反应级数等于 n,但 n 级反应不一定都是 n 分子反应,常有反应分子数与反应级数不一致的现象.因为反应级数是对总体反应所测定的数值,它可以是整数或分数,也可能是零或负数.反应速率与反应物浓度无关而等于常数者称为零级反应.当反应级数为负数时,说明当反应物浓度增加时反而抑制了反应,使反应速率下降.

还须指出的是,对于不同的反应级数,反应速率常数 k 的单位是不同的.对于一级、二级和 v 级反应,k 的单位分别是:s^{-1},$(mol/m^3)^{-1} \cdot s^{-1}$,$(mol/m^3)^{1-v} \cdot s^{-1}$.

（二）复杂反应

复杂反应包含许多个中间步骤,由多个基元反应组成.复杂反应有不同的形式,反应级数与不同阶段上的反应的分子数有复杂的关系.

复杂反应可以是下面 5 种形式.

（1）可逆反应

$$A+B \rightleftharpoons X+Y \tag{2.2.6}$$

（2）平行反应

$$
\begin{matrix}
X & X+ \\
A\langle & A\langle \\
Y & Y+
\end{matrix} \tag{2.2.7}
$$

（3）共轭反应

$$\text{(a)} \quad A+B \rightarrow X+\cdots \tag{2.2.8}$$
$$\text{(b)} \quad A+C \rightarrow Y+\cdots \tag{2.2.9}$$

共轭反应的特点是两个反应中有一个反应物是共同的，并且第二个反应当且仅当第一个反应存在时才能进行．

（4）连串反应

$$A \rightarrow X \rightarrow Y \tag{2.2.10}$$
$$A+B \rightarrow C+D+\cdots \rightarrow X+Y\cdots \tag{2.2.11}$$

连串反应整个过程的速率决定于反应最缓慢的一步．

（5）均相反应与非均相反应

所谓均相反应就是在单相系统中进行的反应，如气相反应；而在非均相系统中存在多相反应．

第三节　影响化学反应速率的因素

科学研究和工业生产中需要控制化学反应速率的快慢，这就需要人们去研究影响反应速率的各种因素，从而达到控制反应速率的目的．化学反应速率表达式概括了各种因素对反应速率的影响，现就这些影响因素逐一进行分析．

一、反应物性质、活化能 E 对反应速率的影响

根据阿伦尼乌斯公式

$$k=k_0 \mathrm{e}^{-E/RT} \tag{2.3.1}$$

$$k_0=\pi\sigma^2\left(\frac{8K_\mathrm{b}T}{\pi m^*}\right)^{1/2} \tag{2.3.2}$$

由式（2.3.1）和式（2.3.2）可知：反应物的物理和化学性质对反应速率都有影响，物理性质主要表现在碰撞因子 k_0 上，化学性质则表现在活化能 E

上.不同的反应物,其碰撞因子和活化能是不同的,因此,就会得到不同的反应速率.

折合质量 m^* 越小,碰撞半径 σ 越大,则单位时间内分子间的碰撞频率越高(即 k_0 值增大),反应速率越快.但是反应物的这些物理性质的影响是有限的,不是主要因素.显然,反应物的活化能越小,分子内部拆开或重排需要的能量越少,反应物越容易达到活化状态,反应速率就越快;在温度相同时,系统内的活化分子越多,活化分子的碰撞次数也就越多,反应速率就越快.因此,活化能是衡量物质反应能力的主要参数.这些结论已为实验所证明.

一般化合价饱和的双分子反应,其活化能在 62.8～251.2 kJ/mol 之间,而化合价饱和的分子与原子或自由基之间进行的反应,其活化能一般小于或等于 41.9 kJ/mol.

原子与自由基之间的反应,活化能很小,接近于零,因此它的反应速率极快.当 E 趋近于零时,$\mathrm{e}^{-\frac{E}{RT}}$ 趋近于 1,也就是说分子每次碰撞都能发生反应,这种情况下的反应速率主要取决于反应物的浓度.由此可以得出结论:如果在反应物中增加自由基或离子的浓度,就可以大大地提高反应速率.

二、温度对反应速率的影响

假设其他因素不变,由阿伦尼乌斯公式可知,温度对碰撞因子 k_0 和能量因子 $q = \mathrm{e}^{-\frac{E}{RT}}$ 都产生影响,根据式(2.3.2)有

$$k_0 \propto \sqrt{T} \tag{2.3.3}$$

由式(2.3.1)可知

$$k \propto k_0 \mathrm{e}^{-E/RT} \tag{2.3.4}$$

由此可见,温度对碰撞因子的影响是较小的,温度升高 1 倍时,碰撞因子仅仅提高 1.414 倍;而它与反应速率常数 k 呈指数函数关系,温度升高 1 倍时,能量因子增大 8.6×10^9 倍,可见温度对反应速率的影响非常显著.

三、压力对反应速率的影响

根据道尔顿(Dalton)定律,混合气体中某一成分的物质的量浓度与该成分的压力成正比.因此,压力升高时增大了气体的物质的量浓度,导致反应物分子间的碰撞频率增加,从而使反应速率加快.

压力对反应速率的影响还与反应级数有关.

对于一级反应,反应速率方程式为

$$w = -\frac{\mathrm{d}c_1}{\mathrm{d}t} = k_1 c_1$$

方程中

$$c_i = \frac{p_i}{RT}$$

$$p_i = x_i p$$

式中,p 和 T 分别表示混合气体的总压力和温度;c_i,p_i 和 x_i 分别为 i 组分的物质的量浓度、分压力和摩尔分数. 由于讨论的是等温条件下的化学反应,所以 T 为定值,则

$$w = k_1 \frac{p_1}{RT} = k_1 x_1 \frac{p}{RT} \tag{2.3.5}$$

若压力 p 的单位是 Pa,浓度单位是 $\mathrm{mol/m^3}$,则通用气体常数

$$R = 8.205\ \mathrm{Pa \cdot m^3/(mol \cdot K)} \tag{2.3.6}$$

对于二级反应,可得

$$w = -\frac{\mathrm{d}c_i}{\mathrm{d}t} = k_2 c_1 c_2 = k_2 x_2 x_1 \frac{p^2}{(RT)^2} \tag{2.3.7}$$

对于 v 级反应,同理可得

$$w = -\frac{\mathrm{d}c_i}{\mathrm{d}t} = k_v \frac{1}{(RT)^v} \left[\prod_{i=1}^{v} x_i \right] p^v \tag{2.3.8}$$

因此可以得到结论:在等温条件下,v 级反应的反应速率与压力的 v 次方成正比,即

$$w \propto p^v \tag{2.3.9}$$

在某些情况下,可以用相对浓度的变化率来表示化学反应速率. 这时压力对反应速率的影响程度是和式(2.3.9)表示的不同. 若用 w_x 代表以相对浓度表示的化学反应速率,则

$$w_x = -\frac{\mathrm{d}x_i}{\mathrm{d}t} = -\frac{\mathrm{d}}{\mathrm{d}t}\left(\frac{c_i}{c}\right) \tag{2.3.10}$$

对于反应前后总物质的量不变的等压系统,总的物质的量浓度 c 为常数,所以

$$w_x = -\frac{1}{c}\frac{\mathrm{d}c_i}{\mathrm{d}t} \tag{2.3.11}$$

其中,$c = p/RT$.

对于二级反应,可导出

$$w = k_2 x_2 x_1 p/RT \tag{2.3.12}$$

对于 v 级反应,可得

$$w_x \propto p^{v-1} \tag{2.3.13}$$

四、反应物浓度对反应速率的影响

质量作用定律描述了反应物浓度对反应速率的影响,但是在实际燃烧过程中,由于不断生成燃烧产物,使得混合物的组成不断变化.因此,这里讨论相对浓度(摩尔分数)对反应速率的影响.对于下述分子反应:

$$A+B \longrightarrow C+D$$

若组分 A,B 的初始摩尔分数分别为 x_A 与 x_B,则 $x_A+x_B=1$.因此有

$$c_A=x_A p/RT \text{ 和 } c_B=x_B p/RT$$

反应速率

$$w=kc_A c_B=kx_A x_B \left(\frac{p}{RT}\right)^2=kx_A(1-x_A)\left(\frac{p}{RT}\right)^2$$

在一定的温度与压力条件下,式中 $k\left(\frac{p}{RT}\right)^2$ 为一定值,不妨设为 m,则有

$$w=mx_A(1-x_A) \tag{2.3.14}$$

由此可见,化学反应速率仅随组分 A 的摩尔分数 x_A 的变化而变化.由式(2.3.14)可以得出这样的结论:当 $x_A=x_B=0.5$ 时,反应速率最大,也就是当反应物按化学计量比混合时,初始反应速率最大.

大多数工程燃烧均采用空气作为氧化剂,空气中含有惰性气体氮.假设燃料为 A,氧化剂为 B,惰性物质是氧化剂的一部分.若以 n 表示氧化剂内氧化物质所占的比例分数,则反应速率可以写为

$$w=mnx_A(1-x_A) \tag{2.3.15}$$

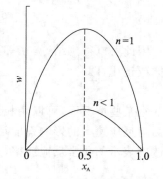

这样,化学反应速率下降为原来的 $\frac{1}{n}$,最大化学反应速率仍然发生在 $x_A=0.5$ 处,这时氧化物质的含量为 $0.5n$. w 与 x_A 的关系如图 2.3.1 所示.

图 2.3.1 反应速率与反应物摩尔分数之间的关系

五、催化剂对化学反应速率的影响

催化剂是一种能够改变化学反应速率的物质,但是其本身在反应前后的组成、数量和化学性质都保持不变.催化剂对反应速率所起的作用称为

催化作用,它之所以能够加快反应速率,是因为它降低了化学反应的活化能.

催化剂分为均相催化剂和多相催化剂,均相催化剂与反应物同处一相,通常作为溶质存在于液体反应混合物中.多相催化剂一般自成一相,通常是用固体物质催化气相或者液相中的反应.有固体物质参加的催化反应是一种表面与反应气体间的化学反应,属于表面反应的一种.表面反应速率会因为存在少量具有催化作用的其他物质而显著增大或减小,一般用"吸附作用"来说明.表面催化反应的关键是气体分子或原子必须先被表面所吸附,然后才能发生反应,最后反应产物从表面解吸.

以氨气(NH_3)燃烧得到 NO 的催化反应为例,如果 NH_3 燃烧发生在金属 Pt 的表面,那么发生的反应为

$$4NH_3 + 5O_2 \longrightarrow 4NO + 6H_2O$$

反应中几乎所有的 NH_3 全部转化为 NO,气体反应能力的增强是由于气体分子被吸附在 Pt 的表面,Pt 起到催化剂的作用.当催化剂不存在时,几乎不会产生 NO,而是得到 N_2,反应式为

$$4NH_3 + 3O_2 \longrightarrow 2N_2 + 6H_2O$$

气体分子被吸附在表面,气体分子与表面分子间发生化学反应,以及反应产物从表面解吸的过程均为化学动力学过程.因此,吸附反应速率常数 k_{ads} 与解吸速率常数 k_{des} 均可写成阿伦尼乌斯公式的形式,即

$$k_{ads} = A_{ads} \exp\left(-\frac{E_{ads}}{RT}\right) \tag{2.3.16}$$

$$k_{des} = A_{des} \exp\left(-\frac{E_{des}}{RT}\right) \tag{2.3.17}$$

式中,A_{ads} 与 A_{des} 是前置因子;E_{ads} 与 E_{des} 分别是吸附与解吸动力学过程的活化能.

气体分子在表面的吸附率存在一个极限值,它不可能超过气相分子与表面的碰撞率.吸附与解吸是同一化学过程的正反应与逆反应,吸附、解吸与化学反应并存,同时发生.

以上分析的影响化学反应速率的各种因素,可以用来初步分析燃烧过程并提出改善燃烧性能的措施.最后还须指出,本节在讨论各种因素对反应速率的影响时,都是孤立地进行分析的,即突出一种影响因素,而假设其他因素都保持不变.在实际进行的燃烧过程中,各种因素都是相互联系、相互制约的.例如,氧化剂和燃料的混合比改变时,燃烧产物的温度会变化,

在定容下温度变化将导致压力的变化,而温度、压力的变化不仅对正向反应有影响,对逆向反应也有影响.因此,在具体分析某一燃烧过程时,必须综合地考虑各种影响因素之间的制约关系.

第四节 链式反应

一、链式反应的概念与特点

20 世纪初,化学家在许多化学反应中发现了一些"反常"现象:由碰撞理论计算出的反应速率比实验测出的反应速率小得多(理论值为实测值的 $1/1\ 000\sim1/100$);有许多反应的进行不需要预先加热,并且即使在低温条件下,其反应速率依然很大.例如,碳氢燃料的蒸气在低温下也能燃烧产生放热量很小的火焰(叫作冷焰).这些物质的活化能并不小,为什么在低温下就可获得所需要的活化能呢?这无法用热活化来解释.

1913 年,著名的化学动力学家波登斯坦(Bodenstein)在研究由 H_2 和 Cl_2 生成 HCl 的光化反应中发现,在这个反应中一个光子相当于活化了十万个分子,而在一般反应中,一个活化分子的作用只能引发一个基元反应.他在这个反应的研究中,还发现了一种重要的反应——链式反应(chain reactions).

链式反应是这样一种特殊的反应:只要用任何一种方法使这个反应引发,它便能相继发生一系列的连续反应,使反应自动地发展下去,这些反应中包含自由原子或自由基.很多重要的工艺过程,如橡胶的合成,塑料、高分子化合物的制备,石油的裂解,碳氢化合物的氧化等都与链式反应有关.因此,研究链式反应理论有很重要的科学意义和实用价值.

链式反应可以借助于光、热或引发剂(活性物质)来引发.

按链的传递形式分类,链式反应可分为直链反应和支链反应.

(一)直链反应

下面通过 H_2 和 Cl_2 的反应来说明直链反应的特点.

$$H_2+Cl_2\rightarrow2HCl$$

这是直链反应中一个很好的例子.它不是一个双分子基元反应,而是一个复杂反应.1918 年奈斯特(Nernst)提出生成 HCl 的反应机理(即反应历程):

链的引发 $Cl_2 + h\nu \longrightarrow 2Cl$ (a)

$$Cl + H_2 \longrightarrow HCl + H \quad \Big\}\ 一链$$ (b)

$$H + Cl_2 \longrightarrow HCl + Cl$$ (c)

链的传递 $Cl + H_2 \longrightarrow HCl + H \quad \Big\}\ 二链$ (b′)

$$H + Cl_2 \longrightarrow HCl + Cl$$ (c′)

······

······

链的终止 $Cl + Cl + M \longrightarrow Cl_2 + M^*$ (d)

$$H + H + M \longrightarrow H_2 + M^* \quad \Big\}\ 气相终止$$ (e)

$$H + Cl + M \longrightarrow HCl + M^*$$ (f)

$$Cl + 器壁 \longrightarrow \frac{1}{2} Cl_2 \quad \Big\}\ 器壁终止$$ (g)

$$H + 器壁 \longrightarrow \frac{1}{2} H_2$$ (h)

式中,M^* 是高能量的活化分子或其他高能分子,高能分子的碰撞激发反应,其自身继续存在或销毁.

在化学动力学中重复一个循环的中间反应步骤称为一个链,如反应(b)和(c),活性物质称为活性中心或链的载体.在反应过程中,活性中心的数目保持不变的反应称为直链反应.

下面以上述 HCl 生成为例对直链反应的 3 个阶段进行简要的讨论.

1. 链的引发

链的引发是链反应中最困难的一个阶段,需要有足够的能量来断裂反应物分子间的化学键,以生成自由原子或自由基.例如,在生成 HCl 的链反应中需用光照、高能电磁辐射或在氢与氯的混合气中加入少量钠蒸气以生成 Cl 原子.

$$Na + Cl_2 \longrightarrow NaCl + Cl$$

因为氯分子离解的活化能小于氢分子离解的活化能,所以首先离解的必然是氯分子.

2. 链的传递

反应(b)和(c)交替进行,使链得以传递下去.每一个自由原子与反应物分子进行反应后,又生成一个新的自由原子.

每一个 Cl 原子与 H_2 分子反应后能生成一个 H 原子,而每一个 H 原子与 Cl_2 分子反应,又生成一个 Cl 原子.因此在一个反应循环中消耗了一个 Cl 原子,又生成了一个 Cl 原子,最终活性中心的数目并未改变,这就是直链反应的特征.

3. 链的终止

如上所述,反应(b)和(c)交替进行直到 H_2 和 Cl_2 分子消耗完为止.事实上,当反应速率达到一定的数量级后,便迅速下降.在反应(d)~(f)中,Cl原子或 H 原子与器壁碰撞化合成 H_2 和 Cl_2 分子,或者是 H 原子与 Cl 原子相碰,或与系统内存在的微量杂质作用生成不活泼的分子.

图 2.4.1 形象地表示了直链反应的过程.

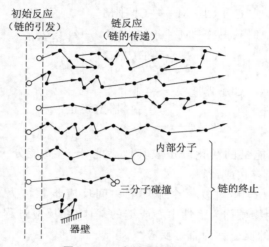

图 2.4.1　直链反应的过程

在等温及反应物在容器内的数量一定的条件下,直链反应的速率随时间的变化情况如图 2.4.2 所示.开始时随着时间的推移,反应速率迅速增大,在这段时间内积累了 Cl 原子,当其浓度达到平衡状态时,Cl 原子浓度就保持不变.再进一步反应,由于 Cl_2 和 H_2 的浓度下降,反应速率也随之迅速下降.因此,在等温条件下,直链反应不会成为无限制的加速反应,即反应不会发展成爆炸.

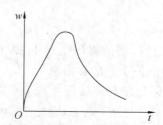

图 2.4.2　等温直链反应速率随时间的变化

（二）支链反应

支链反应是指 1 个活性中心参加反应后生成 2 个或 2 个以上的活性中心．这样，活性中心的数目在反应过程中随时间的推移迅速增加，因此反应也自行加速．下面以 H_2 和 O_2 的反应来说明支链反应的特点，反应方程式为

$$2H_2 + O_2 \longrightarrow 2H_2O$$

如果这个反应的历程就是反应方程式本身，那么它就是一个三分子反应．如前所述，3 个活化分子同时碰撞的概率是极小的，这样 H_2O 的生成速率也应该很小．事实上，这个反应在某些条件下是以爆炸的速率进行的，原因是这个反应并不是简单的三分子反应，而是支链反应．它的主要反应历程如下：

链的引发	$H_2 + M^* \longrightarrow 2H + M$	(a)
链的传递	$H + O_2 \longrightarrow OH + O$ （慢）	(b)
	$O + H_2 \longrightarrow OH + H$	(c)
	$OH + H_2 \longrightarrow H_2O + H$	(d)
	$OH + H_2 \longrightarrow H_2O + H$	(d′)
气相终止	$2H + M \longrightarrow H_2 + M^*$	(e)
	$OH + H + M \longrightarrow H_2O + M^*$	(f)
器壁终止	$2H + 器壁 \longrightarrow H_2$	(g)
	$2O + 器壁 \longrightarrow O_2$	(h)

将反应(b)，(c)，(d)和(d′)相加得

$$H + 3H_2 + O_2 \longrightarrow 2H_2O + 3H$$

即 1 个 H 原子参加反应后，经过 1 个链生成 2 个 H_2O 分子，同时产生 3 个 H 原子，这 3 个 H 原子又形成另外 3 个链，而每个 H 原子又将生成 3 个 H 原子．这样，随着反应的进行，H 原子的数目不断增多，反应不断加速，直至产生爆炸．

由反应(a)可知，反应由引发剂 M^* 引发，产生自由原子或自由基（或链的活性传递物），在反应(b)和(c)中，每一个自由原子进行反应后，生成 2 个自由原子（或自由基），这种现象叫链的分支（chain branching）．在反应过程中，活性中心不断增多的反应称为分支链式反应，简称支链反应．图 2.4.3 示意性地表示了反应链的分支．

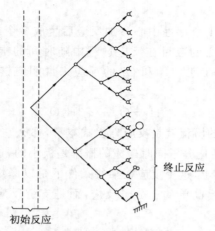

图 2.4.3　支链反应示意图

该反应最终产物 H_2O 的生成速率取决于反应历程中最慢的一个反应(b),因此粗略估算的反应速率为

$$w_{H_2O} = \frac{dc_{H_2O}}{dt} = \frac{dc_H}{dt} = 2kc_H c_{O_2} \tag{2.4.1}$$

式中,系数"2"表示 2 个 H 原子将生成 1 个 H_2O 分子.

支链反应速率随时间的变化情况如图 2.4.4 所示,从图中可以看出支链反应的特点.

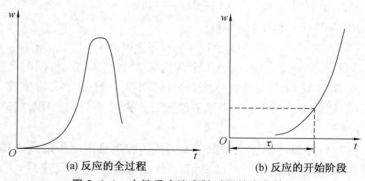

(a) 反应的全过程　　　　(b) 反应的开始阶段

图 2.4.4　支链反应速率随时间的变化情况

(1) 在反应开始阶段反应速率很小.在这一时期内,系统积累了必要的活性中心,当活性中心积累到一定程度时,反应速率随时间推移剧烈地升高,这一时期 τ_i 称为感应期.感应期并不是混合气体的物化常数,而是随着许多条件变化的,特别是与反应开始时活性中心的浓度、温度、容器的形状

及材料密切相关.

（2）反应是自动加速的,因此对支链反应来说,即使过程是在等温条件下进行的,也会发展成爆炸性反应.这与双分子碰撞反应或直链反应有显著差别.

讨论链式反应时,应当注意到在活性中心形成的同时可能有链的终止,如反应（e）~（h）.首先当反应开始时由于活性中心的浓度很低,不易有活性中心的重新结合,但当活性中心的浓度升高时,链的终止概率就会逐渐增加.到了一定的时间,活性中心浓度会停止升高,这将会影响反应速率.其次,如果容器内放些能吸收活性中心的物质,如玻璃,那么容器内 H_2 和 O_2 的反应速率将大为降低,甚至停止反应.

综上所述,所有的链式反应,不论其形式如何,都是由下列 3 个基本步骤组成的:

（1）链的引发:即由反应物分子生成自由基的反应.在这个反应过程中需要一定的引发能量以断裂分子中的化学键,且所要求的活化能与断裂化学键所需要的能量是同一个数量级的.

（2）链的传递（或增长）:即自由基与分子相互作用的交替过程,这个过程比较容易进行,当条件适宜时可以形成很长的反应链.

（3）链的终止:当自由基被消除时,链就终止了.

从链式反应的观点出发,前面提及的某些"反常"现象就可以得到解释.例如,常温下的冷焰现象就是因为有活性中心在起作用;H_2O 的蒸气对 $CO+O$ 反应的加速作用是由于 H_2O 在高温下提供了活性中心 H 和 OH 的缘故.

二、支链反应的爆炸界限

关于爆炸反应的研究,苏联科学院院士谢苗诺夫做出了卓越的贡献.爆炸是一种剧烈的化学反应,爆炸反应可能由下述两种原因引发:

（1）热爆炸:如果一个放热反应在很小的空间内进行,由于放热使反应物的温度升高从而使反应速率加快,反应速率加快后就会放出更多的热量,这样互为影响而导致爆炸,这种爆炸就称为热爆炸.

（2）支链反应:在分支链式反应过程中,由于活性中心不断的增殖,使反应速率加快,而当反应速率加快后,活性中心浓度升高得更快,从而使反应速率剧烈地增大,直至产生爆炸.

在很多的情况下,后一原因更为重要.有许多爆炸反应,其火焰温度很低,甚至仅比室温稍高一点,如磷及硫的蒸气在低压下的氧化反应,用热爆炸理论无法解释.另外,有很多爆炸反应可通过加入少量催化剂引发,也可通过加入少量阻化剂终止,这些少量物质对反应热产生及热传导的影响很小,这类反应也不能用热爆炸来解释.

爆炸反应通常都需要有一定的爆炸条件,用 p-T 图来表示时,可以区分出发生爆炸时所处的区域,称之为爆炸区域.当系统达到爆炸的压力和温度时,反应速率将由平稳开始突然加速.通过将这类反应的速率与压力、温度的关系作图,可以研究爆炸的区域.图 2.4.5 是氢和氧的爆炸界限示意图.

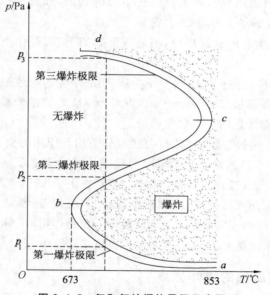

图 2.4.5 氢和氧的爆炸界限示意图

图中曲线 ab 表示爆炸的低界限(第一爆炸界限),曲线 bc 表示爆炸的高界限(第二爆炸界限),曲线 abc 的右侧区域表示链式爆炸的区域,称为燃烧半岛.在曲线 $abcd$ 的左侧反应进行得很平稳,曲线 cd 代表第三爆炸界限(或称热力限,不是所有的爆炸反应都有第三爆炸界限).由图可以看出,随着温度的升高,爆炸区扩大,当 T<673 ℃时,不产生爆炸;当 T>853 ℃时,任何压力均可发生爆炸;T 在 673～853 ℃范围内有一爆炸区,在此区域内,每个温度下均有两个极限压力 p_1 和 p_2,当 p_2>p>p_1 时才发生爆炸.

发生上述现象的原因,可用支链反应机理来解释:在链式反应中既有链的发展,也有链的终止.当压力很低时($p < p_1$),系统中的活性中心很容易扩散到器壁上,使活性中心在器壁上的销毁速率增大,因而反应速率不会增加得太快.当压力逐渐增大时,一方面容器内的分子有效碰撞次数增多,另一方面活性中心扩散到器壁上的概率相对降低,因此,反应速率大大加快.当 $p = p_1$ 时,反应自动加速造成爆炸,这个临界压力 p_1 即为爆炸的低界限.当压力 $p > p_2$ 时,因为这时系统内物质的浓度很高,很容易发生气相终止反应,使活性中心的销毁速率大于生成速率,致使反应速率减慢.

从图 2.4.5 还可看出,高界限与温度有关,它随温度的升高而上升.这是因为随着温度的升高,生成活性中心的速率增大,而活性中心的销毁速率一般与温度无关(销毁过程的活化能约为0),因而扩大了爆炸区.只有提高压力才能增大销毁速率以抵消活性中心生成速率的增大.高界限与容器大小无关.

低界限几乎与温度无关,但随容器直径的增大而下降.

图中第三爆炸界限以上的区域是由热爆炸机理造成的.显然,第一和第二界限之间的爆炸,是支链反应引起的爆炸.

三、求反应速率的方法

以上所讨论的反应速率是一个基元反应的反应速率,而实际的化学总体反应中通常包含若干个基元反应,因此,本节主要讨论怎样计算总体反应的速率.

(一)一般解法

要计算一个化学总体反应的反应速率,必须先确定该总体反应的真实反应历程及影响其反应速率的主要基元反应,而忽略那些对反应速率影响较小的基元反应,并通过反复实验,最终得到计算某一总体反应反应速率较准确的公式.下面以 NO 分解反应为例,说明计算总体反应反应速率的一般方法.其反应方程式为

$$NO \longrightarrow \frac{1}{2}N_2 + \frac{1}{2}O_2$$

一般认为,NO 分解反应的反应机理如下:

链的引发 $\quad\quad\quad NO + M \xrightarrow{k_1} N + O + M \quad\quad\quad$ (a)

链的传递 $\quad\quad\quad NO + O \xrightarrow{k_2} O_2 + N \quad\quad\quad$ (b)

$$NO+N \xrightarrow{k_3} N_2+O \tag{c}$$

链的终止
$$N+O+M \xrightarrow{k_4} NO+M \tag{d}$$

上列反应式中 M 是第三种物体,它可以是器壁或杂质.由反应(a)~(d),根据质量作用定律,就可写出 NO,N 和 O 的反应速率的表达式为

$$\frac{d[NO]}{dt} = -k_1[NO][M] - k_2[NO][O] - k_3[NO][N] + k_4[N][O][M] \tag{2.4.2}$$

$$\frac{d[N]}{dt} = k_1[NO][M] + k_2[NO][O] - k_3[NO][N] - k_4[N][O][M] \tag{2.4.3}$$

$$\frac{d[O]}{dt} = k_1[NO][M] - k_2[NO][O] + k_3[NO][N] - k_4[N][O][M] \tag{2.4.4}$$

由于反应速率常数 k_1,k_2,k_3,k_4 是温度的函数,在温度一定时可认为是常数,故有 3 个未知数即[NO],[N],[O],现在有 3 个线性微分方程,如果已知初始值,就可用数值解法求解方程(2.4.2)~方程(2.4.4),从而得到 $\frac{d[NO]}{dt}$.

（二）稳态处理法

这是一种近似解法.实验证明,自由基在链式反应中的浓度是很低的,且寿命都很短.因此,可以假设在反应达到稳定状态后,自由基的浓度不随时间变化,即

$$\frac{d[N]}{dt} = 0, \quad \frac{d[O]}{dt} = 0$$

这样的处理方法称为稳态处理法.

由方程(2.4.3)和方程(2.4.4)可得

$$[NO]\{k_1[M] + k_2[O] - k_3[N]\} - k_4[N][O][M] = 0 \tag{2.4.5}$$
$$[NO]\{k_1[M] - k_2[O] + k_3[N]\} - k_4[N][O][M] = 0 \tag{2.4.6}$$

方程(2.4.5)±方程(2.4.6)可得

$$k_1[NO][M] = k_4[N][O][M]$$
$$k_2[O] = k_3[N]$$

从而得

$$[O] = \left(\frac{k_1 k_3}{k_2 k_4} [NO] \right)^{\frac{1}{2}}$$

代入式(2.4.2),得

$$\frac{d[NO]}{dt} = -2k_2[NO][O] = -2\sqrt{\frac{k_1 k_2 k_3}{k_4}} \left([NO]^{\frac{3}{2}} \right)$$

或写成

$$\frac{d[NO]}{dt} = -2K[NO]^{\frac{3}{2}} \tag{2.4.7}$$

式中,$K = \sqrt{k_1 k_2 k_3 / k_4}$=定值.对式(2.4.7)积分,即得[NO]随时间变化的关系式为

$$\frac{[NO]}{[NO]_0} = (1 + K[NO]_0^{\frac{1}{2}} t)^{-2} \tag{2.4.8}$$

其中,$[NO]_0$为 NO 在 $t = 0$ 时的浓度(初始浓度).

　　由此可见稳态处理法只需解一个微分方程即可求出 NO 的反应速率.实验证明,该方法的精确度较好.

思考题

　　1. 说明化学反应速率的定义与表示方法.

　　2. 质量作用定律、阿伦尼乌斯公式、碰撞理论各自的内容如何?各自的适用条件如何?

　　3. 阐述影响化学反应速率的主要因素及影响程度.

　　4. 链式反应的发现背景如何?简述链式反应的 3 个过程特征.直链反应和支链反应的主要特点如何?

　　5. 解释氢和氧爆炸反应界限图.

　　6. 在一个密闭容器中,压力为 1.013×10^5 Pa,温度为 1 500 K.其中充满气体,CO 为 0.1%,O_2 为 3%(体积分数),剩余为 N_2.假设该容器中只发生下列基元反应:

$$CO + O_2 \longrightarrow CO_2 + O$$

且反应速率常数 $k = 2.5 \times 10^6 \exp(-24\,060/T)$ (mol^{-1} · m^3 · s^{-1})

　　试求:当 CO 消耗掉 90% 时所需要的反应时间.

第三章

着火的理论基础

着火过程是指燃料与氧化剂分子混合后,从开始发生化学反应,反应加速,温度升高到发生激烈的燃烧反应之前的一段过程,它是燃烧的孕育期.任何燃烧过程都要经历两个阶段,即着火阶段和燃烧阶段.着火阶段是燃烧的预备过程,着火过程是一种典型的受化学动力学控制的燃烧现象.

第一节　着火过程及方式

一、着火的方式与机理

(一)着火方式

在工业用的燃烧设备和装置中,可燃混合气体的着火方式通常有两种:一种称为自燃着火(spontaneous ignition),简称自燃;另一种称为强迫着火(forced ignition),简称点燃或点火.

把一定体积的混合气预热到某一温度,在该温度下,混合气的反应速率能自动加速,急剧增大直至着火,这种现象称为自燃.自燃以后,可燃混合气所释放的能量能使燃烧过程自行继续下去,而不需要外部再供给能量.

强迫着火是在可燃混合气内的某一处用点火热源点着相邻一层混合气,之后燃烧波自动传播到混合气的其余部分.因此,强迫着火包含火焰的局部引发及相继的火焰传播,点火热源可以是电热线圈、电火花、炽热体和点火火焰等.

自燃和点燃过程统称为着火过程(ignition process).

必须指出,上述两种着火的分类方式并不能十分恰当地反映出它们之间的联系和差别.自燃和点燃的差别只是整体加热和局部加热的不同而已,而不是"自动"和"受迫"的差别.因此,重要的是了解两种着火方式的实质,而不必拘泥于各种名词.

有时"着火"也称"爆炸","热自燃"也称"热爆炸",这是由于着火的特点类似于爆炸,其化学反应速率随时间变化而激增(显然爆炸的含义并不限于此,它的含义很广,例如 $Cl_2 + H_2$ 的剧烈放热反应、固体炸药及原子弹爆炸等均称为爆炸,其共同的特点是反应过程非常迅速).因此,在燃烧物理学中所谓"着火""自燃""爆炸"其实质相同.

实践已经证明,影响燃料着火的因素很多,如燃料性质、燃料与氧化剂的比例、环境压力及温度、气流速度、燃烧室尺寸等,但归纳起来只有两类因素,即化学动力学因素和流体力学因素.本章着重从某些典型的着火现象出发,分析其化学动力学因素.流体力学因素将在燃烧过程的研究中加以讨论.

(二)着火机理

根据化学动力学的观点,着火机理可分为两类:一类是热自燃机理,另一类是链式自燃机理.

(1)热自燃机理:在利用外部热源加热的条件下,使反应混合气达到一定的温度,在此温度下,可燃混合气发生化学反应所释放的热量大于器壁所散失的热量,混合气的温度进一步升高,这又促使混合气的反应速率和放热速率持续增大,进而达到着火状态.

(2)链式自燃机理:由于链的分支使活性中心迅速增殖,从而使反应速率急剧增大而导致着火.在这种情况下,温度的升高固然能促使反应速率加快,但即使在等温情况下亦会由于活性中心浓度的迅速增大而造成自发着火.

实际燃烧过程中,不可能存在纯粹的热自燃或链式自燃,它们同时存在,并且相互促进.可燃混合气的自行加热不仅增强热活化,而且增强了每个链式反应的基元反应.在低温时,链式反应的进行可使系统逐渐升温,从而增强了分子的热活化.因此自燃现象不可能单一地用一种自燃理论来解释,有些特征可用热自燃理论来说明,而有些需要用链式理论来解释.一般来说,在高温下,热自燃是着火的主要原因,而在低温时支链反应是着火的主要原因.

二、着火温度

在燃料燃烧的反应中,总具有一定的温度,在该温度下会反应使得放热速度超过器壁的散热速度.而着火温度是这样一个温度,在该温度下,取决于导热性能的初始散失热量等于同样时间内因化学反应转化而形成的热量.

20世纪初,着火温度曾被认为是一个表示燃烧物质特性的独立量.热着火理论指出,着火温度不是物质本身的物理常数,事实上它表示在正常化学反应过程中(可燃物和氧化剂之间的反应过程)放热的反作用的结果.

实验测定着火温度的方法依照混合物加热方式和混合物配制方式的不同有所区别,主要有以下几种方法.

(1)加料法:将燃料和氧化剂的气体混合物加入反应容器内,容器的器壁可用钠装置加热,而混合物靠器壁加热,混合物发生着火时的器壁温度被认为是着火温度.

(2)压缩法:混合物的加热靠活塞快速压缩来实现,活塞靠压缩空气的作用驱动或电机带动.压缩到最后的温度和压力被认为是着火温度和着火压力.该方法的特点是避免了器壁直接介入自动着火反应.

(3)喷射法:燃料和氧化剂两股气体射流分别在导管中加热,在导管出口处射流相混合发生自动着火,而混合物不接触加热的器壁.

(4)滴入法:燃料以液滴的形式加入已经加热了的容器内,并按一定速度加入氧化剂,发生着火时的容器温度被认为是自动着火温度.

测量方法及测试装置不同时,着火温度数值差别甚大,这证明着火温度不是物质本身的物理常数.

第二节 着火的热自燃理论

一、热自燃过程分析

化学热力学告诉我们,燃烧反应是放热的氧化反应,反应的放热使预混合气温度升高,而温度的升高又使反应加速,因而化学反应放热的速度和放热量是促进着火的有利因素.换句话说,在其他条件相同的情况下,燃烧热越大的物质越容易着火.但是,事实上还存在着阻碍着火的不利因素——散热.例如,在寒冷而风大的露天环境中,不易点燃可燃物,而在风小的地方就容易点燃,原因就是这两种情况下的散热条件不同.热理论认为,着火是反应放热因素和散热因素相互作用的结果.若在某一系统中反应放热占优势,则着火成功,否则就不易着火.

着火热理论的基本思想最先是由范特荷甫提出的,他认为,当反应系统与周围介质间热平衡被破坏时就会发生着火.该思想的进一步阐述即反应放热曲线与系统向环境散热的散热曲线相切就是着火的临界条件,这是由利-恰及利耶(Le-Chatelier)提出的,而其在数学上的描述则是由谢苗诺夫完成的.

大家知道,存放在某一密闭容器中具有一定初温的可燃混合气,在发生化学反应放热的同时必然通过器壁向外散热.这样,在容器内必然形成温度梯度和浓度梯度,即容器中心处温度较高,浓度较低,而在靠近器壁处则正好相反,即浓度较高,温度较低.如果想知道单位时间、单位容积内的放热速度,就必须先知道容器内各点温度及浓度的分布,也即必须同时解导热微分方程和扩散微分方程,但直接解这种非线性方程在数学上存在很大的难度,这就迫使人们对问题进行各种简化以解决着火问题.一种简化方法是稳态分析方法,即将问题简化为稳态情况,即认为当温度或浓度的稳定解成为不可能时,就达到了着火条件.另一种简化方法是撇开容器内温度、浓度的分布不谈,即认为在容器内温度与浓度是均匀的,只研究过程随时间的变化,这就是非稳态分析方法.谢苗诺夫的简化热理论就基于非稳态分析方法,下面主要讨论这种分析方法.

假设有一个容器,如图 3.2.1 所示,内部充满了可燃混合气,容器外环境温度为 T_∞,τ 为反应时间.

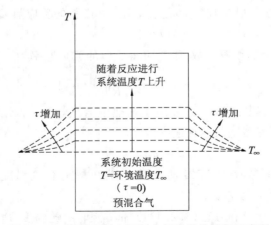

图 3.2.1　密闭容器中预混合气自燃的简化示意图

为使问题简化作如下假设：

（1）只考虑热反应,忽略链式反应的影响.

（2）容器内混合气的成分、温度和浓度（或压力）是均匀的.

（3）T_0（容器壁温）＝T_∞（环境温度）＝定值.

（4）容器与环境之间有对流换热,对流换热系数 α 为常数（不随温度变化）.

（5）反应放出的热量 Q 为定值.

假设（2）的物理模型称为"强烈掺混模型".根据这个假设,可燃混合气的工况用温度和物质的量浓度的平均值（按容积平均）T 和 c 来表示,也就是不考虑由于反应所引起的浓度变化.因为在着火以前混合气的温度并不太高,因此反应速率不是很大,所以这样的近似是允许的.

容器内可燃混合气化学反应的放热速率为

$$q_1 = w_n QV \tag{3.2.1}$$

式中,w_n 为化学反应速率,指单位时间单位体积内生成物浓度的增加;Q 为混合气的反应热,即生成一个分子所放出的热量;V 为容器的体积.

而根据化学动力学知识,化学反应速率为

$$w_n = kn^v = k_0 n^v \exp\left(-\frac{E}{RT}\right) \tag{3.2.2}$$

式中,n 为体积分子数,即单位体积内的分子数;v 为可燃混合气总体反应的反应级数;k_0 为化学反应的碰撞因子;E 为总体反应的活化能.

通常在化学手册中查到的是生成 1 mol 产物的反应热 Q_m,则

$$Q = Q_m / N_A$$

式中,N_A 是阿伏加德罗常数.于是可得反应的放热速率为

$$q_1 = k_0 n^v \exp\left(-\frac{E}{RT}\right) \cdot VQ \tag{3.2.3}$$

反应所放出的热量,一部分用于加热混合气,另一部分则通过容器壁传给环境介质.容器壁的散热速率为

$$q_2 = \alpha S(T - T_0) \tag{3.2.4}$$

式中,α 为散热系数;S 为容器表面积;T 为可燃混合气温度（变量）;T_0 为容器壁温,假设 T_0＝常数.

由方程（3.2.3）和方程（3.2.4）可知,q_1 和 q_2 随温度 T 变化的情况如图 3.2.2所示.q_1 曲线主要决定于阿伦尼乌斯公式中的能量因子 $\exp(-E/RT)$,和温度 T 呈指数关系.q_2 和温度 T 呈线性关系,直线的斜率随 αS 值

而变化,直线在横坐标上的截距是 T_0.q_1 曲线随混合气的浓度或压力的增大而向左上方移动,当散热系数 α 不变时,q_2 直线随器壁温度的升高而向右平移.

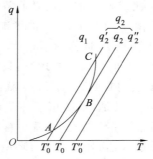

图 3.2.2　系统的热平衡工况

图 3.2.2 中表示了 q_1 和 q_2 间 3 种不同的工况:第一种工况为 q_1 与 q_2 相交于两点,表示理论上可能存在两个稳定点,而状态 C 是不稳定的;第二种工况为 q_1 曲线与 q_2 直线不相交也不相切,表示不可能有稳定的状态;第三种工况是 q_1 与 q_2 相切于点 B,这是一种临界工况,状态 B 也是不稳定的.由图还可看出,对于直线 q_2,从直线 q_2' 转变到 q_2 再转变到 q_2'' 可以通过提高环境介质温度的方法来实现.

第一种工况:当系统由于偶然的原因使温度偏离 T_A,设 $T < T_A$(即向左移动)时,因为系统的放热速率大于散热速率,即 $q_1 > q_2$,温度将回升而使系统的工况恢复到状态 A;反之,当系统工况偶然偏离点 A 向右移动,因为 $q_2 > q_1$,使温度自动下降,也能使工况恢复到状态 A.因此,状态 A 是稳定的.由于点 A 温度较低,反应速率又不能自行加速,所以系统不可能着火,点 A 工况称为熄灭状态.对于状态 C,情况就不同了.当系统工况偶然偏离点 C 向左移动时,因为 $q_2 > q_1$,温度继续下降,系统工况离点 C 愈来愈远,直至达到点 A 为止,所以,不可能着火.反之,当系统工况偏离点 C 向右移动时,因为 $q_1 > q_2$,温度再升高,系统内的反应自行加速,反应速率急剧增大,从而导致着火.由此可见,状态 C 是不稳定的.实际上,状态 C 是达不到的.因为,如果系统工况处于点 A 状态,那么就不可能自动地越过点 A 到达点 C(AC 之间 $q_1 < q_2$),除非有外来的热源或强烈压缩把系统加热到 T_C,否则系统总是处于工况 A 的平衡状态.一般情况下,q_1 曲线与 q_2 直线有两个交点.工况 A 代表熄灭状态,而工况 C 是一个分界点,点 C 以下熄灭,点 C 以上着火.

　　第二种工况:当环境介质的温度 T_0 升高时,q_2 直线向右平移,如果 T_0 达到 T_0'',q_2 取 q_2'' 的工况时,由于 q_1 始终大于 q_2,一定能引起可燃混合气的着火.因此,这种工况也是不稳定的.

　　第三种工况:q_2 与 q_1 曲线相切的工况是临界状态,状态 B 是不稳定的.因为,虽然温度左向偏离 T_B 时,$q_1 > q_2$,温度能自行回升到点 B 状态,但是,如果工况稍稍右向偏离点 B,同样由于 $q_1 > q_2$,系统温度将一直上升,从而引起着火.因此,临界状态也可以这样理解:只要环境介质温度略高于 T_0(哪怕是微小的 ΔT),q_2 线向右微移,q_1 和 q_2 就没有了交点,必然导致反应混合气的着火.它的物理意义是,系统由于热量自行积累,温度升高,反应自动加速而转变为很剧烈的着火过程,这就是热自燃过程.

　　点 B 的工况实际上是能够达到的,因为当环境介质温度为 T_0 时,反应的放热可以使反应物逐渐自动加热至平衡点 B.通常称点 B 为自燃点,T_B 为自燃温度(或着火温度),$\Delta T_B = T_B - T_0$ 为自燃前的加热温升.实际上,T_B 与 T_0 相差很少,出于实验的方便,常定义 T_0 为自燃温度.

　　从方程(3.2.3)和方程(3.2.4)中可知,欲使可燃物质发生热自燃,可从以下几个方面入手,使得 q_2 线与 q_1 线相切:

　　(1) 单独改变壁温 T_0,使得 q_2 线向右偏移直至与 q_1 线相切,如图 3.2.2所示.

　　(2) 单独减小散热系数 α,使得 q_2 线斜率减小,以达到 q_2 线与 q_1 线相切的目的,如图 3.2.3 所示.

　　(3) 单独增大可燃混合气的浓度(增大预混气压力),实现 q_2 线与 q_1 线相切,如图 3.2.4 所示.

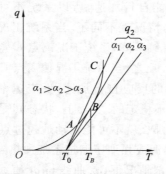

图 3.2.3　α 对热自燃的影响

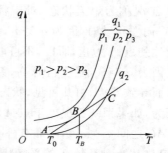

图 3.2.4　压力对热自燃的影响

二、着火温度求解

点 B 的状态是着火的临界条件,在点 B,不仅反应的放热速率与向环境介质的散热率相等,而且放热率与散热率对温度的导数值也相等,即着火的一般条件为

$$q_1\Big|_{T=T_B} = q_2\Big|_{T=T_B} \tag{3.2.5}$$

$$\frac{\mathrm{d}q_1}{\mathrm{d}T}\Big|_{T=T_B} = \frac{\mathrm{d}q_2}{\mathrm{d}T}\Big|_{T=T_B} \tag{3.2.6}$$

将方程(3.2.3)和方程(3.2.4)代入方程(3.2.5)可得

$$VQk_0 n^v \mathrm{e}^{-\frac{E}{RT_B}} = \alpha S(T_B - T_0) \tag{3.2.7}$$

由方程(3.2.6)可得

$$VQk_0 n^v \mathrm{e}^{-\frac{E}{RT_B}} \frac{E}{RT_B^2} = \alpha S \tag{3.2.8}$$

将方程(3.2.8)除以方程(3.2.7)并整理后可得

$$\frac{R}{E}T_B^2 - T_B + T_0 = 0 \tag{3.2.9}$$

解此方程得

$$T_B = \frac{E}{2R}\left(1 \pm \sqrt{1 - \frac{4RT_0}{E}}\right) \tag{3.2.10}$$

由上式可知,T_B 有两个根,根号前取负号的根才有物理意义,若取正号,则 $T_B > \dfrac{E}{2R}$($\approx 10\ 000$ K).事实上,一般混合气的火焰温度低于 $3\ 500$ K,不可能有如此高的着火温度.

一般 T_0 为 $500 \sim 1\ 000$ K,$E = (8.4 \sim 41.8) \times 10^4$ J/mol.故 RT_0/E 的值很小,一般不超过 0.05.若将方程(3.2.10)内的根式按二项式定理展开成级数,再略去高次项,可得

$$\left(1 - \frac{4RT_0}{E}\right)^{1/2} \approx 1 - 2\frac{RT_0}{E} - 2\left(\frac{RT_0}{E}\right)^2 \tag{3.2.11}$$

将方程(3.2.11)代入方程(3.2.10),得

$$T_B = T_0 + \frac{R}{E}T_0^2 \tag{3.2.12}$$

$$\Delta T_B = T_B - T_0 = \frac{R}{E}T_0^2 \tag{3.2.13}$$

方程(3.2.13)的物理意义如下:如果可燃混合气的温度比容器壁高,

即 $\Delta T_B > \dfrac{RT_0^2}{E}$ 时,将发生热自燃;反之,若 $\Delta T_B < \dfrac{RT_0^2}{E}$ 时,则不会引起热自燃.

根据以上分析可知:自燃温度 T_B 与混合气的浓度(或压力)、反应级数 v、活化能 E 和散热情况(αS)有关.若可燃混合气的活性很强(即 E 值小),则具有较低的自燃温度;若散热条件改善(即 αS 值增大),则自燃温度升高;若可燃混合气的压力升高,则自燃温度降低.

过去曾错误地认为可燃混合气的自燃(着火)温度是由混合气成分所决定的一种物理化学常数,虽然研究者们设计了许多实验装置来测定各种燃料的着火温度,但结果都失败了.因为根据谢苗诺夫理论,着火温度不仅与燃料混合气的性质(E,Q,k_0)有关,而且与系统变化过程中的其他条件有关,如系统与环境介质的散热性能、容器的体积和表面积等,即相同的混合气在不同的条件下其着火温度是不同的.实验证明,实验条件对着火温度的影响很大,各种实验方法所测出的着火温度出入也相当大.因此,在比较不同可燃混合气的自燃温度时,必须注意其测量的方法与条件是否相同.

三、谢苗诺夫公式

方程(3.2.12)只建立了着火温度 T_B 与混合气的初温 T_0 及活化能 E 之间的关系.在燃烧技术上,往往已知混合气的初温 T_0 和散热条件,要求预估着火时混合气的临界压力(或浓度),这就是谢苗诺夫热自燃界限方程所要解决的问题.

对方程(3.2.8),即

$$VQk_0n^v\exp\left(-\frac{E}{RT_B}\right)\frac{E}{RT_B^2}=\alpha S$$

做一些近似处理.因为 $T_B \approx T_0$,用级数展开并简化可以得到

$$\frac{VQk_0n^vE}{RT_0^2\,\alpha S}\mathrm{e}^{-\frac{E}{RT_0}}=1 \tag{3.2.14}$$

方程(3.2.14)即为热自燃条件的表达式.若系统的散热条件(α,S,V)和混合气的化学性能参数(E,Q,k_0,v)已知,给定混合气的体积分子数 n,则可由上式计算出自燃温度 T_B;若给定的是混合气温度 T_0,则可由方程(3.2.14)确定着火时混合气的临界浓度值.

将方程(3.2.14)中的体积分子数 n 以压力 p 代换,可以得到气体压力和自燃温度的关系:

$$\ln \frac{p}{T_0^{(1+2/v)}} = \frac{A}{T_0} + B \tag{3.2.15}$$

注意:方程(3.2.15)中的 p 代表自燃时混合气体的压力,单位是 Pa;T_0 用绝对温度(K)表示.

方程(3.2.15)代表了热自燃时混合气的压力与温度 T_0 之间的关系,此方程即为谢苗诺夫公式,或称为热自燃界限方程.如果混合气的温度 T_0 已知,那么用该方程能预估自燃时的临界压力.

当 $v=1$ 时,有

$$\ln \frac{p}{T_0^3} = \frac{A}{T_0} + B, \quad A = 0.217E \tag{3.2.16}$$

当 $v=2$ 时,有

$$\ln \frac{p}{T_0^2} = \frac{A}{T_0} + B, \quad A = 0.11E \tag{3.2.17}$$

许多关于热自燃的实验数据都证明了谢苗诺夫公式的正确性.实验结果表明,用热自燃理论来解释密闭容器热自燃的着火机理时,虽然在公式推导及逻辑上还不完全合理(如忽略了容器中温度分布的不均匀性,忽略了着火前反应物的浓度变化,把对流换热系数看作常数等),从而使这种处理方法所得的计算结果产生一定的误差,但对高温范围的着火规律而言,热自燃理论在定性方面的解释是相当合理的,且在定量方面有一定的参考价值,可作为半经验公式来估算着火条件,同时可用着火的临界条件来确定活化能.实际上许多双分子反应的活化能就是用这种方法确定的.

四、热自燃界限

下面进一步分析谢苗诺夫公式(或热自燃界限方程),以便引出一些具有实际意义的结论.

(1) 对于一定的可燃混合气和反应容器,A,B 均为常数.将方程(3.2.17)用 T_0-p 图来表示,即得热自燃的界限图,如图 3.2.5 所示.由图可知,当混合气压力增大时,自燃温度降低,混合气热自燃容易发生.反之,若 p 下降则 T_0 升高,意味着混合气不易着火.因此内燃机在高原地区、航空发动机在高空时着火性能都将变差.

(2) 自燃温度还和燃料与空气的组分比有关.若 p 取定值,则可得着火温度与混合气成分的关系;若 T_0 取定值,则可建立临界压力与混合气成分的关系,这就是着火(自燃)的可燃界限,如图 3.2.6 和图 3.2.7 所示.

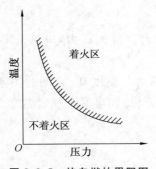

图 3.2.5　热自燃的界限图

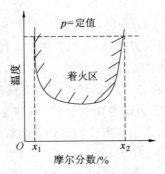

图 3.2.6　自燃温度与混合气成分的关系

由图可知,在一定压力(或温度)下,并非所有混合气成分都能着火,而是有一定的浓度范围,当浓度超出这一范围,混合气就不能着火.例如,在图 3.2.6、图 3.2.7 中,只有 $x_1 \sim x_2$ 浓度范围内的混合气才可能着火,称 x_2(即燃料含量多的)为浓限(富油),x_1(即燃料含量少的)为稀限(贫油).

由图 3.2.6 和图 3.2.7 还可以看出,压力(或温度)下降时,可燃界限缩小.当压力(或温度)下降到某一值时,可燃界限缩小成一点,压力(或温度)继续下降,则任何混合

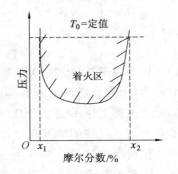

图 3.2.7　临界压力与混合气成分的关系

气成分都不能着火.研究压力(或温度)对可燃界限的影响,对各种发动机燃烧室的着火十分重要,对发动机在高空点火有重要意义.

(3) 由理想气体状态方程得

$$p = NRT$$

式中,N 为体积分子数,m^{-3};T 为绝对温度,K;p 代表混合气体压力,Pa;R 为气体常数.通用气体常数 R 在标准状态下的值为

$$R = 8.205 \frac{Pa \cdot m^3}{mol \cdot K}$$

$$= 8.205 \times \frac{1}{6.02 \times 10^{23}} \cdot \frac{Pa \cdot m^3}{K}$$

$$= 1.36 \times 10^{-23} \frac{Pa \cdot m^3}{K}$$

将 $p = NRT$ 代入方程(3.2.14),得

$$\frac{VQk_0 p^v E 10^{19v}}{\alpha S R T_0^{2+v}} \exp\left(-\frac{E}{RT_0}\right) = 1 \qquad (3.2.18)$$

由上式可知,若 T_0 及其余参数都不变,则 $p^v \dfrac{V}{S} =$ 定值.假设容器是球形,则 $V/S = D/6$,D 是直径,若设 $v=1$,则 $pD=$ 定值,即着火的临界压力与容器直径成反比,增大容器的尺寸,可以降低着火的压力,从而提高可燃混合气的着火性能.由此可见,在小的燃烧设备中,自燃比较困难;在低压下宜用较大的燃烧室(在高原地区不宜用小尺寸的燃烧室).

五、热自燃的延迟期

若将混合气初温(即容器壁温)T_0 作为自燃温度,则由 T_0 自动升高到着火温度 T_B 需要一定的时间,这段着火前的自动加热时间称为热自燃感应期或着火延迟期,记为 τ_{ig}.着火延迟期也是着火过程的重要参数.

着火过程中的温度变化情况可以根据下式来计算:

$$q_1 - q_2 = V\rho c_V \frac{\mathrm{d}T}{\mathrm{d}t} \qquad (3.2.19)$$

式中,ρ 为燃料密度;c_V 为燃料的定容比热容.

因此根据 q_1 与 q_2 之差可以求出温度变化率 $\mathrm{d}T/\mathrm{d}t$.对于着火过程中的不同情况,其温度变化曲线如图 3.2.8 所示.

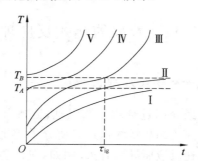

图 3.2.8 着火过程中的温度变化曲线

曲线Ⅰ是图 3.2.2 中初温低于 T_0 的情况,随着反应的进行,混合气温度逐渐升高.但由于 q_1 与 q_2 之差愈来愈小并逐渐接近于零,所以其温升也愈来愈慢,最后趋近极限值 T_A 即稳定状态(熄灭状态)的温度.因为温度不能继续升高,所以这种情况是不能自燃的.

曲线Ⅱ是图 3.2.2 中初温恰好等于 T_0 的临界状况.它的变化与曲线Ⅰ相似,但它以着火温度 T_B 为极限.这种临界工况,在理论上需要经过无限长的时间才能达到 T_B,因而可以认为着火延迟期是无限长的.

曲线Ⅲ,Ⅳ,Ⅴ都是图 3.2.2 中初温高于 T_0 的工况.在系统温度达到 T_B 之前,虽然 $q_1-q_2>0$,$dT/dt>0$,但是因为 $d^2T/dt^2<0$,温度变化是减速缓慢升高的,即曲线上凸;在 $T=T_B$ 时,$q_1-q_2=0$,$d^2T/dt^2=0$,曲线出现拐点;经过拐点以后,$q_1-q_2>0$,并且差距迅速扩大,故 $d^2T/dt^2>0$,温度加速上升,曲线上凹.通常规定这个拐点出现的时间(温度达到 T_B)为着火延迟期 τ_{ig}.这只是在理论上确定 τ_{ig} 的方法之一,在实践过程中还有许多其他的方法.

若提高初温,则温度上升曲线如曲线Ⅳ,着火延迟期就会缩短;如果初温很高已超过 T_B,那么温度上升曲线如曲线Ⅴ,拐点已经消失,但曲线上凹,起初升温较慢,链式反应就像这种情况,但仍定义有着火延迟期.

绝热工况下,着火延迟期可用下面的公式近似估算:

$$\ln \tau_{ig} = -\frac{E}{RT_0} - (v-1)\ln p + A \tag{3.2.20}$$

式中,A 值对于一定的燃烧系统而言是常数.

显然,由上式可知,着火延迟期随混合气压力和自燃温度的升高而缩短.因此,在燃烧室内提高混合气的压力和温度都会缩短自燃的着火延迟期,从而有利于混合气的着火.

第三节　着火的链式反应理论

一、链式着火概念及其发展过程

本章第一节中已经介绍过链式自燃机理,链式自燃机理的观点认为,反应自动加速不一定要依靠热量的积累来使分子活化,通过链分支增殖活性中心的方法也能加速反应而导致着火.例如,在化学动力学中曾指出,氢氧混合气链反应的活性中心(氢原子)浓度的增加有两个影响因素:一是氢分子之间或者氢分子与器壁之间的碰撞,这种热运动使氢分子分解产生氢原子,它与链反应无关;二是链分支反应的结果,即 1 个氢原子参加反应后生成 3 个新的氢原子,从而导致氢原子的增加.显然,以这种方式生成氢原子的速度与氢原子本身的浓度成正比.此外,任何时候总是存在活性中心销毁的过程,如活性中心与稳定的分子或者器壁相碰,都能使活性中心失活成为稳定的中性分子,可见活性中心销毁的速度也是与氢原子本身浓度成正比的.

由上述分析可以看出,活性中心浓度的变化速度取决于以下 3 个因素:

(1) 链引发中心的形成速度;

(2) 因链的分支而形成活性中心的速度;

(3) 因链终止造成的活性中心销毁的速度.

假设 v_0 为反应开始时由于热作用而生成活性中心的速度,f 为链分支的动力学系数,g 为链终止的动力学系数,c 为活性中心的浓度,则活性中心浓度随时间的变化速度可表示为

$$\frac{\mathrm{d}c}{\mathrm{d}\tau} = v_0 + fc - gc = v_0 + (f-g)c \tag{3.3.1}$$

令
$$f - g = \varphi \tag{3.3.2}$$

式中,φ 为链的继续传递概率.φ 是压力、温度、活化能与反应级数的函数:

$$\varphi = Cp^v \mathrm{e}^{-E/RT} \tag{3.3.3}$$

其中 C 为常数.

式(3.3.1)可变为

$$\frac{\mathrm{d}c}{\mathrm{d}\tau} = v_0 + \varphi c \tag{3.3.4}$$

进而可导出微分方程

$$\frac{\mathrm{d}c}{\mathrm{d}\tau} - \varphi c = v_0 \tag{3.3.5}$$

用 Lagrange 法积分得(取 $\tau = 0$ 时,$c = 0$)

$$c = \frac{v_0}{\varphi}(\mathrm{e}^{\varphi\tau} - 1) \tag{3.3.6}$$

由于所有活性中心在 $\Delta\tau$ 时间内都参与反应,链的支化反应总速度为

$$w = \frac{c}{\Delta\tau} = \frac{v_0}{\varphi\Delta\tau}(\mathrm{e}^{\varphi\tau} - 1) \tag{3.3.7}$$

式中,$\Delta\tau$ 为两个串联链反应之间的时间间隔.

如果链反应进行时具有较高的活性中心初始浓度,高浓度的活性中心可以是外源提供的,也可以是前一段反应产生的,那么,$\tau = 0$ 时 $c = c_0'$ 为活性中心的初始浓度,重新对式(3.3.5)积分,反应速度为

$$w = \frac{c}{\Delta\tau} = \frac{(v_0 + \varphi c_0')\mathrm{e}^{\varphi\tau} - v_0}{\varphi\Delta\tau} \tag{3.3.8}$$

若 $\mathrm{e}^{\varphi\tau} \gg 1$,则

$$w = \frac{c}{\Delta\tau} = \frac{(v_0 + \varphi c_0')\mathrm{e}^{\varphi\tau}}{\varphi\Delta\tau} \tag{3.3.9}$$

或者记为

$$w = A(e^{\varphi\tau} - 1) \tag{3.3.10}$$

$$A = \frac{v_0 + \varphi c_0'}{\varphi \Delta \tau} \tag{3.3.11}$$

速度表达式与无活性中心的初始浓度情况确定的表达式类似. 较高的初始反应速率会加快热量的积累,从而加快从链的等温积累到反应热链的转变.

二、链自燃的延迟期

发生链自燃或链式着火的条件是 $w = w_{cr}$,即由于链的分支,反应速度达到发生着火的临界值:

$$w = Ae^{\varphi\tau} = 常数 \tag{3.3.12}$$

其中

$$A = \frac{v_0 + \varphi c_0'}{\varphi \Delta \tau} \tag{3.3.13}$$

而

$$e^{\varphi\tau} \gg 1$$

一般理论和实验研究已经确定了链加速系数的关联式为

$$\varphi = f(\lambda) p^v e^{-E/RT} \tag{3.3.14}$$

式中,$f(\lambda)$ 表示混合物组成的关系.

考虑到指数因子 A 对 τ 的影响小,条件式(3.3.12)可以更简单地表示为

$$\varphi\tau = 常数 \tag{3.3.15}$$

或者

$$f(\lambda) p^v \exp(-E/RT)\tau = 常数 \tag{3.3.16}$$

式(3.3.16)一般用来确定反应级数和活化能的有效值.

如果假设经过一段时间 τ_i(诱导期或着火延迟期)反应速度达到临界值,那么这期间有

$$w = w_{cr} = Ae^{\varphi\tau_i} \tag{3.3.17}$$

假定 $A = 常数$,$w_{cr} = 常数$,若诱导期中 p 和 T 变化很小(压燃式发动机的情况)则

$$w_{cr} = Ae^{\varphi\tau_i} = 常数 \tag{3.3.18}$$

若对 λ 的某一定值,有 $f(\lambda) = 常数$,考虑到 φ 的表达式便导出

$$p^v \exp(-E/RT)\tau_i = 常数 \tag{3.3.19}$$

从而得到

$$\tau_i = \frac{常数}{p^v} \cdot e^{E/RT} \tag{3.3.20}$$

令 $C_1 =$ 常数，$C_2 = \dfrac{E}{R}$，得到

$$\tau_i = \frac{C_1}{p^v} e^{C_2/T} \tag{3.3.21}$$

上式是谢苗诺夫为确定均相混合物自动着火的延迟期从理论上推导出来的.根据对燃烧室进行的研究,该式也适用于压燃式发动机内的反应过程.

通过试验研究可得到下述结论:自动着火的延迟期可用同样的关系式及试验研究系数 C_1,C_2 来表示.

三、烃类-空气混合物着火(自燃)特性

到目前为止,烃类的着火过程尚未完全研究清楚.但研究指出,在一定压力、温度范围内,动力学关系式是无效的,这表明着火前的反应与烃类性质及不同机理的压力、温度范围有关.

（一）烃类混合物的着火极限值

图 3.3.1 描绘了在不同压力下戊烷-空气混合物着火温度极限值随混合物组成的变化.

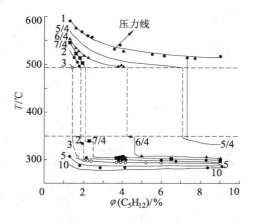

图 3.3.1　戊烷-空气混合物着火温度极限值

对图 3.3.1 加以分析,可以得出:

（1）一定压力下,混合物在 $290 \sim 300$ ℃范围内,可能着火,随着温度的升高,着火停止,到 490 ℃以上又会着火.

（2）每一种组成对应一个临界压力,在该压力下,着火温度极限突然下降近 200 ℃.

（3）随着戊烷含量的减少,临界压力升高.

产生着火的临界压力受烃类的化学结构影响很大,分子结构紧密的烃类比直链烃更难分解,因此它们着火的临界压力比较高.

由图 3.3.1 还可以得出:该混合气存在两个着火（自动着火）区域,在这两个区域之间,不可能发生着火.通过研究可确定两个着火区之间发生的反应过程.

（二）多级着火过程

在图 3.3.2 中描绘了某些类型的烃组成一定时,温度和压力之间的关系.

着火极限曲线的 BC 段,表示对比压力和温度正常关系的偏差,由于它们同时增大或减少,按正常方式,若着火温度升高,则相应的临界压力呈倒数降低.

温度在 BC 和 AB 段之间变化,导致着火中断.在 $2-1-B-C-D$ 区域,冷焰占主导,放热减少,温度相对较低,发光度比热焰要弱得多,此时的发光度要用专门的设备（光电子倍增管）测定.提高压力和温度或通过光的辐射强度可以看出冷焰的亮度.

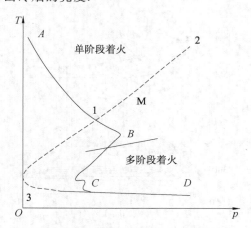

图 3.3.2　石蜡烃着火（自动着火）极限

最后可以得出结论,着火范围可以认为是不同的区域组合起来的:

（1）在 $A-1-2$ 线以上,或者在相对比较高的温度范围内,自动着火具有连续单级的特点.

(2) 在线 $2-1-B-C-D$ 围成的范围内,温度相对比较低(从 $423\sim473$ K 到 $673\sim723$ K),自动着火呈多级式,即通过一连串不同的化学阶段着火.

(3) 在线 $1-3-C-B$ 围成的范围内,不发生链-热自动着火,认为有冷焰存在.

高温下的着火是链-热逐渐自动加速的结果,由于烃类分子之间相对比较稳定的链的断裂,产生了引发基元反应的自由基.分子的分解需要较高的活化能($251\sim293$ kJ/mol).高温下的着火(自动着火)可以认为是单级进行的过程.

在发动机中,因为新鲜负荷的温度变化,着火是在非常小的区域中进行的,在该区域中温度最高,这意味着,从实际的角度分析高温下的着火总是点状的.

为实现高温下的着火,点状区的温度至少要达到 1 200 K.需要指出的是,点状着火(如一个火花)不能保证用于压燃式发动机的重烃燃料燃烧过程正常进行,因而借助于电火花使它们着火是无效之举.

在低温下,烃类分子的分解和自由基的形成都不可能发生,这种情况下发生烃类预氧化生成过氧化物的预氧化过程.

实验研究已确定了烃类进行预氧化反应的 3 种机理:

(1) 链的引发

$$RH+O_2 \Longleftrightarrow R+HO_2$$
$$R+O_2 \Longleftrightarrow ROO$$

(2) 链的发展

a. 氢过氧化物

$$ROO+RH \to ROOH+R$$

b. 无环过氧化物

$$ROO \to R'CH_2CH_2OO \to R'O+CH_3CHO$$
$$CH_3CHO+O_2 \to CH_3COOH$$

c. 甲醛

$$R'O \to R''CH_2O \to R''+CH_2O$$

(3) 链的分支

$$ROOH \to RO+OH$$
$$ROOH+H \to H_2+ROO$$

$$CH_3COOH \to CH_3CHO+O$$
$$RH+O \to R+OH$$

$$CH_2O+O_2 \to CO+2OH$$
$$HCO+O_2 \to CO_2+OH$$

在链的引发中产生的自由基 R 在链的发展中重新生成,与此同时还生成相对较稳定的氢过氧化物分子.

氢过氧化物分解得到另外两种辅助基;除了消耗能量大的氢过氧化物单分子的分解外,自由基浓度增大时还进行第 4 种类型的反应.

在链的发展中,产生无环基,进而产生高级醛即乙醛和氧化得到的酸,同样还产生自由基,随着时间的推移,链的数目不断增多,类似于自动催化反应.

进行预氧化反应的第 3 个机理是将甲醛作为中间产物.

在冷焰诱导期产生的氢过氧化物和醛的浓度按照自动加速的链反应规律随着时间的推移而增大,而氢过氧化物在达到能爆炸分解的临界浓度时出现冷焰.

相对来说氢过氧化物是稳定的,但还是活泼的中间产物,它在一定的时间内分解产生更多的自由基,之后这些自由基继续发展成独立的新的反应链.

冷焰只能释放出总化学能 10%～15% 的能量,因而它的温度稍高于初始温度. 通过产生的活性甲醛得到冷焰的特征辐射,其辐射谱为 360～450 nm. 冷焰在空气-燃料混合物空间中像正常火焰一样传播,反应仅仅通过活性颗粒从冷焰扩散到新鲜混合物中. 火焰传播后剩下的产物主要是醛、一氧化碳和过氧化物分解的活性产物.

在冷焰和热焰之间还存在一个新的中间火焰,在这个中间火焰区,压力和温度显著升高,但不形成氧化的最后产物,即 CO_2 和 H_2O. 这一中间火焰(或叫第二冷焰)由一氧化碳和活性产物的混合物生成,由于温度比较高,在一些确定的条件下,这一混合物会导致热爆炸或者变成热焰并伴有能量的充分释放.

试验表明,并非只有浓混合物才能产生冷焰,非常稀的混合物也可产生冷焰.科学家曾对空气-乙醚混合物在 $\lambda \approx 100$ 的情况下产生的冷焰进行了研究.

在产生过氧化物的链发展之后,冷焰的产生需要浓度足够高的过氧化物. 从形成过氧化物的反应中得到的氧的浓度必须等于烃类的浓度,从而得到对于庚烷 $\lambda \approx 0.09$,若 $\lambda \gg 1$ 则不可能形成冷焰.

依照前面提出的烃类过氧化反应的过程,反应开始总是先产生过氧化物自由基 ROO,进而发生氧化得到过氧化物或甲醛,继续反应的路线取决于过氧化物自由基与未分解烃类分子发生反应的可能性,温度和浓度愈高,自由基 ROO 的存在时间愈短. 因此,在高温下,只能走甲醛的反应路线,而在低温下,甲醛的反应路线只能发生在很稀的混合物中.

形成甲醛的链发展和链支化量代表了伴有退化支化的链反应的全部特点并同样产生高浓度的活性自由基. 甲醛出现并处于激发状态,它具有冷焰的特征辐射. 与产生过氧化物的链发展情况不同,生成甲醛的链发展中冷焰具有深蓝色的光亮,因为产生大量的 CO,所以也叫蓝色火焰.

甲醛的链反应具有爆炸特性,产生蓝色火焰,烃类燃料完全氧化成 CO.

和冷焰一样,在蓝色火焰的光谱中有甲醛(HCHO)、自由基 HCO 和 OH 的谱线,但没有 CO 谱线,它只出现在热焰中.当氧过量($\lambda > 1$)时,蓝火焰很容易再发展,且反应时间短,放出热量多.蓝色火焰实际上代表了从冷焰开始的高温氧化.

蓝色火焰最终反应所需的活化能是很高的,超过 292.985 kJ/mol.同样,蓝色火焰的发展也需要相当高的温度,在混合物的组成接近于化学计量比时这些条件都可能满足.

CO 和过量氧的混合物,一直到蓝色火焰阶段还未发生反应,若有高浓度的活性中心且温度相当高,在短时间内将爆炸成热焰,通过热焰结束烃类的燃烧,生成在燃烧温度下与热力学平衡相对应的最终产物.

多级着火表示这样一连串的火焰:在每一种火焰中完成了原始烃类的某一化学转化,在冷焰中,一般形成甲醛,在蓝焰中形成一氧化碳,而在热焰中生成最终产物.

(三)多级着火延迟期的计算

空气-烃类混合物在低温下的多级着火不仅发生在低压下,也可发生在高压下.随着压力的升高,第 2 和第 3 阶段的反应时间可能会少得多.

从图 3.3.3 多级着火的 $p-\tau$ 关系图可以看出,随着压力和温度的升高,低温下的着火范围极限值增大.在压燃式内燃机中燃烧压力为 2～3 MPa 时,着火(自动着火)的极限值高达 500～700 ℃,定性地称为“低温着火”,它涉及过程动力学.

低温下的着火包括一定体积的负荷,因而属于容积着火,它和点式的高温着火不同.对应于火焰 3 个阶段,空气-烃类混合物完全化学着火延迟期可表示为

$$\tau_i = \tau_1 + \tau_2 + \tau_3 \qquad\qquad (3.3.22)$$

式中,1,2,3 分别代表冷焰、蓝焰和热焰.

时间最长的是 τ_1,它占 τ_i 的 75%～80%.多级着火压力随着时间的变化关系及 3 个延迟期如图 3.3.3 所示.

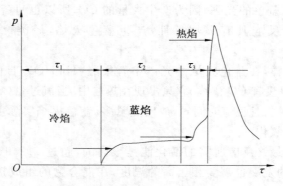

图 3.3.3　多级着火的 p-τ 关系

记

$$\tau_{i1} = \tau_1 + \tau_2, \ \tau_{i2} = \tau_3 \tag{3.3.23}$$

式中,τ_{i1} 为冷焰着火延迟期;τ_{i2} 为热焰着火延迟期.可以断言,在 300~500 ℃ 范围内冷焰的着火延迟期符合

$$\tau_{i1} = Ap^{-v}e^{E/RT} \tag{3.3.24}$$

其中,E 与燃料性质有关,其值为 92.301~146.493 kJ/mol;$v=0.1$~0.5.

由方程(3.3.24)可以得出,τ_{i1} 的值随着温度升高迅速下降,而压力对其影响很小,这表明过氧化过程开始时,反应是单分子反应.

在内燃发动机中,高温下在最大爆发压力到达之前出现冷焰,这样冷焰的预反应全部都是在可变的压力与温度条件下进行的.因此,定量地表示内燃机压缩过程的着火非常困难.虽然如此,内燃机压缩过程仍是双级反应.

热焰着火延迟期 τ_{i2} 和压力、温度的关系比较复杂.对空气-60%异辛烷和空气-40%正庚烷混合物按照化学计量比例($\lambda=1$)进行的研究表明,低温下着火为单级,$\tau_{i2}=9$ ms;温度达到 350~400 ℃ 时变成双级,τ_{i2} 随温度升高增加到某一极限值之后又下降.因此可以这样解释:虽然随着温度升高 τ_{i1} 持续降低,但仍然存在一个随温度升高着火总延迟也增大的温度范围.

(四) 均相混合物和非均相混合物的着火

对多级着火可以断定,为使各级能够发展,不同级需要不同的燃烧混合物浓度条件:为产生冷焰,混合物的浓度剂量要很高;对于蓝焰,混合物的浓度要略高于化学计量比例;热焰的最优发展条件是化学计量值.因此,在均相混合物中不可能形成着火级的最优条件,着火延迟大于非均相的情况.

在非均相混合物中,存在燃料浓度高的区域.在这一区域中,冷焰过程可以最优地发展,若继续混合则浓度会变得比较均匀,并适合蓝焰和热焰过程的进行;若混合物形成的时间和过氧化过程接近,则达到最优条件.在这种情况下,压缩式内燃机便得到一个相对比较短的着火延迟期和无烟快速燃烧过程.

第四节　强迫着火

一、强迫着火过程

强迫着火或点燃一般是指用炽热的高温物体引燃火焰而使混合气燃烧.例如,电火花、炽热物体表面或火焰稳定器后面旋涡中的高温燃烧产物等,使混合气的一小部分着火,形成局部的火焰核心;这个火焰核心再把邻近的混合气点燃,这样逐层依次地引起火焰的传播,从而使整个混合气燃烧起来.

强迫着火和自燃着火在原理上是一致的,因为都是化学反应急剧加速的结果,但在具体进行过程中却有如下不同之处.

(1) 点燃的加速仅在混合气的局部(点火源附近)发生,而自燃的加速在整个可燃混合气中发生.

(2) 自燃必须使全部可燃混合气在一定的环境温度 T_0 的包围下,因反应的自动加速而使全部可燃混合气温度逐步提高到自燃温度引起.但点燃不同,全部混合气处于较冷的状态,为了保证火焰能在较冷的混合气流中传播,点火温度一般要比自燃温度高得多.

(3) 可燃混合气能否点燃不仅取决于炽热物体附面层内局部混合气能否着火,而且取决于火焰能否在混合气流中传播,故点燃过程要比自燃过程复杂得多.

点燃过程如同自燃过程,亦有点火温度、点火延迟期和点火浓度极限,但是影响它们的因素更为复杂.除了可燃混合气的化学性质、浓度、温度、压力外,还有点火方法、点火能量和混合气流动的性质等,而且后者的影响更为显著.

二、常用点火方法

常用的点火方法大致有以下几类.

（一）电火花或电弧点火

利用两电极空隙间放电产生火花的作用,使电极间的这部分混合气温度升高而发生着火,即为电火花或电弧点火,多用于流速较低、易燃的混合气,如一般的汽油发动机. 这种方式比较简单易行,但由于能量较低,故使用范围有一定的限制. 对于温度较低、流速(或流量)较大的混合气,直接用电火花点燃是不可靠的,甚至是不可能的. 有时先利用它点燃一小股易燃气流,然后再借以点燃高速大流量的气流.

（二）炽热物体点火

常用金属板、柱、丝或球作为电阻,通以电流使其炽热,亦可用热辐射加热耐火砖或陶瓷棒等形成各种炽热物体在可燃混合气中进行点火.

（三）火焰点火

所谓火焰点火就是用其他方法将燃烧室中易燃的混合气点燃形成一股稳定的小火焰,并以此作为能源去点燃较难着火的混合气(如温度较低、流速较大的混合气). 在工程燃烧设备如锅炉、燃气轮机燃烧室中,这是一种比较常用的点火方法. 它最大的优点就在于具有较大的点火能量.

综上所述,不论采用哪一种点火方法,其基本原理都是使混合气局部受到外来的热作用而着火燃烧.

三、电火花点火

（一）两种理论

关于电火花点火的机理目前有两种看法:一种是着火的热理论,这一理论把电火花看作一个加热的高温热源,由于它的存在而使靠近它的局部混合气温度升高(由于导热和对流作用),以至达到着火临界工况而被点燃,然后再依靠火焰的传播使整个容器内的混合气着火燃烧;另一种是着火的电理论,它认为混合气的着火是由于靠近火花部分的气体被电离形成活性中心,提供了产生链式反应的条件,而链式反应的结果是使混合气着火燃烧. 实验表明,以上两种机理并不矛盾,而是同时存在的. 一般来说,在低压力时电离的作用是主要的,但当压力提高后,则主要是热的作用.

（二）方法与原理

电火花点火的特点是所用能量不大,但可瞬间在小范围内产生高温. 图 3.4.1 展示了电火花点火后温度的空间分布及其随时间变化的情形. 在不发生化学反应时,所产生的高温因向周围传热,所以温度随时间推移迅速降低,如图中实线所示;有化学反应发生时,因热释放而使周围温度升高,如图中虚线所示,结果形成火焰传播.

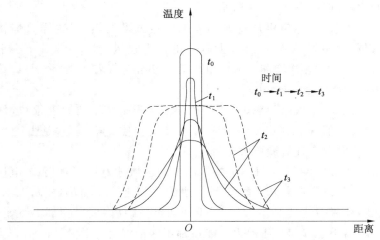

图 3.4.1　电火花点火后温度的空间分布与变化

可燃混合气的着火可以通过如图 3.4.2 所示的置于混合气中的两根电极之间的电火花放电来实现.电极可以是有法兰的也可以是无法兰的,通常用不锈钢制成.

火花可通过电容放电(相对感应放电较快,约为 0.01 μs)或感应放电产生.其中,电容放电依靠电容器快速放电来实现;电感通过断电器断开由变压器、点火线圈和磁电机的线路来实现放电.

若设 C 是电容器的电容,U_1 和 U_2 分别为产生火花前后电容器的电压,则放电的能量为

$$E = \frac{1}{2}C(U_1^2 - U_2^2) \tag{3.4.1}$$

圆形玻璃法兰

(a) 无法兰的电极　　　　(b) 有法兰的电极

图 3.4.2　研究电火花点火的电极

假设已知混合气的成分,且电极间相隔的距离为 d.实验表明,只有当

放电的能量大于某一临界点火能时,才有可能着火.这个点火能随 d 的变化而变化,具体如图 3.4.3a 所示.

当 d 值较小时,电极从初始的火焰传走过多的热量,这样火焰就不能传播,因此要引发传播火焰,需要很高的放电能量.事实上,当 d 小于某一定值 d_q 时,不管怎样增加点火能量也无法使混合气着火,这个 d_q 即称为淬熄距离(quenching distance).

当 d 从 d_q 增大时,点火能 E 不断减小,开始减小的速度很快,然后变慢;达到某一值(E_{min})以后,进一步增加 d 又会使其增大,这是由于当 d 增大时,火花向混合气传递更多热量.

由图 3.4.3a 可见,在 E-d 曲线以上的区域才有可能着火.若电极是带法兰的,则由于增加了法兰直径,这个着火区域进一步缩小,如图 3.4.3b 所示.同理,如果点火能小于 E_{min},对于任何电极距离,混合物都不可能着火;当电极距离小于 d_q 时,任何火花能量都不能使混合气着火.

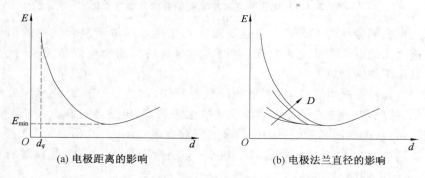

(a) 电极距离的影响   (b) 电极法兰直径的影响

图 3.4.3 点火能与电极距离、电极法兰直径的关系

最小点火能是指在给定混合气中能够引发火焰传播的最小火花能量.淬熄距离 d_q 是两个固体壁面之间的最小距离,通过这个间隙火焰能够传播.E_{min} 和 d_q 主要与混合气的物理化学性质、压力、速度和温度有关,与电极几何形状及材料的关系较小.E_{min} 和 d_q 常被用来表征不同混合气的着火性能.实验测量表明,它们之间的相互关系为

$$E_{min}=Kd_q^2 \tag{3.4.2}$$

式中,K 是常数.

最小点火能和淬熄距离随过量空气系数 α 而改变,如图 3.4.4 所示.接近化学计量比组成的混合气,最小点火能和淬熄距离为最小.主要原因是在不同的 α 下火焰传播速度不同.最小点火能极限值(即最小值)所对

应的 α 值（通称为最佳 α 值）一般接近于火焰传播速度最大值时的 α 值.

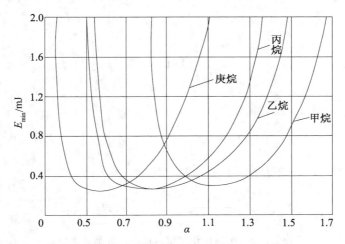

图 3.4.4　最小点火能和淬熄距离随过量空气系数 α 的变化关系

随着碳氢化合物相对分子质量的增加,着火区域及相应的最小点火能的极限值均向燃料较浓的一侧偏移(如图 3.4.4 所示).这是由于不同烃类燃料与氧化剂的扩散性能不同.

对于大多数碳氢化合物与空气的混合气,在压力为 0.1 MPa、温度 20 ℃以下的最小点火能为 0.18～0.30 mJ.

最小点火能还与混合气的流速有关.实验表明,随着流速的增大,最小点火能增大.一般说来,在流速小于 20 m/s 时,点火能几乎按直线规律增大;流速超过 20 m/s 后,点火能将急剧增大.在湍流中,湍流强度是促使 E_{min} 增大的一个因素,这一因素的影响主要表现在使着火区域的热损失增大.

四、点火的可燃界限

实验表明,点燃如同自燃一样也存在着可燃界限,也就是说可燃混合气并不是在任何压力或任何组成下都能被点燃,而是存在着一定的浓度界限和压力极限.

图 3.4.5 给出了各种不同比例的燃料和氧化剂的混合气与最小点火能之间关系的 U 形曲线.该图表明,当混合气的组成为(或接近)化学计量比时,其 E_{min} 最小;如果混合气变得较稀或较浓,E_{min} 先缓慢增加,然后陡然升高.这就是说,太稀或太浓的混合气几乎是不能被点燃的.

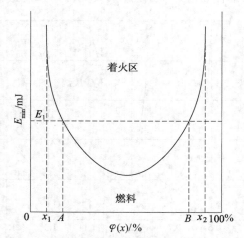

图 3.4.5　燃料体积浓度对最小点火能的影响

注:图中 A,B 为对应最小点火能 E_{min} 的左右界限;$\varphi(x)$ 是燃料的体积浓度;x_1 为稀可燃界限;x_2 为浓可燃界限.

思考题

1. 自燃着火与强迫着火(点火)各有何特点? 着火温度与点火温度有何不同?

2. 讨论着火温度表达式 $T_B = T_0 + \dfrac{RT_0^2}{E}$ 的物理概念和意义. 为何说着火温度不是某种可燃物质的物理常数?

3. 着火的热自燃理论和链式自燃理论的基本内容是什么? 二者有何区别?

4. 着火温度、着火浓度界限与可燃混合物的压力、成分、温度有何关系?

5. 电火花点火的两种理论的内容分别是什么?

6. 试分析烃类-空气混合物着火各阶段的特点.

第四章
预混合燃烧及火焰传播

第一节 概 述

一、预混合燃烧的概念与火焰特征

（一）预混合燃烧

燃料和氧气（或空气）预先混合成均匀的混合气,此可燃混合气称为预混合气. 预混合气在燃烧器内进行着火、燃烧的过程称为预混合燃烧（premixed combustion）.

在充满预混合气的燃烧设备内,通常是在某一局部区域先着火,接着在着火区形成一层相当薄的高温燃烧区,或称火焰面. 依靠火焰面的热量将邻近的预混合气引燃,逐渐把燃烧扩展到整个混合气范围. 这层高温燃烧区如同一个分界面,把已燃气体产生的燃烧产物和尚未燃烧的未燃混合气分隔开来. 它的前方是未燃的混合气,它的后方是已燃气体产生的燃烧产物. 随着时间的推移,火焰面在预混合气中不断向前扩展,呈现火焰传播（flame propagation）的现象.

图 4.1.1 所示为典型的预混合气燃烧和火焰传播的装置. 燃料和氧化剂在混合室混合后,进入主燃烧室,在稳定筛的作用下保持层流状态,然后在点火室内进行点火并燃烧,在主燃烧室上方产生火焰传播.

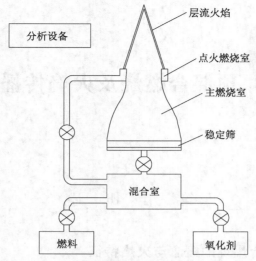

图 4.1.1　典型的预混合燃烧装置

（二）火焰与火焰特征

1. 火焰及其特征

火焰(flame)是在气相状态下发生的燃烧的外部表现. 火焰除了具有发热、发光的特征外,还具有辐射、电离、自行传播等特征.

① 火焰具有辐射特性. 火焰因发光、发热而产生热和辐射现象. 火焰的辐射一部分为热辐射,一部分为化学发光辐射,还有一部分为炽热固态烟粒和碳粒的辐射. 热辐射主要来自火焰中一些化学性能稳定的燃烧产物,如 H_2O,CO_2 及各种碳氢化合物等的光谱带,这类辐射的波长在$0.75\sim100\ \mu m$ 之间. 最强的光谱带在红外区,它由燃烧的主要产物 CO_2 和 H_2O 形成. 化学发光辐射是一种由化学反应而产生的光辐射,这种发光是不连续辐射光谱带发射的结果,来自电子激发态的各种组分如 CH,OH,CC 等自由基,这些自由基存在于火焰区中,它们是在化学反应过程中瞬时产生的. 通常认为,火焰中存在固态烟粒和碳粒发射出的连续光谱,它将使火焰辐射增强.

必须强调的是,在燃烧气体、液体或固体燃料的炉膛中,火焰和完全燃烧产物的辐射主要来自 CO_2,H_2O,烟粒和飞灰颗粒.

② 火焰具有电离特性. 一般在碳氢化合物燃料和空气的燃烧火焰中,特别是在层流火焰中的气体具有较高的电离度. 实验发现,在电场的作用下,火焰会发生弯曲、变长或变短等变化,着火、熄火条件也会发生变化.

③ 火焰具有自行传播的特征.火焰一旦产生,就不断地向周围传播,直到整个反应系统反应终止.

2. 火焰的分类

① 按火焰自行传播这个特点分,主要有两类火焰:一类是缓燃火焰(或称正常火焰),其火焰按稳定的、缓慢的速度传播($0.2 \sim 1$ m/s);另一类是爆震火焰,其传播速度极快,达超音速(上千米每秒).正常火焰通过导热使未燃混合气温度升高(或由于扩散作用将自由原子、自由基传递到未燃混合气中产生链式反应)而引起反应加速,从而使火焰前沿不断向未燃混合气体推进.爆震火焰是一种带有化学反应的激波,它依靠激波的压缩作用使未燃混合气温度、压力升高,形成极薄的化学反应诱导区,火焰前沿高速推向诱导区中的未燃混合气,发生剧烈的化学反应,所释放的热能反过来支持激波向前发展.爆震的燃烧反应机理与正常燃烧完全不同,因此将专门进行介绍.

② 按燃料与氧化剂在进入反应区以前有无接触划分,火焰可以分成两类:一类是两种反应物的分子在着火前已经接触,其火焰称为预混火焰(本章内容);另一类是两种反应物在着火前未接触,火焰决定于混合、扩散因素,称为扩散火焰(第五章内容).例如,气体燃料和氧化剂分别送入燃烧室时的燃烧所形成火焰即为扩散火焰.

③ 按火焰状态可分为移动火焰和驻定火焰.移动火焰即火焰位置在空间是移动的;驻定火焰即火焰位置在空间是固定的.图4.1.2所示是把丙烷-空气预混合气从管下部送入管口燃烧的火焰照片.火焰面在管口上部形成近似的圆锥形状,锥顶为圆形.这是由于锥顶处火焰面相交,使尖顶部分燃烧区集中,燃烧反应量增多造成顶部热量和活性中心浓度升高,向未燃气体的扩散更加剧烈,进而使得燃烧反应速率增大,火焰面持续向未燃混合气移动,最终成为观察到的圆形顶.而在管口处,由于热量及活性中心从火焰面向金属管壁散失使反应受到冷熄,在管口周边形成一段熄火区.随着可燃混合气从管口流出速度的变化,火焰锥体形状也发生变化.增大流速,则火焰锥体高度增加,火焰面增大;减小流速,则火焰锥体高度降低,火焰面减小.很显然,火焰面总是朝向未燃混合气传播的,它与未燃混合气流向火焰面的方向相反,且相互对应.当火焰面的传播速度和未燃混合气流向火焰面的速度在数值上完全相等时就达到动态平衡,火焰锥体表面维持某一位置,此种火焰称为驻定火焰.在实际工程燃烧装置中,多数是采用驻定火焰方式.

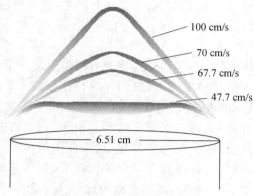

图 4.1.2　预混合驻定火焰

图 4.1.3 所示的一组照片是另一种预混合气火焰形式,表示一氧化碳-空气的可燃混合气充入一个球形容器内,在球中心点燃后,火焰从球心向外传播的情形.由图可以看出,火焰表面为球形面,其直径不断扩大直到充满全部容积.这种火焰面随时间变化、在空间不断移动的火焰形式称为移动火焰.观察此实验发现,未燃混合气好像静止不动,其流入火焰面的速度似乎也没有变化,但是随着燃烧的持续,燃烧产物的温度和压力都急剧增加,未燃混合气受到燃气的压缩,使火焰扩展速度受到影响,其程度与燃气的状态参数变化有关.在火焰传播过程中,这种球面形状的火焰面不断增大,燃烧放热量不断增加.汽油机燃烧室中用电火花点燃汽油-空气混合气后,火焰向外传播和扩展的过程基本上属于这种移动火焰形式.

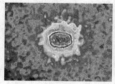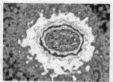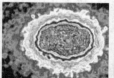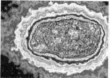

图 4.1.3　预混合移动火焰

④ 按流体力学特性,可分为层流火焰和湍流火焰.工业火焰绝大部分属于湍流火焰.

⑤ 按两种反应物初始物理状态,可分为均相火焰(气体燃料和气态氧化剂的反应)、多相火焰、异相火焰(液体或固体燃料和气态氧化剂的反应).液体燃料和固体燃料的燃烧过程比气体燃料的燃烧过程要复杂,因为前者的燃烧过程和火焰传播发生在多相介质中.

第二节 层流火焰传播

一、层流火焰结构与传播机理

层流火焰(laminar flame)代表了火焰在连续层燃烧区中的传播.火焰的外缘从混合物的一层传播到另一层,是通过分子之间的传递完成的,传播过程受燃烧产物的导热性和扩散性的制约.燃烧时活性中心依次扩散到相邻层中,从而激发反应.

如图 4.2.1 所示,对于空气-烃类混合物,实验证明火焰前沿的厚度在一般情况下是很薄的,不超过 1 mm,通常只有十分之几毫米甚至百分之几毫米厚.如图 4.2.2 所示,将火焰前沿厚度放大几倍,它的边界由"R-R"到"P-P".

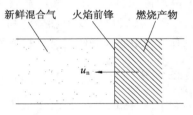

图 4.2.1 层流火焰图

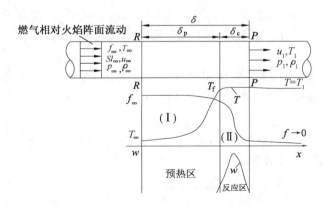

图 4.2.2 层流火焰前沿浓度和温度变化

火焰的前沿具有以下特点:

(1) 在火焰前沿厚度中,有很大一部分化学反应的速率很小,可以忽略

81

不计,这部分前沿的厚度称为混合气的预热区,以 δ_p 表示. 而化学反应主要集中在很窄的区域 δ_c 中进行,其称为化学反应区. 混合气经此区域后 95%~98%都发生了化学反应.

(2) 虽然火焰前沿的厚度很小,但温度和浓度的变化却很大,因而在火焰前沿中出现了极大的浓度梯度及温度梯度,这就引起了火焰中强烈的扩散流和热流. 由此可见,在火焰中分子的迁移不仅受强迫流动的作用,而且有扩散的作用. 热量的迁移不仅靠强迫对流,还有导热的作用.

根据上面对层流火焰前沿结构的分析,可总结出有关火焰前沿传播机理的两种看法:

(1) 火焰传播的热理论. 其认为火焰中反应区(即火焰前沿)在空间的移动,取决于反应区放热及其向新鲜混合气的热传导. 热理论并不完全否认活性中心的存在及其扩散,只是认为燃烧过程中活性中心的作用已归纳到反应放热率中了.

(2) 火焰传播的扩散理论. 其认为凡是燃烧都属于链式反应,借助于活性中心的作用,使混合气发生链式反应变为燃烧产物,因此火焰前沿在空间的移动是由于反应区中有活性中心向新鲜混合气扩散而使反应连续发生.

二、层流火焰传播速度

火焰外沿相对于未燃混合物在火焰表面法线方向上的移动速度称为火焰的法线速度,用 u_n 表示,或称层流燃烧速度(laminar burning velocity),用 S_l 表示. 火焰前沿传播的法线速度取决于反应速度、热量和活性中心的传递速度,换句话说,u_n 仅取决于混合物的物理化学性质,而和气流的动态性质无关.

在实际应用中,人们常使用混合物燃烧速度 u_m,它表示单位时间内单位火焰外沿表面积上已燃混合物的质量,有

$$u_m = u_n \cdot \rho_0 \qquad (4.2.1)$$

式中,ρ_0 为初始混合物的密度,kg/m^3;u_m 的单位为 $kg/(m^2 \cdot s)$.

放热速率可表示为

$$\frac{dQ}{d\tau} = u_m \cdot F \cdot H_{am} \qquad (4.2.2)$$

式中,F 为火焰前沿瞬间表面积大小,m^2;H_{am} 为混合物的热值,kJ/kg.

若单元管中的混合物(如图 4.2.1 所示)处于运动状态,其速度与 u_n 相等,但方向相反,则火焰的外沿是稳定的.

Bunsen 燃烧嘴形成的火焰如图 4.2.3 所示,这是层流火焰的典型例子,通常用这种燃烧嘴测定层流火焰传播速度.燃料气需要预先和空气或氧气充分混合,从燃烧嘴流出来时应成严格的层流状态,即 $Re < Re_{cr}$.

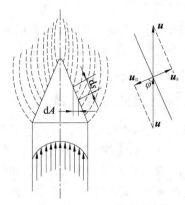

图 4.2.3　Bunsen 燃烧嘴火焰

火焰锥形的轮廓代表从燃烧嘴流出的气体喷射着火的表面,而周围带亮光的燃烧表面是最终的燃烧区,燃烧反应发生在从内部锥形表面开始的燃烧区内.因为气体与火焰运动方向相反因而速度互相抵消,火焰锥形表面似乎处于静止的状态(称稳定火焰).

内部的锥形表面实际上就是层流火焰的外沿,它的高度决定于燃烧速度.层流火焰外沿与新鲜混合物流动方向的倾斜度用下式确定:

$$\cos\varphi = \frac{\mathrm{d}A}{\mathrm{d}s} = \frac{u_n}{u} \tag{4.2.3}$$

式中,u 为未燃混合气局部流速,m/s;φ 为速度 u 和 u_n 的夹角.

由式(4.2.3)得

$$u_n = u\cos\varphi \tag{4.2.4}$$

或

$$S_l = u\cos\varphi \tag{4.2.5}$$

其中,$u\cos\varphi$ 是法线流动速度在火焰外沿上的投影.

关系式(4.2.4)或式(4.2.5)称为余弦定理,也可以按照推导出此公式的学者名字称为 Guy-Michel(米海尔松)定律.

用静止坐标观察图 4.2.1 中预混合气燃烧火焰传播时,可以观测到火焰面和未燃混合气的运动存在不同的情况.令 u_s 为未燃混合气流速,u_p 为火焰面的移动速度,而 u_n 为火焰面相对未燃混合气的移动速度,三者的关

系可表示为

$$u_n = u_p \pm u_s \qquad (4.2.6)$$

当火焰面移动速度 u_p 与未燃混合气流速 u_s 方向相同时,相对速度 u_n 减小,公式中取负号,反之取正号.

由火焰传播速度的定义可知 $S_l = u_n$. 对于固定火焰,火焰面静止不动,即 $u_p = 0$,则 $-u_s = u_n = S_l$. 即火焰传播速度就等于未燃混合气进入火焰面的流速,两者大小相等,方向相反.

三、层流火焰传播速度的实验测量

无论是在燃烧机理的纯理论研究上,还是在工程的装置设计、过程控制方面,都需要得到确切的火焰传播速度并了解各种物化因素对火焰传播速度的影响规律.火焰传播的热理论及扩散理论,都只是对传播过程进行了理想假设,因此并不能确定火焰的传播速度.目前,准确的火焰传播速度必须通过实验来测定.

层流火焰传播速度的实验测量方法分为两类:

(1) 驻定火焰法:又称动力法,实验要求保持火焰前锋稳定不动,使可燃混合气以层流火焰传播速度向前锋流动,以测定其速度.驻定火焰法又包括本生灯法和平面火焰法.

(2) 移动火焰法:又称静力法,实验中保持可燃混合气稳定静止,令火焰前锋在其中传播,以测定火焰传播速度.移动火焰法又包括定压肥皂泡法和定容球弹法.

本生灯法是比较简单、使用较广泛的一种测量层流火焰传播速度的方法.这里主要介绍本生灯法,其他方法只做简单介绍.

(一) 本生灯法

垂直圆管中流动着的层流状态的均匀可燃混合气气流流速按抛物线规律分布(如图 4.2.4 所示),在当量比情况下,火焰前锋为曲面锥状,即各点火焰传播速度并不相等.为了使火焰前锋基本呈正锥体,以便利用照相法测量得到的锥角 φ、火焰内锥的前锋高度 h 及单位时间内可燃混合气流量 V 来计算层流火焰传播速度 S_l,需要将管口制成特殊型面的喷口(常用维多辛斯基型面).经过这种特殊型面管口的层流均匀可燃混合气在出口处获得均匀速度场,被点燃后形成一稳定的正锥体形层流火焰前锋(如图 4.2.5 所示).

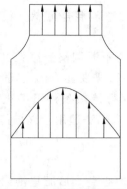
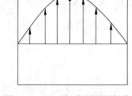
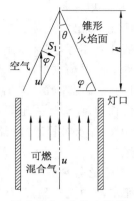

图 4.2.4　特殊型面的喷口　　图 4.2.5　本生火焰锥

在稳定状态下,单位时间内从喷口流出的可燃混合气量与火焰前锋面上被燃尽的混合气量相等,即

$$\rho_0 u A_{out} = \rho_0 S_1 A \qquad (4.2.7)$$

式中,A_{out} 为喷管出口截面积;A 为火焰内锥前锋的表面积;u 为可燃混合气在出口处的平均流速.

由照相法得到火焰内锥底角 φ,喷管出口截面半径 r,则

$$A = \frac{A_{out}}{\cos\varphi} = \frac{\pi r^2}{\cos\varphi} \qquad (4.2.8)$$

若设 V 为单位时间内可燃混合气流量,则

$$u = \frac{V}{\pi r^2} \qquad (4.2.9)$$

因此,由式(4.2.7)得层流火焰传播速度 S_1,即

$$S_1 = u\frac{A_{out}}{A} = \frac{V\cos\varphi}{\pi r^2} \qquad (4.2.10)$$

若测得火焰内锥的前锋高度为 h,则

$$\cos\varphi = \frac{r}{\sqrt{r^2+h^2}} \qquad (4.2.11)$$

最终得层流火焰传播速度为

$$S_1 = \frac{V}{\pi r\sqrt{r^2+h^2}} \qquad (4.2.12)$$

式(4.2.12)为用本生灯法测定层流火焰传播速度的计算式,只需精确测得 V,r 和 h,就可求得平均层流火焰传播速度 S_1.

（二）平面火焰法

一般情况下,出口火焰为三角形,但调整预混合可燃气气流速度使其与火焰传播速度相等,则会得到平面形火焰.

有一种平面火焰发生装置,使用时只要不断调整流速就可得到平面火焰,而此时的气流流速就是火焰传播速度 S_1. 需要注意的是,管壁的冷却效应对火焰传播速度 S_1 有一定影响,为了获得绝热条件下的火焰传播速度 S_1,可以利用冷却水对管壁进行冷却. 平面火焰法适用于火焰传播速度较小的预混可燃气.

（三）定压肥皂泡法

若在肥皂泡中充入预混可燃混合气,中心点火后肥皂泡内的火焰前锋呈球状传播,肥皂泡则定压膨胀. 此时,利用高速摄像机记录火焰前锋的移动轨迹,即可得到火焰传播的位移速度 dr/dt,进一步修正后可得火焰传播速度 S_1,即

$$S_1 = \left(\frac{D_1}{D_2}\right)^3 \frac{dr}{dt} \tag{4.2.13}$$

式中,D_1,D_2 分别是肥皂泡的初始直径和燃烧终了时的直径.

定压肥皂泡法在水分对化学反应有影响的情况下不能使用.

（四）定容球弹法

将肥皂泡换成球状钢球,其中充入的预混可燃混合气在中心点火燃烧时,火焰前锋则为定容条件下的球状传播. 此时,利用高速摄像机记录火焰前锋的移动轨迹,即可得到火焰传播的位移速度 dr/dt,并可利用高灵敏度的压力记录仪记录球弹内压力和压力变化率 dp/dt,修正后得到火焰传播速度 S_1:

$$S_1 = \frac{dr}{dt} - \frac{R^3 - r^3}{3kpr^2} \times \frac{dp}{dt} \tag{4.2.14}$$

式中,R 为球弹半径; r 为压力为 p 时相应的火焰前锋半径; k 为预混可燃气的绝热指数.

定容球弹法可以一次实验获得不同压力、不同温度下的火焰传播速度,但只适用于火焰传播速度较高的预混可燃气.

四、层流火焰厚度

对于层流火焰厚度(δ_1),目前存在 3 种定义方法:

(1) Arweg 和 Maly 定义,即

$$\delta_1 = \text{const} \tag{4.2.15}$$

（2）Chin 定义 δ_1，即

$$\delta_1 = \frac{\nu}{S_1} \tag{4.2.16}$$

式（4.2.16）仅在 $Le = Pr = Sc = 1$ 时有效，其中，Le 为刘易斯（Lewis）数，$Le = \frac{\alpha}{D_m}$（α 为热扩散率，$\alpha = \frac{\lambda}{\rho c_p}$，单位 m^2/s；λ 为热导率，单位 $W/(m \cdot K)$；ρ 为密度，单位 kg/m^3；c_p 为比定压热容，单位 $J/(kg \cdot K)$；Pr 为普朗特（Prandtl）数，$Pr = \frac{\nu}{\alpha}$（ν 为运动黏度，单位 m^2/s）；Sc 为斯密特（Schmidt）数（$Sc = \frac{\nu}{D_m}$，D_m 为双向质扩散系数，单位 m^2/s）。

式（4.2.16）的物理意义是层流火焰厚度 δ_1 正比于燃料-空气混合气的质扩散系数，反比于层流燃烧速度 S_1，在高的质扩散系数和低的燃烧速度下，来不及燃烧的燃料向火焰内部扩散，火焰阵面变厚。

（3）Law 和 Tseng 定义，即

$$\delta_1 = \frac{D_m}{S_1} \tag{4.2.17}$$

事实上，在 $Le = Pr = Sc = 1$ 的条件下，式（4.2.17）和（4.2.16）是等价的。式（4.2.17）中的 D_m 可以用下式计算：

$$D_m = D_0 \frac{\rho_0}{p} \left(\frac{T}{T_0}\right)^{1.81} (1 - fr)^4 \times 10^{-5} \tag{4.2.18}$$

式中，D_0 为 $p_0 = 1.013 \times 10^5$ Pa，$t_0 = 25$ ℃时的扩散系数，可以从有关化工手册上查得；fr 为残余废气系数。

五、预混层流火焰传播的数学模型

（一）基本方程的建立

为了获得层流火焰传播速度的精确值，1949 年 Hirschfelder 和 Curtiss 提出了比较完整的预混层流火焰理论。下面就针对一维稳态平面绝热火焰建立其基本方程。

假定在一绝热圆管内火焰前沿以速度 S_1 沿管子传播，并假定火焰前沿为平面形状。忽略混合气黏性、体积力、辐射热和管壁的影响，以及由于浓度梯度引起的热扩散效应，取火焰面厚度为 Δx 的气体层为控制体，得到的一维稳态层流火焰传播的基本方程如下。

连续方程:

$$\rho u = \rho_\infty u_\infty = \rho_\infty S_1 = \text{const} \tag{4.2.19}$$

能量方程:

$$\rho u c_p \frac{\mathrm{d}T}{\mathrm{d}x} = \frac{\mathrm{d}}{\mathrm{d}x}\left(\lambda \frac{\mathrm{d}T}{\mathrm{d}x}\right) + wQ \tag{4.2.20}$$

组分扩散方程:

$$\rho u \frac{\mathrm{d}c_i}{\mathrm{d}x} = \frac{\mathrm{d}}{\mathrm{d}x}\left(D\rho \frac{\mathrm{d}c_i}{\mathrm{d}x}\right) - w \tag{4.2.21}$$

状态方程:

$$\rho = \frac{pM_{ep}}{RT} \tag{4.2.22}$$

式中,u 为混合气流速,m/s;w 为成分的反应速率,kmol/(m³·s);c_i 为反应物浓度,kmol/m³;Q 为反应热,J/mol;ρ 为密度,kg/m³;λ 为热导率,W/(m·K);c_p 为比定压热容,kJ/(kg·K);p 为压力,kPa;R 为摩尔气体常数,J/(mol·K);M_{ep} 为平均摩尔质量。若以∞表示进入火焰面的未燃混合气的来流状态,f 表示火焰状态,i 表示反应物成分,则上述基本方程的边界条件表示为

$$x = +\infty, T = T_\infty; \quad c_i = c_{i,\infty}$$
$$x = -\infty, T = T_f; \quad c_i = 0$$

(二) 基本方程的简化求解

研究者对上述方程通过不同的假设求出解析解,得出层流火焰传播速度的计算表达式.其中较著名的是 Zeldovich - Frank - Kamenetski(泽尔多维奇-弗兰克-卡门尼茨基)的热理论所给出的近似解.其基本思想如下:控制火焰传播速度的主要过程是从反应区向预热区的传热过程.在预热区中,忽略化学反应的影响,而在反应区中则不考虑温度升高(产生的热量迅速传递给预热区),按一维定常流来解.图 4.2.6 给出了一维火焰面结构,并表示出此热理论的模型.

热理论假定了一个着火温度 T_b,并认为着火温度接近于燃烧最终温度 T_f,温度低于 T_b 时,处于预热区的反应速率趋于零,可以忽略.因此,预热区的能量方程(4.2.20)简化为

$$\lambda \frac{\mathrm{d}^2 T}{\mathrm{d}x^2} - (\rho u)c_p \frac{\mathrm{d}T}{\mathrm{d}x} = 0 \tag{4.2.23}$$

边界条件为

$$x = 0, T = T_b$$

$$x = +\infty, T = T_\infty ; \quad \frac{\mathrm{d}T}{\mathrm{d}x} = 0$$

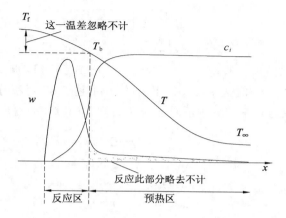

这一温差忽略不计

反应此部分略去不计

反应区　　预热区

图 4.2.6　Zeldovich-Frank-Kamentski 热理论模型

对式(4.2.23)积分,求出着火点处温度梯度:

$$\frac{\mathrm{d}T}{\mathrm{d}x}\bigg|_b = \frac{\rho u c_p}{\lambda}(T_b - T_\infty) \tag{4.2.24}$$

对反应区,设 $T_b \approx T_f$,忽略内能增加影响,则式(4.2.20)简化为

$$\lambda \frac{\mathrm{d}^2 T}{\mathrm{d}x^2} + wQ = 0 \tag{4.2.25}$$

边界条件为

$$x = -\infty, T = T_f; \quad \frac{\mathrm{d}T}{\mathrm{d}x} = 0$$

$$x = 0, T = T_b$$

式(4.2.25)可写为

$$\frac{\mathrm{d}}{\mathrm{d}x}\left(\frac{\mathrm{d}T}{\mathrm{d}x}\right) = -\frac{wQ}{\lambda}$$

也可变换为

$$\frac{\mathrm{d}T}{\mathrm{d}x}\mathrm{d}\left(\frac{\mathrm{d}T}{\mathrm{d}x}\right) = -\frac{wQ}{\lambda}\mathrm{d}T \tag{4.2.26}$$

$\mathrm{d}T/\mathrm{d}x$ 表示反应区开始点温度梯度,此点温度 $T = T_b$,终了温度为 $T = T_f$. 对整个反应区取积分得

$$\frac{\mathrm{d}T}{\mathrm{d}x} = \sqrt{\frac{2}{\lambda}\int_{T_b}^{T_f} wQ\,\mathrm{d}T} \tag{4.2.27}$$

火焰面内温度是连续变化的,因此在两区接壤处温度曲线斜率相等,即式(4.2.24)与式(4.2.27)相等,得

$$S_1 = u_\infty = \sqrt{\frac{2\lambda \int_{T_b}^{T_f} w\,Q\,dT}{\rho_\infty^2 c_p^2 (T_b - T_\infty)^2}} \qquad (4.2.28)$$

式中,T_b 是未知的,因假定 $T = T_f$,所以 $(T_b - T_\infty)$ 可以近似写成 $(T_f - T_\infty)$。又假定 $T < T_b$ 时化学反应速率极低,几乎趋于零,对积分值没有多大影响,因此在反应速率积分中下限改为 T_∞,则式(4.2.28)写成

$$S_t = \sqrt{\frac{2\lambda \int_{T_\infty}^{T_f} w\,Q\,dT}{\rho_\infty^2 c_p^2 (T_f - T_\infty)^2}} \qquad (4.2.29)$$

其中,w 为化学反应速率,由阿伦尼乌斯公式决定,即

$$w \propto k_0 c^v e^{-E/RT}$$

代入式(4.2.29)并简化后,即可导出层流火焰传播速度的公式为

$$S_1 = \sqrt{\frac{2\lambda n!\, w Q}{c_p^2 \rho_\infty^2 (T_f - T_\infty)^{n+2}} \left(\frac{E T_f^2}{E}\right)^{n+1} \left(\frac{T_\infty}{T_f}\right)^n \exp\left[-\frac{E}{R}\left(\frac{1}{T_f} - \frac{1}{T_\infty}\right)\right]}$$

$$(4.2.30)$$

利用此公式不仅可以进行定量计算,还可以定性分析各种参数对层流火焰传播速度的影响程度.

在实际运用中,人们常采用经验公式来计算.海默尔(Heimel)和威斯特(Weast)给出混合物初始温度 T_∞ 在 298~700 K 之间时,苯、正庚烷和异辛烷等分别与空气混合在化学计量比时层流火焰传播速度计算式:

苯　　　　　$S_1 = 30 + 7.91 \times 10^{-7} T_\infty^{2.92}$ cm/s　　　(4.2.31)

正庚烷　　　$S_1 = 19.8 + 2.493 \times 10^{-7} T_\infty^{2.39}$ cm/s　　(4.2.32)

异辛烷　　　$S_1 = 12.1 + 8.362 \times 10^{-5} T_\infty^{2.19}$ cm/s　　(4.2.33)

随着计算燃烧学的发展,上述层流火焰传播基本方程组可以采用数值计算的方法(如有限差分法)求解,从而获得较为准确的计算结果.

六、层流火焰传播速度影响因素分析

从层流火焰传播速度计算公式中可以看出,燃料-氧(空气)混合比、温度、压力、燃料性质等都直接影响层流火焰传播速度 S_1.下面结合实验结果分别加以分析说明.

（一）燃料-空气混合比的影响

图 4.2.7 给出一些燃料-空气可燃混合气在燃料与空气比例不同时,层流火焰传播速度的变化情形.从图中可见,燃料加入量对火焰传播速度的影响呈钟形曲线.

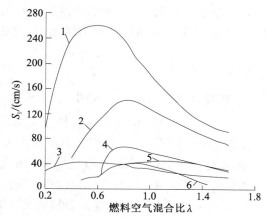

1—氢;2—乙炔;3——氧化碳;4—乙烯;5—丙烷;6—甲烷

图 4.2.7　燃料—空气混合比对 S_1 的影响

除氢气和一氧化碳外,最大火焰传播速度处在 $\lambda=0.80\sim0.85$ 范围内,在此范围内汽油混合物的火焰传播速度是最大的;对于石蜡烃(C_nH_{2n+2},烷类)火焰传播速度最小;对于二烯烃(C_nH_{2n-2})和乙炔,火焰传播速度最大.石蜡烃的火焰传播速度和碳原子数无关,而对于其他烃类,随碳原子数增加火焰传播速度降低.

综上可知,混合气配比对火焰传播速度影响很大.这是因为燃料量不同会使燃烧温度有很大的变化,从而引起火焰传播速度变化.对大多数混合气来说,最大火焰传播速度发生在化学计量比条件下.每一种燃料-氧化剂的可燃混合气都存在一定的可燃界限,燃料量太少或太多时火焰就不能在其中传播,其上限为混合气浓限,下限为混合气稀限.这是维持火焰传播的一个必要条件.

（二）燃料性质的影响

燃料性质对层流火焰传播速度 S_1 的影响表现在导热系数 λ、比定压热容 c_p 和密度 ρ 等方面,即

$$S_1 \propto \sqrt{\frac{\lambda}{c_p^2 \rho_\infty^2}}$$

燃料种类不同,结构有差异,因而具有不同的物性值,如氢的导热系数大而密度小,因此 S_1 大.实验证明,碳氢化合物燃料随分子量增大其可燃界限缩小.烷烃族的火焰传播速度几乎与分子中碳原子数无关(如前所述);不饱和的烯族和炔族在碳原子数少时火焰传播速度高,随碳原子数增多,火焰传播速度下降,碳原子数接近 8 时,火焰传播速度与饱和的烷烃十分接近.选择 λ 小而 c_p 大的气体对火焰传播有抑制作用,这对研制灭火剂有重要意义.

(三)压力的影响

从层流火焰传播速度计算公式(4.2.30)中可知 $S_1 \propto \sqrt{w/\rho_\infty^2}$,而 $w \propto p^v$,且 $p \propto \rho_\infty$,所以 $S_1 \propto p^{\frac{v}{2}-1}$.显然,层流火焰传播速度与压力的关系取决于化学反应级数 v,反应级数不同时层流火焰传播速度受压力影响不同:一级反应时随压力增加火焰传播速度下降;二级反应火焰传播速度则与压力无关.针对许多碳氢化合物的实验结果证实此结论是正确的.

图 4.2.8 给出了乙烯混合物和一氧化碳混合物层流火焰传播速度与压力的关系.对于该类混合物,试验确定了 $n<2$,这表明随着混合物压力的增加,火焰传播速度 S_1 是下降的.在压力很低时,火焰面将变宽,散热损失增大而使火焰传播速度下降,这种特殊情况不包括在上面公式分析的范围内.

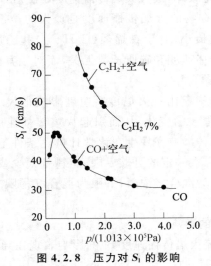

图 4.2.8 压力对 S_1 的影响

(四)混合气初始温度的影响

理论与实验都证明,提高混合气初始温度会使火焰传播速度增大,如

图 4.2.9 所示. 图中 S_1 随 T_∞ 变化的曲线可近似模拟为 $S_1 \propto T_\infty^m$ 关系, m 值在 $1.5 \sim 2$ 之间. 显然初始温度提高会增大反应速率, 火焰传播速度也就随之增大.

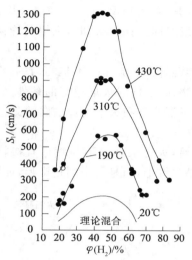

图 4.2.9　初始温度对 S_1 的影响 (氢气-空气)

（五）添加剂的影响

在燃料-氧气 (或空气) 可燃混合气中加入其他物质时, 按添加物作用效果不同可划分为惰性添加剂和反应添加剂.

能抑制反应且在化学性质呈惰性的 (如 CO_2, N_2 等) 属惰性添加剂, 它会降低火焰传播速度, 缩小可燃界限. 由于惰性添加剂稀释了混合气中氧的浓度, 使层流火焰速度降低并使层流火焰传播速度的最大值移向燃料稀薄一侧 (向"富空气"混合气一侧转移). 若它的比热容较大而导热系数较小, 则会因吸收较多热量进一步降低火焰温度, 影响火焰传播速度, 甚至导致熄火. 可以促进反应的属反应添加剂, 如氢气加入一氧化碳-空气可燃混合气内, 由于氢原子很活泼会加速链反应过程而使火焰传播速度迅速增加.

七、火焰稳定的基本原理和方法

在燃烧过程中, 燃烧装置必须保证着火燃料不熄灭, 即形成稳定火焰, 不出现脱火、回火、吹熄等问题. 如果着火后的燃烧火焰时断时续, 那么该装置就不具备实用价值. 因此, 如何保证燃烧过程中火焰稳定在某一位置是一项十分重要的研究课题.

（一）火焰稳定概述

1. 火焰稳定的条件

保证火焰前沿稳定在某一位置的必要条件:火焰传播速度 u_n 与可燃混合气的流速 u_s 大小相等,方向相反.$u_n > u_s$ 时,火焰前锋向可燃物上游移动,火焰向管内传播,发生回火;$u_n < u_s$ 时,火焰前锋向可燃物下游移动,火焰被可燃气吹熄.

事实上,管内可燃混合气的流速并不是均匀的,而是呈抛物面分布的,因此火焰前锋也成抛物面状,此时火焰稳定的条件是火焰前锋各处的法向火焰传播速度等于可燃混合气在火焰前锋法向的分速度.

2. 火焰稳定的特征

火焰由喷嘴喷出后,火焰根部并不与喷口直接接触,而是出现一圈点火环;火焰顶部也不是尖锥形,而是一个圆角锥形,如图 4.2.10 所示.

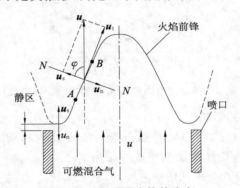

图 4.2.10　预混火焰的稳定

如上所述,为使火焰前锋稳定,而不沿着焰面法线方向移动,必须使

$$u_n = u\cos\varphi \tag{4.2.34}$$

其中,φ 的变化范围是 $0° \leqslant \varphi < 90°$. 这说明,为了维持火焰稳定,可燃混合气必须与火焰前锋的法向成一个小于 $90°$ 的锐角,且必须满足余弦定理.

当 $\varphi = 90°$ 时,即气流速度平行于火焰前锋,$u_n = 0$,显然这样的情况并不存在.

当 $\varphi = 0°$ 时,即气流速度垂直于火焰前锋,使 $u_n = u_s = u$,这就是点火环和圆角锥角的成因.

由表达式(4.2.34)还可发现,由于在一定范围内,火焰传播速度 u_n 变化较小,可视为常数,则当气流速度增大时,为维持火焰稳定,φ 必须增大,即火焰变得细长;当气流速度减小时,φ 需要减小,即火焰变得短小.也就是说,火焰前锋会根据可燃混合气流速的变化调整形状以达到稳定状态.

另外,在可燃混合气切向分速度的作用下,火焰会沿着焰面方向移动,当气流速度增大时,火焰很容易被带离喷口.因此,为了保证火焰不被吹走,通常需要在火焰根部加一固定点火源.

3. 预混火焰稳定机理

可燃混合气流速过高,火焰会发生离焰甚至吹熄现象;可燃混合气流流速过低,又有可能出现回火.为了避免这些情况发生,需要设置一个稳定的点火源,用来维持火焰稳定.事实上,前面所说的点火环就起到了稳定点火源的作用.

可燃混合气自喷口喷出后,与喷嘴边缘及周围介质间形成了边界层区域,图4.2.11所示即为离喷口不同距离处气流速度 u 和火焰传播速度分布图.喷口壁面的散热和可燃混合气的浓度决定着 u_n 的分布:离喷口越远,散热损失越小,越不容易熄火;但同时,离喷口越远,可燃物浓度越低,越容易熄火.

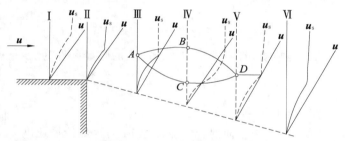

图 4.2.11　点火圈的形成机理

图4.2.11中截面Ⅱ为喷口出口,此处壁面散热强,使可燃物温度降低.由温度对火焰传播速度影响的实验结果 $u_s \propto T_0^m (m = 1.5 \sim 2)$,可知此时火焰传播速度较低, $u_n < u_s$.当可燃物被吹离喷口,脱离喷口壁面后,散热损失显著减少, u_n 开始增大,直至出现一平衡位置即截面Ⅲ上 A 处,此处 $u_n = u_s$,火焰在此开始逐渐稳定.火焰前锋继续被吹向下游,散热进一步减小, u_n 继续增大,与此同时,燃烧产生的大量产物和空气的卷吸稀释作用,使可燃物浓度减小,进而 u_n 也开始减小,故在截面Ⅳ上出现了 $u_n = u_s$ 的两点 B, C.当火焰前锋到达截面Ⅴ处点 D 时,空气稀释作用更加明显, u_n 减小直至 $u_n < u_s$,在此之后火焰就难以稳定了.

图4.2.11中所示的 A, B, D, C, A 几点连成的区域中 $u_n \leqslant u_s$,保证了稳定点火源的存在.如果可燃混合气流速 u 增大,该区域会逐渐缩小,直至缩成一点,该点就是火焰吹熄的临界点, u 继续增大则会使火焰熄灭.如果

降低可燃混合气流速,该区域会扩大,点 A 向喷口处靠近,点 D 逐渐远离喷口. 当流速降低至某一值时,区域压扁至一条直线,点 A 进入管内,该值即为回火的临界点,火焰将向管内传播.

B. Lewis 和 G. Von Elbe 认为回火和脱火的临界条件与边界层内的速度梯度有关,因此他们提出了边界层速度梯度相等的火焰稳定理论:要使火焰稳定,气流速度和燃烧速率在该点处的梯度必须相等. 对于层流火焰,一般假定为抛物线形的速度分布,即

$$u = u_0 \left(1 - \frac{r^2}{r_0^2}\right) \tag{4.2.35}$$

式中,u_0 是喷口内气流的中心最大速度;r_0 是燃烧器喷口半径.

而使火焰稳定的条件为气流速度和燃烧速率在该点处的梯度相等,即

$$\left|\frac{\mathrm{d}u_s}{\mathrm{d}r}\right|_{r=r_0} = \left|\frac{\mathrm{d}u}{\mathrm{d}r}\right|_{r=r_0} \tag{4.2.36}$$

预混可燃混合气流量为

$$V = 2\pi \int_0^{r_0} ur\mathrm{d}r = \frac{\pi}{2}u_0 r_0^2 \tag{4.2.37}$$

使火焰稳定在喷嘴,且不发生回火或脱火的临界条件为

$$\left|\frac{\mathrm{d}u_s}{\mathrm{d}r}\right|_{r=r_0} = \left|\frac{\mathrm{d}u}{\mathrm{d}r}\right|_{r=r_0} = \frac{4V}{\pi r_0^3} \tag{4.2.38}$$

（二）火焰稳定的主要方法

为了使火焰稳定,必须使混合气流流速 u_s 与火焰传播速度 u_n 相等,以形成稳定点火源. 而实际的燃烧装置中气流速度比火焰稳定情况下的速度大得多,在这样的气流速度下,火焰很难稳定,因此在高速气流中,需要采用其他方法来稳定火焰.

火焰稳定的基本条件是在火焰根部产生稳定的点火源,因此人们常在气流速度场内人为地制造一个自偿性的点火源,主要方法如下:① 利用钝体产生回流区,以稳定火焰;② 利用引燃火焰,即在主气流旁引入小股低速气流,着火后不断引燃主气流;③ 利用燃烧装置形状变化,如壁面凹槽、偏置燃烧室等改变气流方向,形成回流区,以稳定火焰;④ 利用稳焰旋流器的旋转射流产生回流区,以稳定火焰.

1. 钝体后回流区稳定火焰

钝体后回流区火焰稳定方法是常用的火焰稳定方法. 当高速气流流经钝体时,气体的黏性力使钝体后部空气被带走,在钝体后部产生一个低压区域,而周围及下游气流则会因为压力差的作用,产生与主气流流向相反

的回流,以保证流动的连续性,如图 4.2.12 所示.该回流区内没有强烈的化学反应,只是充满着完全燃烧的、均一的、高温的燃烧反应物,大量的高温烟气不仅会使燃烧反应物温度升高,还会点燃流经钝体后的新鲜可燃混合气,从而产生稳定的着火点.

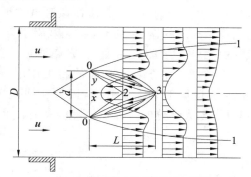

图 4.2.12　钝体后回流区的气流结构

2. 引燃火焰稳定火焰

在流速较高的预混可燃主气流附近布置以流速较低、能稳定燃烧的小型点火火焰(即引燃火焰),该火焰不间断的点燃主火焰,以达到稳定火焰的目的.引燃火焰流速较低,为主火焰的 1/10;燃烧量较少,为主火焰的 20%～30%.引燃火焰稳定机理是把炽热气流射入高速的、冷的未燃混合气中,两股气流之间发生强烈的热量和质量交换,冷的可燃混合气温度大幅上升,反应速率加快,并继续着火燃烧.图 4.2.13 所示为几种引燃火焰稳定主火焰的典型方法.其中图 4.2.13a 为无引燃火焰,图 4.2.13b,c,d 为有引燃火焰.

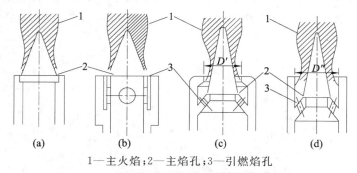

1—主火焰;2—主焰孔;3—引燃焰孔
图 4.2.13　利用引燃火焰稳定主火焰的典型方法

3. 反吹射流稳定火焰

反吹射流燃烧系统的主要特点:一次风燃料气流呈直流射流喷入炉

腔,二次风喷口在一定轴向距离处沿切向布置,沿炉膛中心线上反向布置反吹射流喷嘴.反吹射流风速风量、出口位置、喷嘴直径等参数方便调节,因此可以很轻松地调整回流区的回流量、回流区长度等.

由图4.2.14所示的反吹射流直流燃烧器流场示意图可知,反吹射流的引入会在燃烧器中产生一个滞止区,流速在该区域内明显减缓,形成空气动力稳燃区,起到稳定火焰的作用.同时,反吹射流还会引起一个中心回流区,该中心回流区由燃烧产生的高温烟气、未燃尽可燃物和反吹射流空气组成.下游已经着火的燃料由于反吹射流的卷吸作用进入回流区,并且由于反吹射流的引入使得局部氧浓度升高,因此在回流区内燃烧速率加快,温度也较高,提供了较大部分的着火热使燃料火焰着火和稳燃.

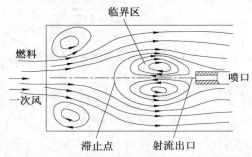

图4.2.14 反吹射流直流燃烧器流场示意图

4. 旋转射流稳定火焰

旋转射流是由各式旋流器产生的,气流在旋流器作用下做螺旋运动,它一旦离开燃烧器就由喷口喷射出去.由于离心力的作用,旋转射流不仅具有轴向速度,而且具有使气流扩散的切向速度,如图4.2.15所示.

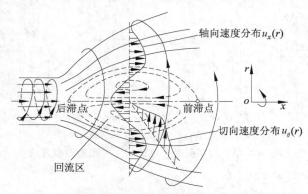

图4.2.15 旋转射流流场示意图

由于旋转离心作用和空气黏性的作用,旋转扩张的空气流将火焰中心的气体带走,在涡旋核心处产生一明显负压区.在压力差作用下,下游的一部分气流逆流补充,形成一个强大的回流区,并使轴向速度形成驼峰分布.回流的高温燃气与燃料喷嘴和旋流器提供的燃料和空气混合,不断进行热量和活化分子交换,使燃料温度升高,反应速率增大.事实上,除了中心旋涡回流区外,由于射流外边界的强烈卷吸作用,也会产生外回流区,从而形成中心和外围两个大回流区的稳燃热源.

旋转射流有较大的喷射扩张角,也较容易得到大的回流区长度,并且旋流器较小的体积和易调节的旋转强度,使得旋转射流稳定火焰的方法得到广泛使用.

除以上较常用的方法外,还有很多稳定火焰的方法.例如,在燃烧室器壁面开一凹槽,在凹槽内会形成一个分离的回流区,该回流区内的高温烟气会将流经的混合气加热点燃,以形成稳定的火焰.但这种方法受到材料耐热性和冷却保护措施的限制,在实际操作中存在困难.再如,在主射流旁添加一偏置射流的不对称射流稳定火焰,下偏置的主射流喷入燃烧室后,卷吸周围介质,产生一负压区,压力差的存在使得燃烧室上部产生很大回流区,而在主射流下方布置的略向上倾斜的偏置射流的加入使得回流区扩大.这个高温、高燃料浓度、高氧量的回流区就起到了稳定点火源的作用.

第三节 湍流火焰传播

在工业生产中,燃烧几乎总是发生在高速、大管径、流动方向有突扩、有障碍(柱体、球体、钝体等)的湍流场中.因此,必须研究湍流火焰特性及湍流对燃烧的影响,从而明了湍流燃烧及火焰传播机理.

由于湍流火焰(turbulent flame)的相关研究尚不成熟,湍流火焰的传播机理还有待进一步研究.本节将讨论目前已经认可的一些结论.

一、湍流火焰与层流火焰的区别

图 4.3.1 给出了预混合燃烧的两种不同的燃烧形态——湍流燃烧火焰与层流燃烧火焰.由图可以发现,层流燃烧火焰因可燃混合气流速不高没有扰动,火焰表面光滑,燃烧状态平稳.火焰面通过热传导和分子扩散把热量和活性中心传递给邻近尚未燃烧的可燃混合气薄层,使火焰传播下

去.层流火焰厚度为毫米量级,传播速度为 $20\sim100\ \mathrm{cm/s}$(标准状态).

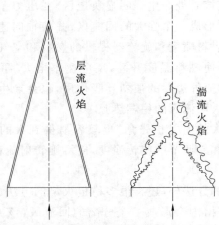

图 4.3.1　湍流火焰与层流火焰的区别

　　当可燃混合气流速较高或流通截面较大、流量增多时,流体中将有大大小小的数量极多的流体团做无规则的旋转和移动,并在流动过程中穿过流线前后和上下扰动,火焰表面皱褶变形,变粗变短,翻滚着并发出响声,这种火焰称为湍流火焰.与层流火焰不同,湍流火焰面的热量和活性中心向未燃混合气输运靠流体的涡团运动来激发和强化,受流体运动状态支配.同层流燃烧相比,湍流燃烧更为激烈,其火焰前沿相当厚(几毫米),火焰传播速度也大得多(是层流火焰传播速度 S_l 的好几倍,用符号 S_t 表示).与层流火焰传播速度 S_l 定义类似,湍流火焰传播速度 S_t 是指湍流火焰前沿任一处法向相对于未燃混合气运动的速度.

　　图 4.3.2 为湍流火焰前沿表面结构示意.它清楚地说明了湍流燃烧是在很宽阔的区域中进行的,燃烧不仅发生在火焰前沿表面,还发生在前沿的背后或燃烧区.

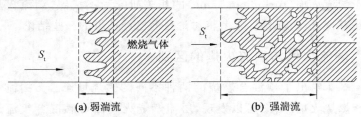

　　　　　(a) 弱湍流　　　　　　　　　　　　(b) 强湍流

图 4.3.2　湍流火焰前沿表面结构示意

二、湍流特性

湍流(turbulence)的基本特性是湍流中充满大小不等、高速旋转的流体微团或称涡团,它们在不断地做无规则的运动,使流体各点每瞬时的速度、压力都随机变化,这种变化称为脉动.流体中某点的脉动量可以看作流体中大大小小的微团流过该点造成的速度、压力等高低的波动,它随时间不断变化,又与流体涡团的生成、尺寸大小及存在的时间等密切相关.为了描述湍流场的主要性质,研究者提出了湍流强度和湍流尺度等物理量.

湍流强度用来表示流场中速度脉动的程度,湍流尺度则与湍流涡团大小及其变化过程有直接关系.

湍流理论目前大体上可分为半经验理论和统计理论两类.前者有普朗特混合长度理论等,后者采用统计力学方法着重研究湍流内部结构,用统计平均方法给出长度积分尺度和时间积分尺度.此外,还有与湍流涡团变化、能量耗散等湍流特性相联系的泰勒(Taylor)微尺度和科尔姆格洛夫(Kolmogorov)微尺度等.

(一) 湍流强度(turbulent density)

在湍流场中某一点的瞬时速度 u 可以看作与时间无关的部分($\bar{u}_x$, $\bar{u}_y$, $\bar{u}_z$)和与时间有关的脉冲部分(u'_x, u'_y, u'_z)的总和:

$$u_x = \bar{u}_x + u'_x; \quad u_y = \bar{u}_y + u'_y; \quad u_z = \bar{u}_z + u'_z \tag{4.3.1}$$

湍流强度不能用平均脉冲速度来表示,因为脉冲速度随时间变化的平均值为零,即

$$\bar{u}'_x = \bar{u}'_y = \bar{u}'_z = 0$$

湍流强度用脉动速度的绝对大小来表示,常用脉动速度平方平均值的开方表示,即

$$u'_x = \sqrt{\overline{u_x'^2}}; \quad u'_y = \sqrt{\overline{u_y'^2}}; \quad u'_z = \sqrt{\overline{u_z'^2}} \tag{4.3.2}$$

某一点的总湍流强度为

$$u' = \sqrt{\frac{1}{3}(\overline{u_x'^2} + \overline{u_y'^2} + \overline{u_z'^2})} \tag{4.3.3}$$

(二) 湍流尺度(turbulent scale)

湍流尺度的物理意义:湍流涡团在无规则运动中,保持自由前进而不与其他涡团碰撞的距离,或者说流体涡团在运动过程中消失前的运动距离,也可以认为是涡团的一种平均自由程.

以上关于湍流的定义是基于湍流的涡团运动与分子运动相似得到的。由于湍流的涡团运动距离不可能精确的测量,所以常常通过对湍流中流体各点速度采用时间和空间上的统计关联来研究湍流尺度。

令 u_0' 为湍流中某质点在指定瞬间($\tau=0$)的脉动速度,u_τ' 为经过时间 τ 时的脉动速度,则下式表示相关系数:

$$R_\tau = \frac{\overline{u_0' u_\tau'}}{\sqrt{\overline{u_0'^2}} \sqrt{\overline{u_\tau'^2}}} \tag{4.3.4}$$

相关系数的数值变化范围是从 $\tau=0$ 时的 $R_\tau=1$,到经过一段时间后的 $R_\tau=0$。对式(4.3.4)积分得

$$T = \int_0^\infty R_\tau \mathrm{d}\tau \tag{4.3.5}$$

式(4.3.5)表示运动系统的时间特征,T 为特征时间。用相关系数和特征时间可以定义 Lagrange 湍流尺度:

$$L_1 = u' \int_0^\infty R_\tau \mathrm{d}\tau = u'T \tag{4.3.6}$$

如果在同一个质点上将两个瞬间的脉动速度看成同一瞬间在相距 r 的两个不同点上的脉动速度,可得到另一个相关系数:

$$R_r = \frac{\overline{u_0' u_r'}}{\sqrt{\overline{u_0'^2}} \sqrt{\overline{u_r'^2}}} \tag{4.3.7}$$

当两个点重合时,$R_\tau=1$。

随着距离 r 的增大,R_r 值减小;当 r 增大到某一距离值 $r=r_1$ 时,$R_r=0$,利用 R_r 可以确定湍流的特征尺度或 Euler 湍流尺度。

$$L_2 = \int_0^\infty R_r \mathrm{d}r \tag{4.3.8}$$

Euler 湍流尺度还取决于湍流尺度的平均值,这意味着 Euler 湍流尺度与系统尺寸(管径等)、湍流产生的设备(如燃料喷嘴直径)有关。

依照分子扩散与湍流扩散的相似性,可以认为,流体层中体积基元(涡团)的无规则运动与分子的无规则运动相似,可用下式定义湍流扩散系数:

$$\varepsilon = Lu' \tag{4.3.9}$$

式中,L 为湍流混合长度;ε 为湍流扩散系数(turbulent diffusion coefficient),反映了湍流传质和传热的特性。

混合长度也可以看成湍流尺度,即涡团在无规则运动中,保持自由前进而不与其他涡团碰撞的距离。

三、预混合气湍流火焰传播理论

实际燃烧设备均采用湍流燃烧,湍流燃烧的放热率比层流燃烧时大得多,而研究表明,湍流的存在并未明显改变燃料燃烧的化学反应动力学进程,但湍流火焰传播速度比层流火焰传播速度大得多,且湍流强度增大,湍流火焰传播速度变大,燃烧加快.已开展的实验和理论研究工作确定了湍流特性对火焰传播的影响,研究表明,与层流火焰相比,导致湍流火焰传播速度变大的原因可能是下列 3 个因素中的任一个或者它们的结合:

(1) 湍流流动可能使火焰变形、皱褶,从而使反应表面积显著增加.但这时皱褶表面上任一处的法向火焰传播速度仍然保持层流火焰传播速度的大小.

(2) 湍流火焰中,湍流可能加剧了热传导速度或活性物质的扩散速度,从而增大了火焰前沿法向的实际火焰传播速度.

(3) 湍流可以促使可燃混合气与燃烧产物间的快速混合,使火焰本质上成为均匀预混可燃混合物,而预混可燃气的反应速度取决于混合物中可燃气体与燃烧产物的比例.

目前的湍流火焰理论都是在这些概念的基础上发展起来的.湍流火焰传播理论主要有下面两类:

(1) 复合层流前沿理论:由邓克尔和谢尔金创立,按照这一理论,湍流火焰是由湍流引起的变性层流火焰.

(2) 容积燃烧理论:由萨默菲尔德和谢京科夫创立,这一理论将湍流火焰的前沿看成燃烧反应区,该理论又称为"微扩散理论".

(一) 复合层流前沿理论[皱褶火焰表面理论(wrinkled reaction sheets)]

气体湍流运动是由大小不同的气体微团进行的不规则运动引起的,当这些不规则运动的气体微团的平均尺寸相对小于混合气体的层流火焰前沿厚度时(即 $l < \delta_1$)称为小尺度湍流火焰,反之称为大尺度湍流火焰(即 $l > \delta_1$).

当湍流的脉动速度比层流火焰传播速度大得多时(即 $u' > S_1$),称为强湍流,反之称为弱湍流(即 $u' < S_1$).邓克尔首先将湍流火焰的传播区分成小尺度强湍流和大尺度弱湍流,现分别讨论如下.

1. 小尺度湍流火焰

邓克尔指出小尺度湍流仅仅改变了火焰前沿的物质输运系数,而对火焰前沿形状不产生任何影响,火焰仍是平滑的,只是前沿厚度略增加(如图

103

4.3.3a 所示).我们知道,层流火焰传播速度与混合气体热扩散系数的平方根成正比,即

$$S_l \propto \sqrt{\alpha} \tag{4.3.10}$$

假定动量传递、传热和传质三者相似,则其输运系数数值相等,即 $\nu = \alpha = D$,这样有

$$S_l \propto \sqrt{\nu} \tag{4.3.11}$$

邓克尔根据相似性,得到湍流火焰传播速度 S_t 与层流火焰传播速度 S_l 的比值为

$$\frac{S_t}{S_l} = \sqrt{\frac{\varepsilon}{\nu}} \tag{4.3.12}$$

式中,ε 为湍流扩散系数,且 $\varepsilon = l u'$.

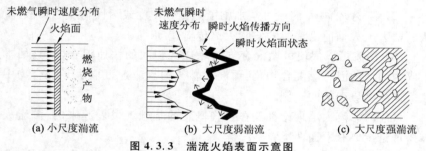

(a) 小尺度湍流   (b) 大尺度弱湍流   (c) 大尺度强湍流

图 4.3.3 湍流火焰表面示意图

在管内流动时,湍流尺度与管径 d 成正比,而脉动速度 u' 与主气流速度 u_∞ 成正比,即

$$\frac{\varepsilon}{\nu} = \frac{l u'}{\nu} \propto \frac{d u_\infty}{\nu} = Re \tag{4.3.13}$$

这样,式(4.3.12)变成

$$\frac{S_t}{S_l} \propto \sqrt{Re} \tag{4.3.14}$$

这说明在小尺度湍流情况下,湍流火焰传播速度不仅与可燃混合气的物理化学性质有关(即与 S_l 成正比),还与流动特性有关(即与 $\sqrt{Re}$ 成正比).

继邓克尔后,谢尔金发展了这个模型,认为在小尺度湍流情况下,火焰传播速度不仅受到分子输运过程的影响,而且受到湍流输运过程的影响,即

$$\frac{S_t}{S_l} = \sqrt{\frac{\nu + \varepsilon}{\nu}} \tag{4.3.15}$$

在小尺度强湍流情况下，$\nu \ll \varepsilon$，式(4.3.15)就成为式(4.3.12).

2. 大尺度弱湍流火焰

工程上燃烧火焰大都属于大尺度弱湍流火焰.

对大尺度弱湍流火焰来说，微团尺寸大于层流火焰前沿厚度，致使火焰前沿产生弯曲变形. 但由于脉动速度小于正常火焰传播速度，所以前沿面没有被冲破，仍保持连续的皱褶状，如图 4.3.4b 所示. 皱褶火焰前沿的每一微元面，在其法向仍以层流火焰传播速度 S_l 向前推进. 此时微团在瞬息不停地做不规则运动，肉眼不能看到清晰、稳定的火焰前沿，看到的仅仅是模糊的发光区.

邓克尔认为湍流火焰传播速度之所以比层流大，是因为湍流脉动促使火焰前沿皱褶变形致使面积增大，因此有

$$\frac{S_t}{S_l} = \frac{A_t}{A_l} \tag{4.3.16}$$

式中，A_t 和 A_l 分别为火焰前沿皱褶表面积和来流的几何横截面积(即层流火焰面面积).

因此，在大尺度湍流情况下，湍流火焰传播速度完全决定于如何计算皱褶火焰的表面积. 邓克尔并没有定量地计算 A，只是定性地进行了分析. 由于皱褶表面积大小与脉动速度有关，即

$$A_t \propto u \tag{4.3.17}$$

对管内流动，有

$$S_t \propto u \propto \varepsilon \tag{4.3.18}$$

由于 $\varepsilon \propto Re$，所以

$$S_t \propto Re \tag{4.3.19}$$

即大尺度湍流火焰的传播速度仅仅与流动性质有关，与燃料的物理化学性质无关. 这个结论与邓克尔自己的实验结果不完全一致.

谢尔金进一步发展了这一理论. 他假设湍流火焰表面是由无数锥形组成的，如图 4.3.4b 所示，因此湍流火焰传播速度与层流火焰传播速度之比等于微元锥体侧表面积与锥体底表面积之比. 每个锥体的侧表面积为

$$A_c = \pi r \sqrt{r^2 + h^2} \tag{4.3.20}$$

每个锥体的底表面积为

$$A_b = \pi r^2 \tag{4.3.21}$$

式中，h 为锥体高度平均值; r 为锥体底面圆半径. 故有

$$\frac{A_t}{A_l} = \frac{A_c}{A_b} = \pi r \sqrt{r^2 + h^2} / \pi r^2 = \sqrt{1 + (h/r)^2} \tag{4.3.22}$$

可得

$$\frac{S_t}{S_l} = \frac{A_t}{A_l} = \sqrt{1 + (h/r)^2} \tag{4.3.23}$$

火焰表面皱褶大小取决于湍流状态,皱褶的火焰锥体尺寸与湍流涡团大小即湍流尺度 l 成比例,有 $r \propto l$.因皱褶而产生的火焰锥体高度与湍流脉动速度 u' 对火焰表面冲击直接相关,可认为

$$h \propto u't \tag{4.3.24}$$

而作用时间 t 与涡团尺寸和火焰面的火焰传播速度有关,即

$$t \propto l/S_t \tag{4.3.25}$$

将式(4.3.25)代入式(4.3.24)得

$$h \propto u'l/S_l \tag{4.3.26}$$

故有

$$(h/r)^2 \propto [(u'l/S_l)/l]^2 \propto (u'/S_l)^2$$

从而得

$$S_t = S_l \sqrt{1 + k(u'/S_l)^2} \tag{4.3.27}$$

其中,k 常取 1.

长期以来,科学家一直在研究不规则的火焰前锋面积计算问题,研究表明用锥体面积表示有一定的误差,因此,有学者开始应用分形几何学(fractals)的方法,计算曲面的分数维数从而得到曲面面积,取得了较好的结果.

3. 大尺度强湍流火焰($Re > 6\,000$)

当湍流强度足够大时,湍流脉动速度超过层流火焰传播速度,流体涡团会冲破火焰表面使其破碎,形成分散的小团块,而每个小团块的表面都有薄薄一层封闭的层流燃烧区,如图 4.3.3c 所示.小团块燃烧既可能发生在未燃混合气区,也可能发生在燃烧产物区.此时,湍流火焰传播速度主要取决于脉动速度与层流火焰传播速度之比.塔兰托夫(Talantov)给出下式:

$$\frac{S_t}{S_l} = 1 + C\left(\frac{u'}{S_l}\right) \tag{4.3.28}$$

式中,$C = 1 \sim 3.5$.

(二) 容积燃烧理论(distributed reaction zone)

应用过滤摄影法、分光光度计法和离子化法对湍流燃烧火焰的测量表明,湍流火焰燃烧反应区不像层流火焰仅仅限制在狭窄的前沿中,而是扩散成一个区域,如图 4.3.4 所示.

湍流火焰皱褶表面理论的主要缺点是只考虑了湍流强烈脉动使反应表面扩大的一面,而忽略了燃烧产物和可燃气体强烈混合的一面.实际上,湍流燃烧反应并不像层流火焰传播那样集中在薄薄的火焰前沿内,而是弥散在一个宽广的区域中,此区域的宽度可以达到层流火焰前沿厚度的几十到几百倍.

为了弥补皱褶火焰表面理论的不足,1950 年起一些研究者开始引入空间放热速度的概念,于是出现了湍流火焰的容积燃烧理论. 图 4.3.5 为容积燃烧模型示意图.

图 4.3.4　湍流燃烧火焰区高速摄影纹影照片　　**图 4.3.5　容积燃烧模型**

1956 年,萨默菲尔德(Summerfield)及其合作者根据反应区的概念和层流、湍流火焰传播相似的观点,导出了湍流火焰传播速度计算式.

萨默菲尔德认为在高强度湍流情况下,湍流火焰是一个弥散的反应区.这个反应区的火焰传播机理与层流火焰类似,并且其传播速度同样可以应用热理论推导出来.预混可燃气体的层流火焰传播速度与预混可燃气体的热扩散系数 α 的平方根成正比,而与其平均化学反应时间 t_c 的平方根成反比,即

$$S_1 \propto \sqrt{\frac{\alpha}{t_c}} \tag{4.3.29}$$

根据相似性,可以推导出湍流火焰传播速度为

$$S_t \propto \sqrt{\frac{\varepsilon}{t_t}} \tag{4.3.30}$$

式中,ε 为涡黏性系数;t_t 为湍流情况下反应区的反应时间. 由以上两式可以得到

$$\frac{S_t}{S_1} = \left(\frac{\varepsilon}{t_t} \cdot \frac{t_c}{\alpha} \right)^{1/2} \tag{4.3.31}$$

将 $t_c = \delta_1/S_1$ 及 $t_t = \delta_t/S_t$ 代入上式,得

$$\frac{S_t}{S_1} = \frac{\varepsilon}{\alpha} \cdot \frac{\delta_1}{\delta_t} \tag{4.3.32}$$

式中,δ_1,δ_t 分别为层流火焰前沿厚度及湍流反应区厚度.

式(4.3.32)还可写成

$$\frac{S_t \delta_t}{\varepsilon} = \frac{S_1 \delta_1}{\alpha} \tag{4.3.33}$$

上式称为相似性假定方程,表示湍流和层流两种火焰相似所需要的条件.

对层流火焰,由实验测定得

$$\frac{S_1 \delta_1}{\alpha} \approx 10 \tag{4.3.34}$$

根据相似性,对湍流火焰有

$$\frac{S_t \delta_t}{\varepsilon} \approx 10 \tag{4.3.35}$$

根据测定的反应区厚度 δ_t 及涡黏性系数 ε 可以求出湍流火焰传播速度 S_t.

四、影响湍流火焰传播速度的因素

初始压力、温度对湍流火焰传播速度都有一定的影响.

根据实验结果,大致可以得出以下结论:

(1)湍流火焰传播速度与湍流情况有很大关系,湍流强度越大,火焰传播速度越大.

(2)燃料种类及可燃混合物成分对湍流火焰传播速度有一定的影响.现已发现,湍流火焰传播速度的最大值偏向富燃料侧.

(3)压力增加将使湍流火焰传播速度变大,湍流火焰厚度减小.初始温度越高,压力的影响越显著.

(4)提高温度也可以提高湍流火焰传播速度及减小火焰厚度.压力越高,温度的影响越大.

实际工程中,为了提高燃烧速度,改善燃烧性能,往往采用如下一些方法:

(1)设法提高湍流强度.

(2)采用 S_1 大的可燃气体混合物.

(3)提高混合气体的压力及温度.

第四节　爆震燃烧

一、概述

爆震（detonation）过程是 Mallard，Lechatelier，Berthelot 和 Vicille（1881）同时发现的，他们将其命名为爆燃波、爆炸波，同时确定了它们与火焰传播的其他方式的根本区别.爆震波以等速传播，其传播速度与管长、管材、管的弯曲程度（螺旋管、齿型管）、管径、管端条件（闭式或开式）及着火方法都无关.

爆震波的传播速度在一定程度取决于气体混合物的物理状态，也就是与相应混合物的压力、温度、组成有关，依照这一结论可以把爆震波的传播速度看成气体混合物的一个物理常数，就像层流火焰的法向传播速度一样.

对于正常燃烧火焰，其传播是通过热量传递及燃烧区与新鲜混合物之间物质的传递实现的，因而火焰传播速度小于分子运动的热平均速度，也就是小于声速.而爆震波的传播速度总是大于声速的，这意味着它的传播机理有别于正常燃烧火焰的传播机理.在爆震波中，混合物连续层的着火是通过冲击波极速地绝热压缩实现的，因此爆震波与冲击波的传播直接相关，冲击波区别于声波之处就在于冲击波中存在着因压力、温度和密度的小变化而引起的突然的大变化.

表 4.4.1 给出一些燃气的爆震波的传播速度 u 和 Mach 数（Ma）在符合化学计量比的混合物中的数值.

表 4.4.1　各燃气的爆震速度和 Mach 数

燃气	$u/(m/s)$	Ma
H_2	2 810	5.2
CO	1 090	3.5
CH_4	2 320	6.4

二、冲击波

冲击波的形成可用图 4.4.1 所示的模型来描述，在无限长的气缸筒中，

活塞以等速 v 快速压缩,则单位时间内活塞移动的距离为 v. 由于压缩扰动传递了 C 的距离,在这一距离上出现了因压缩而受扰动的气体和未受扰动气体间的非连续表面,在该表面上,气态的特征量如压力、温度、密度、比体积和速度发生突跃变化. 非连续表面代表了冲击波的前沿,它的形成可用 Becker 模型来解释,如图 4.4.2 所示,它描述了在活塞加速运动作用下气体不断受到压缩的现象. 活塞速度每增加一个微元量和质量流速每增大一个微元量都会产生压力的阶梯波,即压缩微元波,它以相对于质量流的声速在前一压缩波扫过质量流中进行传播. 而相对于管壁和未扰动的气体,传播速度固定地增大,因而由于前一压缩波的压缩作用,质量流速增大、温度升高.

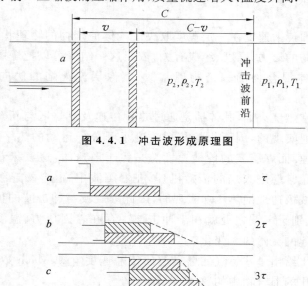

图 4.4.1　冲击波形成原理图

图 4.4.2　压缩波累积成冲击波

如图 4.4.2 所示,在状态 a,经过一段时间 τ 之后[可以认为在这段时间内活塞速度是恒定的(v_1)],气体受到轻微地压缩,扰动波将以声速 a_1 相对于活塞向外传播,受扰动气体的压力、温度、密度均升高,扰动波相对于管壁的波速为 a_1+v_1. 从状态 a 到状态 b 的过程中,即时间间隔为 $\tau \rightarrow 2\tau$,活塞以 $v_2 > v_1$ 的速度沿相同的方向移动,气体继续受压后产生新的扰动 a_2,由于气体受上一次扰动温度升高,若当地声速符合式 $a = \sqrt{\gamma R T}$(其中 γ 为比热比),那么扰动波的速度将为 $a_2(a_2>a_1)$.气体的移动速度在状态 b 时为 v_2,相对于管壁的波速为 a_2+v_2,大于状态 a 时的波速.其他时间间隔 c, $d\cdots$,按此推理,活塞平均速度逐段增大 $v_4>v_3$,从活塞传出的波的速度越来越大.在最后一个时间间隔中由于微元波的连续累积形成唯一的波的前沿,其波速高于声速,且波压缩程度越大,波速越高.

三、爆震燃烧基本理论模型的演变

(一) C-J 理论

通常认为,在爆震过程中,可燃物的化学反应和反应产物质点的运动同时发生.爆震过程不仅是放热的化学反应过程,也是流体力学过程.因此,爆震波由诱导激波和化学反应区组成,诱导激波加热、压缩并引发化学反应,化学反应释放的能量支持诱导激波并推动其在反应气体中传播.但是爆震中的化学反应是极其复杂的,为了使问题简化,Chapman 于 1899年,Jouger 于 1905 年,均提出了一个简单却令人信服的假设:可燃物通过激波阵面后,化学反应迅速完成,可燃物变成完全反应的爆震产物.根据这个假设,可以不考虑爆震中化学反应的详细过程,爆震波阵面相当于把可燃物和爆震产物分隔开的一个强间断面.于是,一个复杂的爆震过程就可以用比较简单的激波流体力学理论进行研究.至于爆震中化学反应的热效应,可用外加能源的方法反映到流体动力学方程中去.上述的理论通常称为 Chapman-Jouguet 理论,简称 C-J 理论,这就是 19 世纪建立起来的经典爆震波流体力学理论.实验证明,用这种简化理论研究爆震波,与实际符合较好.

C-J 理论是借助气体动力学原理来阐释的.他们提出如下假定:

(1) 冲击波与化学反应区作为一维间断面处理,反应在瞬间完成,化学反应速率无穷大,反应的初态和终态重合,跨过波阵面激波守恒定律依然成立,流动或爆震波的传播是定常的.

(2) 将爆震波理解为冲击波,化学反应区作为瞬间释放能量的几何面紧贴在冲击波的后面,整个作为间断面来处理,从间断面流出的物质已处于热化学平衡态,因此波后可用热力学状态方程来描述.

(3) 将爆震波视为一维平面波,并忽略起爆端影响.

(4) 稳定爆震是定常的,即坐标系可作为惯性系建立在波阵面上.

C-J 假设把爆震过程和爆燃过程简化为一个含化学反应的一维定常传播的强间断面,对于爆震过程,该强间断面称为爆震波,对于爆燃过程则称为爆燃波.C-J 理论的关键不仅在于上述的 C-J 假定,还在于它提出了爆震波能够定常传播的约束条件——C-J条件.所谓C-J条件,是指爆震波阵面后方的状态用冲击Hugoniot线和Rayleith线的切点来描述,或直观地表述为波阵面后方的流动速度等于声速.由C-J条件可得到C-J方程,结合流体力学的3个守恒方程(即质量、能量和动量守恒方程),再加上爆震产物的状态方程,就构成了描述爆震的封闭方程组,而状态方程则取决于化学反应度(degree of chemical reaction).C-J理论是定常爆震理想化的理论,尽管忽略了化学反应的具体进展过程,但它能成功用于爆震理论分析,尤其是爆震波速度的计算.应用C-J理论计算得出的气体爆震的爆速值与实测值只相差1%~2%.但是,对气相爆震进行精密测量得到的爆震压强和密度值,比用C-J理论计算得到的值低10%~15%,对爆震产物实测得到的马赫数比计算得到的C-J值高10%~15%,这表明C-J理论是一种近似理论.另外,炸药的爆震实际上存在一个有一定宽度的反应区,且有些爆震反应区的宽度相当大,因此,仅将爆震波看作一个强间断面并不恰当,还须对爆震波的内部结构进行深入研究.

C-J理论第一次给出了爆震的物理模型和数学模型,反映了爆震是化学反应冲击波传播过程这一本质,从而奠定了爆震研究的基础,具有划时代的意义.

爆震波的C-J理论并没有考虑到化学反应的细节,认为化学反应速率无限大,反应瞬间完成,这和实际情况不相符.由于对化学反应细节进行研究和描述十分困难,导致人们至今都未能完全了解爆震波的结构和自持机理.因而对爆震波精细结构和自持机理的研究,一直都是爆震学的一个重要研究领域.

(二) ZND 理论

Zeldovich,Von Neumann和Döering各自独立地对C-J理论的假设和论证做了改进,提出了ZND模型.与C-J理论相比,ZND模型更接近实际情况.图4.4.3所示为典型的ZND模型爆震参数的分布曲线,其中图4.4.3a为热力学参数分布;图4.4.3b为化学反应组元的摩尔分数分布.ZND模型把爆震波看成是由一个前导激波和随后的化学反应区构成的,且化学反应以有限速率进行.前导激波压缩反应介质,在有限的诱导时间τ_i内,急剧上升的Von Neumann压力和温度诱导化学反应,形成化学反应诱导区,其宽度为Δ,中间产物OH自由基摩尔分数在化学反应诱导区内急剧上升.在诱导区内,热力学状态近似不变;在能量释放区,化学反应急剧进行并伴随大量能量释放.可燃物经过一个连续的化学反应区后,最终转变成爆震产物.

ZND 模型的基本假设如下：

（1）流动是一维的.

（2）冲击波是间断面，忽略分子的输运（如热传导、辐射、扩散、黏性等）.

（3）在冲激波前，化学反应速度为零，冲击波后的化学反应速率为一有限值（非无穷大），反应是不可逆的.

（4）在反应区内，介质质点都处于局部热力学平衡态，但未达到化学平衡态（组分在变）.这样，爆震波可看成是由冲击波和化学反应区所构成的，且它们以相同的运动速度向前传播.

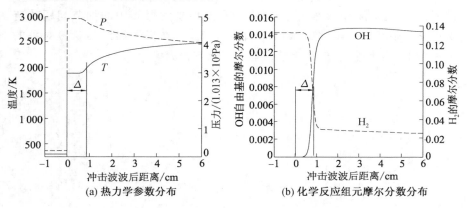

(a) 热力学参数分布　　　　　　(b) 化学反应组元摩尔分数分布

图 4.4.3　典型的 ZND 模型爆震参数分布曲线

四、爆震燃烧的基本方程

（一）守恒方程

在分析火焰流场的参数变化时，火焰阵面两侧的温度、压力及密度等参数的变化是连续的.爆震过程则不同，它以冲击压缩的方式进行，这个过程是瞬间完成的，在爆震波两侧的在爆震流场中，爆震阵面两侧温度、压力及密度等参数都是突跃上升的.若将爆震波理解为冲击波，化学反应区作为瞬间释放能量的几何面紧贴在冲击波的后面，整个作为间断面来处理，则从间断面流出的物质已处于热化学平衡态，因此波后可用热力学状态方程来描述.

为了方便分析，将坐标系建立在波阵面上，如图 4.4.4 所示.此时，爆震阵面可看成是静止的，反应物进入波阵面的相对速度为 u_0，燃烧产物离开波阵面的相对速度为 u_1.

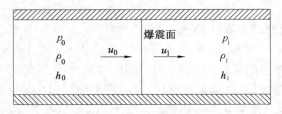

图 4.4.4　实验室坐标系下的管内爆震阵面两侧参数

虽然真正的爆震波具有明显的三维结构特征,但还是有必要先对其进行一维分析.1899 年查普曼(Chapman)试图解释爆震燃烧时用的就是一维模型,这一理论至今依然十分有效,为更好地理解爆震中的细节问题奠定了理论基础.对于爆震波两侧的一维稳态流场,在以爆震波为参考对象的坐标系中,其质量、动量和能量的基本守恒方程为

质量守恒:

$$\rho_0 u_0 = \rho_1 u_1 \tag{4.4.1}$$

动量守恒:

$$p_0 + \rho_0 u_0^2 = p_1 + \rho_1 u_1^2 \tag{4.4.2}$$

能量守恒:

$$h_0 + \frac{u_0^2}{2} = h_1 + \frac{u_1^2}{2} \tag{4.4.3}$$

式中,h 为绝对(标准)焓.将显焓和生成焓从总焓中分离出来,有助于定义反应的"释热量"或"加热量".因此式(4.4.3)中的焓可用显焓来替代:

$$h_0 + q + \frac{u_0^2}{2} = h_1 + \frac{u_1^2}{2} \tag{4.4.4}$$

式中,q 是反应物和产物生成焓的差,也称为释热量,其表征混合物的性质,大小取决于燃料和氧化剂的种类及混合程度,$q = \sum_i^{反应物} x_i h_{f_i}^{\ominus} - \sum_j^{产物} x_j h_{f_j}^{\ominus}$.因此式(4.4.4)中的焓为显焓,$h = \int_{298.15}^{T} c_p \mathrm{d}t$,$c_p$ 是反应物或者产物的比定压热容.

对于反应物和产物,都可定义 $h(p, \rho)$ 状态方程.对于理想气体,已知 $h = c_p T$,$p = \rho R T$ 和 $c_p - c_v = R$,$\gamma = c_p / c_v$,因而显焓的热状态方程表示为

$$h = \frac{\gamma}{\gamma - 1} \frac{p}{\rho} \tag{4.4.5}$$

（二）瑞利线和雨果尼奥曲线

爆震波由初始状态经过热动力学过程达到反应终态,由守恒方程(4.4.1)和式(4.4.2)得

$$\frac{p_0 - p_1}{v_0 - v_1} = \rho_0^2 u_0^2 = \rho_1^2 u_1^2 = \dot{m}^2 \qquad (4.4.6)$$

式中,$v = 1/\rho$ 为比容;$q_m = \rho u$ 为单位面积质量流量.由式(4.4.6)可知

$$q_m^2 = \frac{p_1 - p_0}{v_0 - v_1} \qquad (4.4.7)$$

当质量流量一定时,用方程(4.4.7)可以画出压力 p 和比容 v 的关系曲线.例如,固定 p_0 和 v_0,式(4.4.7)可以变为一般线性关系,即

$$p = av + b \qquad (4.4.8)$$

其中,斜率 a 为

$$a = -q_m^2$$

截距 b 为

$$b = p_0 + q_m^2 v_0$$

图 4.4.5 给出了给定状态 $0(p_0$ 和 $v_0)$ 的压力 p 和 $v = \dfrac{1}{\rho}$ 的关系曲线,增加质量通量 q_m 会增大直线的斜率,并以点 (v_0, p_0) 为中心旋转.当质量通量无限大时,直线将垂直;当质量通量为零时,直线变为水平.由于这两个极端之间已经包含了所有可能的质量通量值,所以在图 4.4.6 中直线无法到达的 I 和 II 两个区域,方程(4.4.7)无解.区域 I 和 II 在物理上都是不可能达到的,利用这个事实可判断爆震波最后所处的状态.

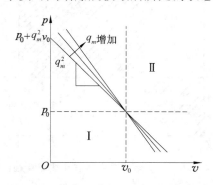

图 4.4.5　p-v 坐标系中爆燃和爆震存在区域

由方程(4.4.7)可知

$$q_m = \sqrt{\frac{p_1 - p_0}{v_0 - v_1}} \qquad (4.4.9)$$

因此,要使 q_m 有意义,则要求 $v_0 > v_1$ 且 $p_1 > p_0$,或者 $v_0 < v_1$ 且 $p_1 < p_0$. 如定义 $x = v_1/v_0 = \rho_0/\rho_1$ 和 $y = p_1/p_0$,式(4.4.9)又可表示为

$$q_m = \sqrt{\left(\frac{y-1}{1-x}\right)\frac{p_0}{v_0}} \qquad (4.4.10)$$

在 x-y 坐标系中,如图 4.4.6 所示,非阴影区域为正解区域; $y < 1$ 且 $x > 1$ 对应于爆燃波解; $y > 1$ 且 $x < 1$ 对应于爆震波解.

爆震波上游区的声速和马赫数表示为

$$c_0 = \sqrt{\gamma_0 p_0 v_0}$$
$$Ma_0 = u_0/c_0$$

代入式(4.4.10)得

$$\gamma_0 Ma_0^2 = \frac{y-1}{1-x}$$

或者

$$y = (1 + \gamma_0 Ma_0^2) - (\gamma_0 Ma_0^2)x \qquad (4.4.11)$$

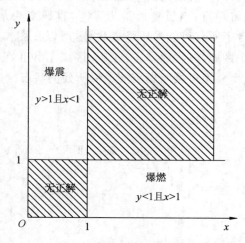

图 4.4.6 x-y 坐标系中爆震和爆燃存在区域

式(4.4.11)在图 4.4.6 所示的 x-y 坐标系中是斜率为 $-\gamma_0 M_{a0}^2$ 的直线. 式(4.4.11)代表从初始状态(1,1)到状态(x,y)的热力学路径,即所谓的瑞利线. 由该式可知爆震波速度与瑞利线斜率的平方根成正比.

瑞利线的斜率也可表示为

$$\left(\frac{\mathrm{d}y}{\mathrm{d}x}\right)_R = -\frac{y-1}{1-x} \tag{4.4.12}$$

由式(4.4.6)可得

$$u_0^2 = \frac{1}{\rho_0^2}\frac{p_1-p_0}{v_0-v_1}$$

或

$$u_1^2 = \frac{1}{\rho_1^2}\frac{p_1-p_0}{v_0-v_1}$$

代入式(4.4.4),得

$$h_1 - (h_0 - q) = \frac{1}{2}(p_1 - p_0)(v_0 + v_1) \tag{4.4.13}$$

式(4.4.13)称为雨果尼奥曲线,通过其关系式可根据给定的上游状态计算得到下游的状态方程. 由于 $h = U + pv$,所以雨果尼奥曲线除了用焓(h)表示以外,也可用内能(U)表示,式(4.4.13)可转化为

$$U_1 - (U_0 + q) = \frac{1}{2}(p_1 + p_0)(v_0 - v_1) \tag{4.4.14}$$

式(4.4.13)和式(4.4.14)都是根据热力学定律直接推导得出的,因此这些方程都适用于气体、液体或者固体介质的热力学参数计算.

利用式(4.4.5)得出的理想气体显焓的热力学状态方程,在雨果尼奥曲线中用 p 和 v 来代替 h,式(4.4.14)也可表示为

$$y = \frac{\dfrac{\gamma_0+\gamma_1}{\gamma_0-1} - x + 2q'}{\dfrac{\gamma_1+1}{\gamma_1-1}x - 1} \tag{4.4.15}$$

式中,$q' = q/p_0 v_0$. 该方程也可简化为

$$(y + \alpha)(x - \alpha) = \beta \tag{4.4.16}$$

式中,$\alpha = \dfrac{\gamma_1-1}{\gamma_1+1}$;$\beta = \dfrac{\gamma_1-1}{\gamma_1+1}\left(\dfrac{\gamma_0+1}{\gamma_0-1} - \dfrac{\gamma_1-1}{\gamma_1+1} + 2q'\right)$.

由式(4.4.16)可知,对于理想气体,雨果尼奥曲线是等轴双曲线,由于爆震解必须同时满足瑞利线和雨果尼奥曲线,所以从反应物到产物的状态转变过程也即沿着瑞利线从初始状态($x = y = 1$)出发到终态(x, y)的过程,必须和雨果尼奥曲线相交,如图4.4.7中的1,2,3曲线.

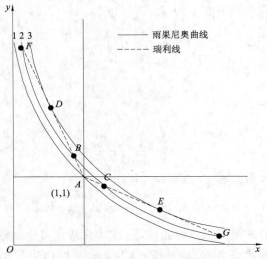

图 4.4.7　瑞利线和雨果尼奥曲线

　　爆震波雨果尼奥曲线的物理意义:爆震波在活性介质中传播时,经过初态点,满足 3 个守恒方程的所有终态点(x,y)的集合.

　　如果化学反应释放能 $q=0$ 时,式(4.4.13)或者式(4.4.16)为无反应的冲击波雨果尼奥曲线,对应图中曲线 1,并通过点 $A(1,1)$,即初态;如果 $q>0$,双曲线不会通过点 $A(1,1)$,释放能 q 越大,雨果尼奥曲线越偏离初始状态点 A,对应图中曲线 2 或 3. $x=1$ 和 $y=1$ 两条相交的垂直线分别表示爆震波定容解和定压解.在定容解和定压解之间的解,也即 $x>1$ 且 $y>1$,由式(4.4.10)可知,q_m 为虚数,表明不存在正根.若要存在正根,则必须满足边界条件 $x>1$ 且 $y<1$,或者 $x<1$ 且 $y>1$.因此,定容解和定压解划分了雨果尼奥曲线中爆震和燃烧的边界.由式(4.4.15)可得,当 $y\to\infty$ 时,$x\to(\gamma_1-1)/(\gamma_1+1)$,表明在穿越强冲击波后密度的极限为 $\rho_1/\rho_0\to(\gamma_1-1)/(\gamma_1+1)$;$x\to\infty$,$y$ 为负值,因此,要使 y 为正,就必须满足 $x<(\gamma_0+1)/(\gamma_0-1)+2q'$,否则就没有物理意义.

　　由式(4.4.16)可知,雨果尼奥曲线的斜率和曲率分别为

$$\left(\frac{\mathrm{d}y}{\mathrm{d}x}\right)_{\mathrm{H}}=\frac{y+\alpha}{x-\alpha} \tag{4.4.17}$$

$$\left(\frac{\mathrm{d}^2y}{\mathrm{d}x^2}\right)_{\mathrm{H}}=2\frac{y+\alpha}{(x-\alpha)^2} \tag{4.4.18}$$

　　由于 $\gamma_1>1$(也即 $\alpha>0$),由式(4.4.18)可知雨果尼奥曲线的曲率恒为正,因此雨果尼奥曲线是一条向上凹的曲线. q 不为 0 的雨果尼奥曲线都位

于初始状态点 $A(1,1)$ 以上,因此,通常情况下瑞利线和雨果尼奥曲线的爆震波上支和爆燃波下支都有两个交点,上支的两个交点由上到下分别称为强爆震 F 和弱爆震 B,下支的两个交点由上到下分别被称为弱爆燃 C 和强爆燃 G. 如果瑞利线和雨果尼奥曲线的爆震波上支和爆燃波的下支分别相切于点 D,E,在 C-J 状态时爆震波存在速度最小值,而爆燃波存在速度最大值.

对强爆震,爆震波相对波后质点的速度是亚声速的(与冲击波相似),爆震波波后的膨胀波能够赶上爆震波,进入化学反应区,削弱反应区对前沿激波阵面的能量补充,从而使爆震波的传播速度逐渐降低,直至降至 C-J 爆速,故强爆震状态是不稳定的. 对弱爆震,爆震波相对于波后质点的速度是超声速的,此时,反应区及波后产物中的弹性振动波(声波)皆落后于爆震波的传播,致使反应区被拉长,反应区能量得不到补充,也无法向前沿激波阵面上传递,爆震波的强度必然衰减,传播速度下降,所以弱爆震也是不稳定的. 实际上,只有 C-J 点才是爆震波的稳定状态. 可以看出,在 C-J 点上,相对爆震波传播的已燃气体的速度 u_1 达到了声速.

雨果尼奥曲线各个点的特性如表 4.4.2 所示.

表 4.4.2　雨果尼奥曲线各个点的特性

雨果尼奥曲线节点	性　质	已燃气体速度 u_1
点 F	强爆震	亚声速
点 B	弱爆震	超声速
点 D	C-J 爆震	声速
点 C	弱爆燃	亚声速
点 G	强爆燃	超声速
点 E	C-J 爆燃	声速

（三）爆震速度

综上所述,弱爆震是难以实现的,而强爆震最终将发展成为 C-J 爆震.

如图 4.4.4 所示,对于爆震阵面左右两侧,已燃气体的压力远大于未燃气体压力,即 $p_1 \gg p_0$.

首先,定义爆震速度 u_D 等于以爆震波为参考系下未燃混合气体进入爆震波的速度. 根据图 4.4.4 有

$$u_D \equiv u_0 \qquad\qquad (4.4.19)$$

由于爆震的状态 1 处于爆震波上支 C-J 点,速度等于声速,即 $u_1 = c_1$,因此

式(4.4.1)可变为如下形式:

$$\rho_0 u_0 = \rho_1 c_1 \tag{4.4.20}$$

将 $c_1 = (\gamma R_1 T_1)^{1/2}$ 代入上式,可得

$$u_0 = \frac{\rho_1}{\rho_0}(\gamma R_1 T_1)^{1/2} \tag{4.4.21}$$

为了得到 ρ_1/ρ_0,将动量守恒方程式(4.4.2)除以 ρ_1/u_1^2,由于 $p_1 \gg p_0$,忽略 p_0 项,得到

$$\frac{\rho_0 u_0^2}{\rho_1 u_1^2} - \frac{p_1}{\rho_1 u_1^2} = 1 \tag{4.4.22}$$

再根据连续方程式(4.4.1)消去 u_0,并求解 ρ_1/ρ_0,得

$$\frac{\rho_1}{\rho_0} = \frac{p_1}{\rho_1 u_1^2} + 1 \tag{4.4.23}$$

将 $u_1 = c_1 = (\gamma R_1 T_1)^{1/2}$ 代入上式,得

$$\frac{\rho_1}{\rho_0} = \frac{p_1}{\rho_1 \gamma R_1 T_1} + 1 \tag{4.4.24}$$

对于理想气体有 $p_1 = \rho_1 R_1 T_1$,代入式(4.4.24)得

$$\frac{\rho_1}{\rho_0} = \frac{1}{\gamma} + 1 = \frac{\gamma + 1}{\gamma} \tag{4.4.25}$$

对于理想气体 $h = c_p T$,代入能量守恒方程式(4.4.4)可得

$$T_1 = T_0 + \frac{u_0^2 - u_1^2}{2c_p} + \frac{q}{c_p} \tag{4.4.26}$$

将式(4.4.1),式(4.4.25)及 $u_1 = c_1 = (\gamma R_1 T_1)^{1/2}$ 代入上式可得

$$T_1 = T_0 + \frac{q}{c_p} + \frac{\gamma R_1 T_1}{2c_p}\left[\left(\frac{\gamma + 1}{\gamma}\right)^2 - 1\right] \tag{4.4.27}$$

解得

$$T_1 = \frac{2\gamma^2}{\gamma + 1}\left(T_0 + \frac{q}{c_p}\right) \tag{4.4.28}$$

其中,用 $\gamma - 1$ 替换了 $\gamma R_1/c_p$,这一替换可根据公式 $c_p - c_V = R$ 和 $\gamma = c_p/c_V$ 推导出来.

要使爆震速度的近似推导公式变得封闭,将式(4.4.25)和式(4.4.28)代入式(4.4.21),得

$$u_D = u_0 = [2(\gamma + 1)\gamma R_1 (T_0 + q/c_p)]^{1/2} \tag{4.4.29}$$

此处要注意的是,式(4.4.29)是一个近似的表达式,不仅事先制定了物理参数,而且忽略了 p_0 的大小.

如果不假设有定常比热容,虽然仍然是近似式,但可以推导出状态 1

的温度和爆震速度的更为精确的表达式,即

$$T_1 = \frac{2\gamma_1^2}{\gamma_1+1}\left(\frac{c_{p,0}}{c_{p,1}}T_0 + \frac{q}{c_{p,1}}\right) \tag{4.4.30}$$

$$u_D = \left[2(\gamma_1+1)\gamma_1 R_1\left(\frac{c_{p,0}}{c_{p,1}}T_0 + \frac{q}{c_{p,1}}\right)\right]^{1/2} \tag{4.4.31}$$

式中,$c_{p,0}$ 和 $c_{p,1}$ 分别为状态 0 和 1 的混合物比定压热容.类似的,方程(4.4.25)也可表示为

$$\frac{\rho_1}{\rho_0} = \frac{\gamma_1+1}{\gamma_1} \tag{4.4.32}$$

在波速的计算中,Gordon 和 McBride 给出了非常详细的计算格式以及相关的计算程序,通过给定初始条件便可计算出 C-J 爆震的传播速度.

（四）爆震波结构

由于爆震波的 C-J 理论和 ZND 模型简单反映了问题的本质,因而得到广泛的应用.但随着爆震装置的小型化和实验测量技术的发展,暴露出很多与以上理论不符合的现象,即非定常爆震现象.实际上,化学反应速率非线性依赖于温度,导致了爆震波在时间和空间上的不稳定性.White 于1961 年采用火花干涉技术首先发现了爆震的不稳定性.许多实验结果也证实:爆震波阵面会发展为依赖于时间的复杂三维结构.爆震波的不稳定结构如图 4.4.8 所示,引导激波由多个间隔排列的马赫杆及入射激波组成.横波（Transverse Wave）与马赫杆及入射激波相交于三波点并形成三波结构.利用烟膜技术可以记录三波点的运动轨迹,它们表现为不断重复的类似于"鱼鳞形"图案的胞格结构,即爆震胞格结构.

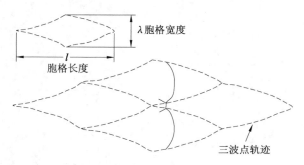

图 4.4.8　爆震波胞格结构简图

思考题

1. 火焰的定义及其特征是什么?

2. 比较层流火焰前沿与湍流火焰前沿的结构特点.画出燃烧前沿中的温度分布与成分浓度分布示意图.

3. 影响层流火焰传播速度的因素有哪些? 如何评价这些因素的影响?

4. 分析正常燃烧与爆震的机理,举出实际例子加以说明.

5. 湍流对火焰传播的影响表现在哪几方面? 湍流火焰传播的理论有哪些? 每种理论分别解释了何种燃烧现象?

6. 影响湍流火焰传播速度的因素有哪些? 分别加以说明.上述因素对燃烧器的设计有何指导意义?

7. 测量层流火焰传播速度的方法有哪些?

8. 试介绍一种稳定火焰的方法,并说明其原理.

9. 冲击波是怎样产生的? 为什么爆震燃烧传播速度非常快?

第五章

扩散燃烧及火焰

第一节 概 述

扩散燃烧(diffusion combustion)指的是燃料和氧化剂分别送入燃烧室,边混合边燃烧的燃烧过程.此时燃烧过程的进展就不只要考虑燃烧氧化的化学动力过程,而且要考虑燃料与氧化剂混合的过程.根据燃烧过程进展条件的不同,燃烧过程一般可分为化学动力燃烧和扩散燃烧.若燃料与空气的混合速度大于化学反应速度(燃烧速度),则此燃烧过程称为化学动力燃烧;若化学反应速度大于燃料与空气的混合速度,则此燃烧过程称为扩散燃烧.通常在燃烧室高温环境下,化学反应过程进行得很快,而燃料和空气的混合过程要慢得多.因此,控制燃烧速率的是(燃料与空气)混合过程的快慢,这就是扩散燃烧的基本性质.

扩散燃烧随使用燃料的形态不同又有气体扩散燃烧和液体喷雾燃烧之分.气体扩散燃烧时,随喷入燃烧室内燃料气体的流动状态不同分为层流扩散燃烧和湍流扩散燃烧两种形式,其燃烧形态及机理不相同.液体喷雾燃烧时,如在柴油机中,先要把液体燃料向燃烧室内喷散雾化成细小液滴并使其尽可能分布在较大的空间范围内,液滴再进行吸热蒸发和燃烧.了解燃料喷射燃烧、液滴蒸发和燃烧的基本规律是掌握扩散燃烧的基础.对于复杂的实际喷雾燃烧和湍流扩散燃烧现象,要按具体条件做近似分析.

在层流扩散燃烧的情况下,火焰表现为分子扩散;在湍流扩散燃烧的情况下,火焰表现为涡团扩散.

第二节　扩散燃烧火焰的类型

按照燃料与空气分别供入的方式,扩散火焰可分为以下 3 种.

(1) 自由射流火焰(free jet flame)

自由射流火焰形成于气体燃料从喷燃器向大气中的静止空气喷出后出现的燃料射流界面上,如图 5.2.1a 所示.

(2) 同轴流扩散火焰(concentric jet flame)

同轴流扩散火焰形成于气体同一轴线喷出的燃料射流界面上,如图 5.2.1b 所示.同轴流扩散火焰与自由射流火焰一样,也是一种射流火焰,不同之处在于同轴流扩散火焰中,燃料射流喷向有限空间即燃烧室中,受到燃烧室容器壁的影响,因而这种射流火焰又称为受限射流扩散火焰.

(3) 逆向喷流扩散火焰(counter-flow diffusion flame)

逆向喷流扩散火焰形成于与空气气流逆向喷出的燃料射流界面上,如图 5.2.1c 所示.

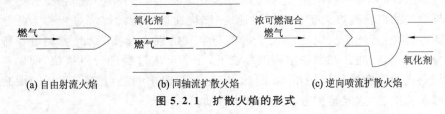

(a) 自由射流火焰　　　　(b) 同轴流扩散火焰　　　　(c) 逆向喷流扩散火焰

图 5.2.1　扩散火焰的形式

射流扩散火焰根据射流流动的状况可分为层流射流扩散火焰与紊流射流扩散火焰,显然紊流射流的扩散混合效果要比层流好,因此紊流火焰的长度较短.

因为扩散火焰不会发生回火现象,稳定性好,在燃烧前不必把燃料与氧化剂进行预先混合,操作方便,所以在工业领域应用很广.

第三节　气体扩散燃烧火焰

一、基本概念

和预配好的混合物火焰不同,扩散火焰分布在宽度很小的区域中,在这一区域中,燃气和氧化剂互相扩散(它们最初是分开的).

已燃气体从一个燃烧区散布到另一个燃烧区,因而燃气和氧化剂需要穿过形成的已燃气层,以便在点燃后相互接触.

空气-燃气混合的方式如图 5.3.1 所示.

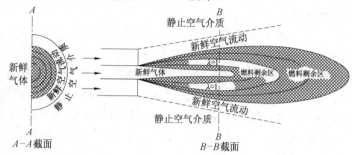

图 5.3.1 燃气和空气分子的扩散混合

注:燃气和空气流速相等,连续线代表气体浓度相等的表面.

如果燃气和空气的平均速度相等且相当小,两种气体都为层流流动,由于分子的无规则运动,混合区就只在它们接触边沿处形成.混合物形成区中燃气和空气互相掺入的前沿可以用等浓度面来划分,混合区的外边沿是空气流的内表面,而内边沿则是纯燃料气流的外表面.在混合区的内部形成一个表面,在这个表面上,气体浓度和理论计量值相对应($\lambda=1$),它将混合物的形成区分成两个区域,在这个表面的内部,燃料剂量较多,而在这个表面的外部燃料剂量较少.

如果用火焰或火花点燃混合物,自然会在具有理论燃烧剂量的表面上出现燃料前沿.开始,火焰的前沿也可出现在其他任意的表面上,但不能保持,因为无论氧分子过量还是燃料分子过量,燃烧火焰面都要向具有理论剂量的表面转移,如图 5.3.2 所示.

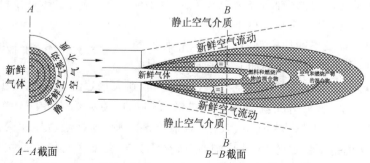

图 5.3.2 着火后燃气和空气向燃烧产物中的分子扩散

燃料前沿稳定之后,在着火前混合区的位置上出现燃烧产物,并向整个混合区传播.中心喷嘴喷出的燃气分子和空气环形喷嘴喷出的氧分子以对流方向掺入燃烧表面($\lambda=1$),并进行分子反应生成燃烧产物.燃烧表面将整个混合区分为形成燃料与燃烧产物混合物的内部区及形成燃烧产物和空气混合物的外部区.

    当处在燃料气喷嘴周围的空气环形喷嘴停止喷气时,也就是气体燃烧时空气不流动,则以同样的方式形成混合物和燃烧.

    对于燃料-空气扩散火焰,反应区实际的法向宽度只有几毫米,而对于燃料-氧的扩散火焰则可能超过 1 cm.燃料-空气扩散火焰的反应区宽度随着压力的减小而增大,而燃料-氧扩散火焰的反应区宽度则和压力无关.

    燃烧速度不仅取决于燃料和氧化剂互相扩散的速度,而且取决于反应活化中心的扩散速度.

    层流扩散火焰的经典例子是同心圆管内的扩散火焰,如图 5.3.3 所示,气体燃料和空气各在直径为 d 和 d' 的圆管内流动,且流动的线速度相等.这种燃烧的火焰形状可以分为两类:如果供给的空气中的氧气超过燃料完全燃烧的需要量,便产生富氧扩散火焰(overventited laminar diffusion flame),火焰的表面逐渐收缩到圆管的轴线上,成为圆锥形火焰;如果空气中的氧气不足,这时火焰扩展到外管壁上形成喇叭形的贫氧扩散火焰(underventialated laminar diffusion flame).一个稳定的火焰边界只能是燃料和氧化剂按化学计量比混合的表面,在火焰边界上不能有过剩的空气,也不能有过剩的燃料,否则,火焰边界的位置便不能稳定.假设火焰边界有过剩的燃料,则未燃完的燃料将扩散到火焰外面的

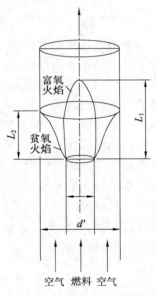

图 5.3.3　气体扩散火焰

空间中去,遇到了氧气又燃烧起来,这样扩散到火焰边界的氧气更少,燃料过剩得更多.这种情况就会像贫氧扩散火焰那样使火焰边界向外扩,因而得不到稳定的火焰边界位置.反之,若氧化剂过剩,则火焰边界就会向中心移动,这也是不稳定的.由此可知,扩散火焰只有在燃料与氧化剂按化学计量比混合的表面上才是稳定的.

二、扩散火焰高度

(一)实验观察

图 5.3.4 显示了用喷口直径为 d 的喷嘴把气体燃料喷入静止空气中的燃烧情况.随喷射速度的增大,火焰特征也在变化.当燃料喷入空气中的速度足够高时,层流扩散火焰将转变为湍流扩散火焰.由图可以看出,在层流火焰区内,火焰高度随气流速度的增大而增高,直至最大值.继续增加燃料的喷射速度,则在火焰顶部开始出现不稳定的湍流火焰.若进一步提高气流速度,开始转变为湍流火焰的位置(分裂点)迅速地降低,整个火焰的高度也降低.再进一步增大气流速度,分裂点高度接近一定值,而整个火焰的高度也近似不变.

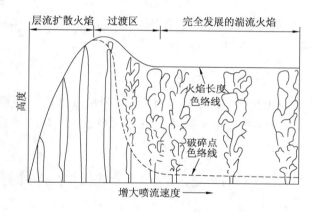

图 5.3.4 火焰特征随气流喷射速度的变化

(二)数学模型

下面利用物理数学模型来推导火焰高度、喷管尺寸和流率之间的关系.若用 d 代表喷管直径,u 代表气态燃料的流动速度,ρ 代表燃料的密度,则燃料通过圆管的质量流率为 $\rho u \pi d^2 / 4$,即正比于 ud^2.总的质量流率必须与层流扩散混合的燃料质量成比例.每秒通过单位面积扩散的扩散分子通量为

$$J = -D \frac{\mathrm{d}n}{\mathrm{d}z} \quad (\text{分子} \cdot \text{s}^{-1} \cdot \text{cm}^{-2}) \tag{5.3.1}$$

式中,负号表示物质向浓度小的方向传递;D 为分子扩散系数;$\dfrac{\mathrm{d}n}{\mathrm{d}z}$ 为分子浓度梯度.

在层流扩散火焰中燃料向火焰表面扩散,因而扩散面积即为火焰表面积,火焰表面积与 πdL 成正比,扩散面积正比于 Ld,气体的浓度梯度与 d 成反比.按照式(5.3.1),每秒扩散到火焰表面的燃料质量(即层流扩散混合燃料质量)正比于 $Ld \cdot D \cdot \dfrac{1}{d}$,由此可得

$$ud^2 \propto Ld \cdot D \cdot \frac{1}{d}$$

或

$$L \propto \frac{ud^2}{D} \tag{5.3.2}$$

对于层流扩散燃烧,扩散系数 D 决定于分子的热运动;对给定的燃料,扩散系数 D 与 u,d 无关.因此,火焰高度正比于容积流率,即

$$L \propto ud^2 \tag{5.3.3}$$

对于湍流扩散火焰,式(5.3.2)原则上也适用,但必须用湍流涡团扩散系数 ε 代替式(5.3.2)内的扩散系数 D,即

$$L \propto \frac{ud^2}{\varepsilon} \tag{5.3.4}$$

ε 与湍流强度和湍流尺度的乘积成正比.而湍流尺度正比于喷管直径 d,湍流强度正比于流动速度 u,即 $\varepsilon \propto ud$,把这个关系代入式(5.3.4)即得

$$L \propto \frac{ud^2}{\varepsilon} \propto d \tag{5.3.5}$$

由此可知,湍流火焰的高度与喷管直径成正比,而与气流速度、湍流涡团扩散系数无关,即

$$L/d = C \tag{5.3.6}$$

其中,C 为定值,实验结果证实了这一点.

第四节　液体燃料的喷射燃烧火焰

燃烧主要在气态下进行,因此,液体燃料在燃烧前必先蒸发.液体燃料的蒸发速率取决于它和周围空气之间的接触表面积、温度及浓度差和燃料扩散系数大小等.液体燃料的喷射雾化就是使燃料破碎成细小的液滴以扩大它与空气的接触表面,同时尽可能地使液滴合理地分布在燃烧室空间内,以满足燃烧性能好的要求.因此,液体燃料的喷射过程、喷雾特性对扩散燃烧性质及燃烧效率都有重要影响.

一、燃料雾化的喷射特性

液体燃料的喷射雾化方法有许多：可用机械方法将燃料压缩而造成高压状态，通过喷油器向燃烧室中喷散，或用压缩空气对燃料加压喷射，燃料随高压空气一起喷散在燃烧室内；可以对燃料施加高压并用旋转加速方法通过喷嘴喷出使其粉碎和分散；也可采用高压将燃料喷射在固体壁或挡板上产生飞溅破碎等。柴油机采用机械式高压喷射方式，通过高压油泵柱塞移动将燃料压缩到相当高的压力送入喷油嘴，在喷孔前后较大压力差作用下，以很高的速度经喷油嘴小孔射出，喷出的燃料液体在燃烧室空间运动，受到空气阻力作用，最终完成喷雾过程。

燃油的破碎机理（breakup mechanism）与喷射压力和喷油器的结构密切相关。例如，孔式喷嘴研究的是实心圆锥油柱的破裂问题；涡旋式阀座喷嘴研究的是空心圆锥燃油薄膜的破裂问题。至今还没有一种理论，能完整地解释燃油雾化中出现的各种现象。从定性的角度出发，燃油的破碎机理大致可分为 6 个阶段：

（1）通过喷孔或环形缝隙，把燃油伸展成油柱（stream）或锥形空心油片（sheets）。

（2）在油柱或油片的表面出现波纹和扰动。

（3）在上述表面波纹和扰动的作用下在油柱或油片的表面形成油线或空洞。

（4）油线的分裂（collapse）或空洞的扩大产生较大的油滴。

（5）大油滴在各种外力（运动液体的惯性力、气体动力、表面张力、黏性力等）的作用下发生振动，分散成小油滴。

（6）小油滴之间的碰撞可能产生更小油滴或聚合成较大油滴，这些油滴的综合体称为油束（spray）。

为了研究燃料的喷射，通常将燃料向充满室温空气的高压容器内喷射，并通过高速摄影设备进行拍摄，如图 5.4.1 所示。

从图 5.4.1 所示的喷射影像中可以看出以下主要特性：

● 空间轮廓（长度、宽度、喷射的锥角、输送的空气或氧气的速度场等）。

● 喷射横截面上的液体分布。

● 雾化液体的液滴大小。

● 雾化液体液滴大小的均匀性。

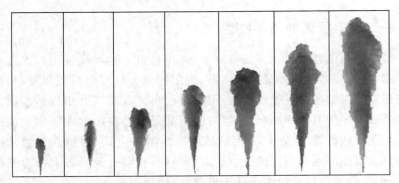

图 5.4.1　燃料喷射到静止空气中的影像

图 5.4.2 表示了具有圆形截面的锥形喷雾形状,包括由液体燃料组成的中心部分(核心)和一部分燃料与空气的混合物外形.

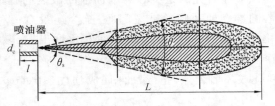

图 5.4.2　喷雾油束空间特性

(一)喷雾油束的空间形状

1. 油束锥角(spray angle)

从喷油嘴圆孔口高速喷出的液体燃料在运动过程中形成喷雾流,其形状是锥体,中心部分为主液体流,沿径向逐渐扩展并由大小不等的液滴悬浮在空气中构成浓度不均的油雾,喷油嘴孔口处油束外包络线的两条切线之间的夹角定义为油束锥角 θ_s. 在油束充分扩展后,前部受空气迎面阻力作用,且液滴尺寸较小,因而顶部边缘扩张较大,其外缘包络线间夹角 θ 比 θ_s 大.喷射量不变时,油束锥角大,分散范围也大,雾化和与空气混合效果都要好些.但锥角大则迎风阻力大,因此喷射距离较短.油束锥角 θ_s 的大小受许多因素的影响.席特凯(Sitkei)对孔式喷嘴给出以下经验公式:

$$\theta_s = 3 \times 10^{-2} \left(\frac{d_c}{l}\right)^{0.3} \left(\frac{\rho_a}{\rho_f}\right)^{0.1} Re^{0.7} \tag{5.4.1}$$

式中,d_c 为喷孔直径;l 为喷孔长度;ρ_a,ρ_f 分别为外界空气和液体燃料密度;Re 为喷嘴孔道内流动的雷诺数.

此公式计算结果与实测数据比较符合,且从式中可以看出各系数对油

束锥角 θ_s 的影响:增大喷射压差则流出喷孔燃油流速增大;Re 增加也可造成 θ_s 增大;增大喷孔直径与喷孔通道长度比也会使 θ_s 增大.

2. 喷雾油束的贯穿距离 L(spray penetration)

喷雾油束在燃烧室空间伸展时,在给定时间 t 内,油束顶端实际到达的位置与喷油嘴喷孔间的距离称为喷雾油束的贯穿距离(它是对整个喷雾油束而言的,单个油滴很容易丧失其动能而与周围空气一起运动).由于在喷雾过程中不断有油滴从液体流中分离出来,同时把动能传递给周围空气,才有可能降低主液流与周围空气之间的相对速度,减少空气对喷射油束向前运动的阻力,而使整个喷雾油束运动距离更长.

喷雾油束的贯穿距离与许多因素有关,其计算经验公式为

$$L=\frac{u_0 t}{\left[1+\frac{2.4}{\tau}\left(\frac{\rho_a\mu_a}{\rho_f\mu_f}\right)^{1/2}\left(\frac{d}{d_0}\right)^{1.5}t\right]^2} \tag{5.4.2}$$

式中,ρ_a,ρ_f 分别为空气密度和液体燃料密度;ν_f,ν_a 分别为燃料和空气的动力黏度;d_0,d 分别为喷孔和油束顶端截面直径;u_0 为燃料初速,$u_0=\mu\sqrt{2\Delta p/\rho_f}$,$\mu$ 为喷嘴孔流量系数;τ 为时间间隔.

由式(5.4.2)所揭示的参数间关系可知:

(1)喷射压差增大,使 u_0 增大,喷雾贯穿距离和顶端运动速度也都增大.

(2)喷油嘴喷孔直径较大时,液滴直径增加,喷雾贯穿距离和油束顶端运动速度都比较大.

(3)空气介质密度和黏度增加会产生较大阻力,使液滴直径减小,喷雾贯穿距离和顶端速度都随之减少.

(4)燃油密度和黏度较大时,液流不易破碎,液滴颗粒大,惯性力也大,喷雾贯穿距离和顶端速度也增大.燃用重质燃料时表现更明显.

(二)喷雾油束的燃油分布特性

从喷油器喷射出的燃料液流,在燃烧室内运动和扩展.随着液流的雾化、蒸发及与周围空气混合,燃料在油束中不断地扩散分布.扩散分布的程度反映燃烧室内燃料浓度场的均匀性,对燃烧过程有重要影响.燃料浓度分布直接关系到燃料与空气的混合质量和混合气形成量,影响燃烧效率和火焰传播速度.实验表明,燃料分布特性主要与喷射方式、喷油器构造形式及喷射过程参数变化有关.通常描述燃料分布特性主要是给出燃料浓度沿油束横截面径向分布和沿油束轴线分布的规律.

图 5.4.3 给出了圆形截面的锥形喷射中液滴的分布. 从图中可以看出,在锥体中间的液体量比较多,越向四周越少.

根据定性分析,在横截面内燃料浓度沿径向的分布服从正态分布规律. 在轴线上燃料浓度有最大值,随轴线方向距离的增加浓度迅速减小,即

$$c_{\mathrm{f}} \propto \frac{1}{x} \tag{5.4.3}$$

随 x 距离不同,横截面内燃料浓度分布规律是相同的. 靠近喷孔处燃料浓度变化大,离喷孔越远的横截面内燃料浓度变化越小,以至整个截面趋于均匀.

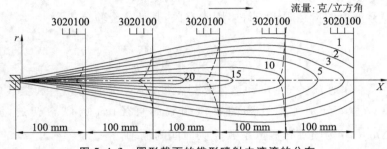

图 5.4.3　圆形截面的锥形喷射中液滴的分布

以上所分析的燃料分布特性已由大量实验证实,并给出了经验公式. 通常认为喷射油束横截面上燃料液体浓度分布与同截面液体速度分布规律相同,速度分布函数可用高斯函数近似表示,因此燃料浓度分布也可以用同样形式的函数近似表示,即

$$c_{\mathrm{f}} = c_{\mathrm{fm}} \exp(-h^2 r^2) \tag{5.4.4}$$

式中,c_{fm} 为 $r=0$ 处轴线上的燃料浓度值;h 为常数,其值综合反映具体喷射过程中各种因素的影响. 例如,喷孔前后压差变化会使燃料流速及流量发生变化,引起燃料浓度分布数值改变;燃料黏度增大将使中心部分燃料比例增加;喷孔通道长度与喷孔直径之比减小会使燃料分布的密集程度下降,增加分散趋势. 燃料浓度分布函数的具体形式及 h 值大小都要靠实验确定.

（三）喷雾油束中的液滴尺寸大小

喷雾油束中的液滴尺寸大小不等,相差悬殊. 小尺寸液滴越多,雾化越好,液滴尺寸的平均值也必然较小. 因此,通常用油束中液滴的平均直径作为衡量雾化程度的指标,即把大小不等的液滴所构成的喷雾油束看成是由同一直径液滴构成的. 常用下列 4 种方法来表示液滴的平均直径：

算术平均直径 $\qquad d_{\mathrm{m}} = \sum n_i d_i / n_0$ （5.4.5）

体积平均直径 $\qquad d_{\mathrm{m}_V} = \left[\sum n_i d_i^3 / n_0 \right]^{1/3}$ （5.4.6）

表面积平均直径 $\qquad d_{\mathrm{m}_S} = \left[\sum n_i d_i^2 / n_0 \right]^{1/2}$ （5.4.7）

总体积及表面积平均直径 $\qquad d_{\mathrm{s}} = \dfrac{\sum n_i d_i^3}{\sum n_i d_i^2}$ （5.4.8）

上述 4 个式子中，n_i 是直径为 d_i 的液滴数；n_0 是液滴总数.

最后一种平均直径表示法从目前最通用的描述喷雾油束雾化程度的表达式，此平均直径称为索特（Sauter）平均直径，简写成 $S.M.D.$.

上述 4 种表示法从不同角度说明了实际喷射油束的雾化程度. 如果把液滴的形成状态与混合气形成和燃烧过程联系起来就可以看出，油束中所含液滴的表面积大小直接关系到燃料蒸发速率快慢，进而影响混合气形成数量和燃烧反应的速率. 因此，用总体积和表面积之比的方法所求出的液滴平均直径是最能反映实际油束液滴群燃烧属性的. 显然，索特平均直径愈小，表明实际油束雾化愈细，越易受热蒸发形成可燃混合气，促使燃烧迅速进行.

目前，还不能从理论上计算出索特平均直径（d_s），只能靠实验整理出的经验公式来估算.

日本学者棚泽等人对类似柴油机工作的间歇喷射给出下式：

$$d_\mathrm{s} = 70.5 \frac{d_\mathrm{c}}{u_0} \left(\frac{\sigma}{\rho_\mathrm{f}} \right)^{0.25} \sqrt{g} \left[1 + 3.31 \frac{\nu_\mathrm{f} \sqrt{g}}{\sqrt{\sigma \rho_\mathrm{f} d_\mathrm{c}}} \right] \qquad （5.4.9）$$

式中，d_c 为喷孔直径；u_0 为燃油初速度；σ, ν_f 为燃料表面张力和运动黏度；g 为重力加速度. 显然，喷射压力差增大使喷射速度增加，d_s 减小；黏度增大，雾化质量变坏，d_s 增大；喷孔直径增大也引起液滴直径增大.

（四）喷雾油束中液滴尺寸分布特性

喷雾油束的雾化质量直接影响到喷雾燃烧特性，液滴尺寸越小，雾化程度越好，燃烧越完善. 因此，了解喷雾液滴尺寸大小及各种尺寸的液滴数量或质量非常重要. 一般用油泵中液滴尺寸分布的函数关系表示雾化质量. 函数关系表达式可采用不同的物理量，如液滴数量、液滴质量、液滴体积和液体面积，其表示方法有不同直径占有量多少的微分分布和不同尺寸液滴累积量多少的积分分布.

在给定喷射条件下，可通过喷雾油束取样来确定油束中各种直径大小的液滴量,并列出图表或曲线以表示油束的雾化程度.最简单的办法是将测量结果绘制成以液滴直径为横坐标,液滴数量为纵坐标的显示各种直径的液滴数量的线图.通常为方便计算,将直径大小分成若干尺寸段,计算每段含有的液滴总数.例如,以 Δd_i 代表尺寸段,Δn_i 代表该段液滴总数,就可得到如图 5.4.4 所示的直方图.

　　然而,这种表示法与所取的液滴直径尺寸间隔段 Δd_i 大小相关.为消除此影响,将纵轴用 $\Delta n_i/\Delta d_i$ 替换.显然,替换后所表示的液滴总量仍然不变,但更有普遍性,如图 5.4.5 所示.

　　如果将液滴尺寸间隔段减小,即 $\Delta d_i \rightarrow \mathrm{d}(d_i)$,就得到图 5.4.5 中所示的一条光滑曲线,即液滴尺寸分布曲线.这种分布曲线就是常用的一种液滴尺寸分布表达形式,称为液滴数量的微分分布.此外,还可用直径在 $\left(d_i - \dfrac{d_i}{2}\right) < d_i < \left(d_i + \dfrac{d_i}{2}\right)$ 范围内,液滴数量的增量 $\mathrm{d}n$ 占液滴总数 $n_{\sum}$ 的百分数,即 $\mathrm{d}n/\left[n_{\sum}\mathrm{d}(d_i)\right]$ 表示液滴数量的微分分布.

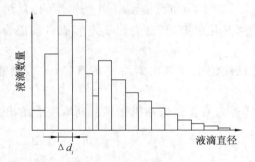

图 5.4.4　各种直径的液滴数量分布图

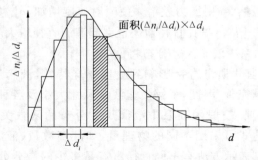

图 5.4.5　液滴尺寸分布直方图与分布曲线

常用的机械喷射喷雾油束液滴尺寸分布函数有以下两种.

（1）罗森（Rosin）-瑞姆勒（Rammler）分布函数

其数量分布函数为

$$f_n(d) = \frac{dn}{d(d)} = \frac{G}{(\pi/6)\gamma} b\beta d^{\beta-4} \exp(-bd^\beta) \qquad (5.4.10)$$

式中，G 为液滴的总质量；b 与 β 皆为系数；β 取值为 2～4；d 为液滴直径.

实践证明，罗森-瑞姆勒公式对液体燃料的喷雾液滴群也是适用的.

（2）拔山-棚泽分布函数

拔山-棚泽用气流使液体破碎，通过大量实验测量得出液滴尺寸分布函数，其数量分布函数为

$$f_n(d) = \frac{dG}{d(d)} = n_\Sigma \gamma A d^a \exp(-Bd^\beta) \qquad (5.4.11)$$

可以看出，其与罗森-瑞姆勒公式具有相同形式，其中 $\alpha = \beta - 4$.

二、单液滴燃烧

液体燃料被高压喷射到燃烧室内，形成尺寸大小不等的大量液滴悬浮在空气中，经过吸热、蒸发与空气混合达到着火燃烧状态，这是柴油机和工业生产中普遍采用的喷雾燃烧方式.诚然，喷雾燃烧是以大量液滴构成的喷雾油束整体进行的化学反应，但是研究单个液滴的蒸发、燃烧也是非常必要的，这是掌握喷雾燃烧机理的基础.

（一）高温气流中液滴的蒸发

油滴在燃烧室高温条件下蒸发，这时蒸发不仅被分子扩散所控制，而且受液滴表面和周围介质之间温差的影响.由于油滴高温蒸发过程十分复杂，所以在做理论计算时要有若干简化假定：

（1）液滴是球形的，由一高温球面所包围，相当于包围燃烧油滴的狭窄燃烧区，如图 5.4.6 所示.

（2）蒸发是稳定过程.

（3）蒸发率决定于液滴的加热速率.

（4）蒸发率的大小能满足液滴表面处蒸气和液体处于平衡的条件.

（5）通过传热和扩散，液滴达到稍低于液体沸点的温度.

（6）蒸发过程是等压的.

（7）燃料蒸发和周围介质气体满足理想气体定律.

（8）导热系数不随温度变化而改变.

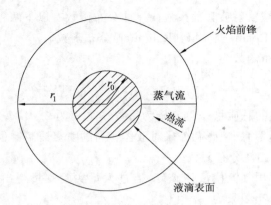

图 5.4.6　液滴在高温下的蒸发

(9) 不考虑辐射和对流热损失.

(10) 在液滴附近,燃料浓度和温度随离开液滴中心的距离做线性变化.

这样,在稳定条件下可以写出热平衡方程:

$$4\pi r^2\lambda\frac{\mathrm{d}T}{\mathrm{d}r}=m\big[c_p(T-T_0)+L\big] \tag{5.4.12}$$

式中,m 为质量蒸发率;c_p 为蒸气的比定压热容;T_0 为液滴温度;T 为介质温度;L 为蒸发潜热(latent heat of evaporation).

对于液滴直径无限小的变化,式(5.4.12)变成

$$\frac{m\cdot c_p}{4\pi\lambda}\cdot\frac{\mathrm{d}T}{\mathrm{d}r}=\frac{\mathrm{d}}{\mathrm{d}r}\Big(r^2\frac{\mathrm{d}T}{\mathrm{d}r}\Big) \tag{5.4.13}$$

在自油滴表面(r_0,T_0)到 $r\leqslant r_1$(球形火焰区的半径)和 $T<T_1$(球形火焰区的温度)之间对上式积分,可得

$$\frac{mc_p}{4\pi\lambda}(T-T_0)=-\Big[\Big(r^2\frac{\mathrm{d}T}{\mathrm{d}r}\Big)_{r=r_0}-\Big(r^2\frac{\mathrm{d}T}{\mathrm{d}r}\Big)_{r<r_1}\Big] \tag{5.4.14}$$

因为通过导热传递给液滴的热量被用作蒸发热,所以,若以 L 表示此蒸发潜热,则可写成

$$mL=4\pi\lambda\Big(r^2\frac{\mathrm{d}T}{\mathrm{d}r}\Big)_{r=r_0} \tag{5.4.15}$$

把式(5.4.15)代入式(5.4.14)中,并在 $r=r_0$,$T=T_0$ 和 $r\leqslant r_1$,$T\leqslant T_1$ 之间积分,则质量蒸发率 m 为

$$m=\frac{4\pi\lambda}{c_p}\cdot\frac{r_0r_1}{(r_1-r_0)}\ln\Big[1+\frac{\lambda_0}{\lambda}\frac{c_p}{L}(T-T_0)\Big] \tag{5.4.16}$$

上式表明,在 $r_1 > r_0$ 的情况或当 $r_0/r_1 =$ 定值时,油滴蒸发速率取决于周围介质(高温燃气)的温度、液-气体系的物理性质和液滴半径.

通过式(5.4.16)可求出给定直径的油滴完全蒸发所需的时间,这个时间称为蒸发时间或油滴生存时间.油滴蒸发时间对燃烧室设计来说是一个非常重要的参数.

对于半径为 r_0 的油滴,其质量应为

$$m_f = \frac{4\pi r_0^3}{3}\rho_f \tag{5.4.17}$$

式中,ρ_f 为燃油的密度.

式(5.4.17)对 r_0 微分,得

$$-\mathrm{d}m_f = m\mathrm{d}t = -4\pi r_0^2 \rho_f \mathrm{d}r_0 \tag{5.4.18}$$

将 m 用它的表达式(5.4.16)代入并解出 $\mathrm{d}t$,得

$$\mathrm{d}t = \frac{c_p \rho_f \left(1 - \frac{r_0^2}{r_1}\right) r_0 \mathrm{d}r_0}{\lambda \ln\left[1 + \frac{\lambda_0}{\lambda} \cdot \frac{c_p}{L}(T - T_0)\right]} \tag{5.4.19}$$

因为 $r_1 > r_0$,所以比值 r_0^2/r_1 可以忽略不计,那么上式就可写成

$$\mathrm{d}t = \frac{c_p \rho_f r_0 \mathrm{d}r_0}{\lambda \ln\left[1 + \frac{\lambda_0}{\lambda}\frac{c_p}{L}(T - T_0)\right]} \tag{5.4.20}$$

将上式自 $t = 0, r_0 = (r_0)_{t=t_0}$ 到 $t = t, r_0 = (r_0)_{t=t} = r$ 之间进行积分,得

$$t = \frac{c_p \rho_f (r_0^2 - r^2)}{2\lambda \ln\left[1 + \frac{\lambda_0}{\lambda}\frac{c_p}{L}(T_1 - T_0)\right]} \tag{5.4.21}$$

式(5.4.21)也可以写成

$$t = \frac{d_0^2 - d^2}{K_1} \tag{5.4.22}$$

这里,K_1 称为蒸发常数,表示为

$$K_1 = \frac{8\lambda \ln\left[1 + \frac{\lambda_0}{\lambda}\frac{c_p}{L}(T_1 - T_0)\right]}{c_p \rho_f} = \frac{4m}{\pi d_0 \rho_f} \tag{5.4.23}$$

由上式可以看出在油滴蒸发过程中,油滴直径的平方随时间的变化呈直线关系.

当液滴和周围介质之间存在相对运动速度时,蒸发常数变为

$$K' = K_1[1 + a_1(Sc)^s Re^n] \tag{5.4.24}$$

式中,Sc 为施密特(Schmidt)数,$Sc = \frac{\nu}{D}$(ν 为周围气体介质的运动黏性系

数,D 为扩散系数);a_1,s,n 分别为各种常数.

(二)油滴的燃烧过程

液体燃料经雾化破碎成各种不同大小的油滴置于高温含氧介质中时,在高温下将产生下列变化,如图 5.4.7 所示.

1. 油滴蒸发

油滴在高温介质中受热后,表面开始蒸发产生蒸气.一般油的沸点都低于或接近 200 ℃,故其蒸发多在较低温度下进行.

2. 油滴的热解和裂化

液体燃料都是由碳氢化合物组成的,它们在高温下成为油蒸气,以分子状态与氧分子接触,发生燃烧反应.但若与氧接触之前便达到高温,如一些油滴可能进入燃烧室的缺氧地区,则会发生受热而分解的现象.油蒸气热解以后可以产生固体的碳和氢气.燃油炉子内所见到的黑烟,实际就是火焰或烟气中含有油热解而产生的"烟粒".

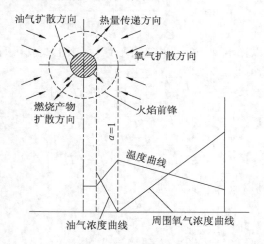

图 5.4.7　油滴燃烧示意图

另外,尚未来得及蒸发的油粒,如果剧烈受热而达到较高温度,也会发生裂化现象.裂化的结果是产生一些较轻分子,呈气体状态从油粒中飞溅出来;剩下的较重的分子可能呈固态,即焦粒或沥青.重油烧嘴的"结焦"现象便是裂化的结果.

3. 着火燃烧

油滴蒸发成气态后与氧分子接触并达到着火温度时,便发生剧烈的燃烧反应,如图 5.4.7 所示.在高温介质中,油滴表面的燃油先气化,形成的蒸气直接在油滴邻近被点燃,油滴周围出现一层球形高温燃烧区,即火焰锋面.在火焰锋面上,温度最高.火焰锋面上所释放的热量,又向油滴传去,使油滴继续受热、蒸发……

因此,油滴燃烧的特点就是存在两个互相依存的过程:一方面燃烧反应要由油的蒸发提供反应物质;另一方面,油的蒸发要靠燃烧反应提供热量.在稳定状态过程中,蒸发速度和燃烧速度是相等的.但是,若有条件使燃油蒸气与氧的燃烧过程剧烈进行,即燃烧时间相比于燃油蒸发时间极短,那么,整个燃烧过程速度就取决于油的蒸发速度.相反,如果蒸发很快而油蒸气的燃烧很慢,则整个过程的速度取决于油蒸气的均相燃烧.因此,液体燃料的燃烧不仅包括均相燃烧过程,还包括油滴表面的传热和传质过程.

4. 油滴燃烧速度

根据油滴扩散燃烧理论可知,油滴的燃烧速度取决于它的蒸发速度.油滴的蒸发速度为

$$m = \frac{4\pi\lambda}{c_p} \cdot \frac{r_0}{1-\left(\frac{r_0}{r_1}\right)} \ln\left[1 + \frac{\lambda_0}{\lambda} \cdot \frac{c_p}{L}(T-T_0)\right]$$

显然,在油滴扩散燃烧时,油滴蒸发速度,也就是在单位时间蒸发的油气量应该与氧从周围向火焰面扩散的数量相等,或者说与氧的扩散速度有着如下的关系:

$$4\pi r^2 D_{O_2} \frac{dc_{O_2}}{dr} = \beta m \qquad (5.4.25)$$

式中,D_{O_2} 为氧分子的扩散系数;c_{O_2} 为氧分子的浓度;β 为氧分子与燃油的化学当量比.

将上式改写,并在周围($r=\infty$)与火焰面($r=r_1$)之间积分可得

$$\int_0^{c_{O_2},\infty} 4\pi D_{O_2}\, dc_{O_2} = \int_{r_1}^{\infty} \beta m \frac{dr}{r^2}$$

$$4\pi D_{O_2}(c_{O_2,\infty} - 0) = \beta m\left(\frac{1}{r_1} - \frac{1}{\infty}\right) \qquad (5.4.26)$$

这里,假定在火焰面上氧分子的浓度为零,而在周围远处氧分子浓度为 $c_{O_2,\infty}$.

从式(5.4.26)中可得火焰锋面的位置为

$$r_1 = \frac{\beta m}{4\pi D_{O_2} c_{O_2,\infty}} \qquad (5.4.27)$$

如将式(5.4.27)代入式(5.4.16)中求解 m,可得

$$m = 4\pi r_0 \left\{ \frac{\lambda}{c_p} \ln\left[1 + \frac{\lambda_0}{\lambda} \frac{c_p}{L} (T_1 - T_0) \right] + \frac{D_{O_2} c_{O_2, \infty}}{\beta} \right\} \qquad (5.4.28)$$

式(5.4.28)表示直径为 $2r_0$ 的油滴在燃烧时,从油滴表面蒸发的油气量,即在单位时间内在焰面中燃烧的燃油量.式中 T_1 为火焰面上的温度,在所讨论的条件下也就是理论燃烧温度,它决定于周围气体中的含氧量、初温及燃料性质等.

若令

$$K = \frac{8}{\rho_f} \left\{ \frac{\lambda}{c_p} \ln\left[1 + \frac{\lambda_0}{\lambda} \frac{c_p}{L} (T_1 - T_0) \right] + \frac{D_{O_2} c_{O_2, \infty}}{\beta} \right\} \qquad (5.4.29)$$

则式(5.4.28)可写成

$$m = \frac{\pi K \rho_f d}{4} \qquad (5.4.30)$$

这里,K 称为油滴的燃烧速度常数.

油滴在燃烧过程中其直径不断地缩小,因此减少的燃油质量应等于其质量燃烧速度,即

$$m = \frac{dm}{dt} = -\rho_f \frac{dV}{dt} = -\frac{\pi d \rho_f}{4} \cdot \frac{d(d^2)}{dt} \qquad (5.4.31)$$

令式(5.4.30)和式(5.4.31)相等,则可得

$$d(d^2) = -K dt \qquad (5.4.32)$$

将上式在 $t=0, d=d_0$ 和 $t=t, d=d$ 的范围内积分,可求得经过 t 时间的燃烧后所剩余下的油滴颗粒大小

$$d^2 = d_0^2 - Kt \qquad (5.4.33)$$

即求出油滴从初始直径为 d_0 燃烧到直径为 d 时所需的燃烧时间

$$t = \frac{d_0^2 - d^2}{K} \qquad (5.4.34)$$

由式(5.4.34)可以看出油滴直径的平方随时间的变化呈直线关系.若令上式中 $d=0$,即可求得油滴燃尽所需时间

$$t_B = \frac{d_0^2}{K} \qquad (5.4.35)$$

式(5.4.35)表明油滴燃烧所需时间与油滴初始直径平方成正比.由此可见,燃料雾化质量对液体燃料燃烧的影响是很大的.

正如油滴蒸发过程一样,如果油滴与周围气体之间存在着相对运动,将会大大增强油滴的燃烧过程.这时燃烧速度常数 K 可仿照蒸发常数

写成

$$K' = K(1 + 0.3 Sc^{\frac{1}{3}} Re^{\frac{1}{2}}) \tag{5.4.36}$$

而此时油滴燃烧时间仍遵循直径平方-直线规律.

三、油雾燃烧

油雾是由许多粒度不等的油滴所组成的. 油滴在相互靠近的条件下燃烧时,一方面它们在扩散燃烧锋面互相传热,另一方面又互相妨碍着氧分子扩散到它们的火焰锋面,结果使燃烧虽然仍遵循式(5.4.35)的直线关系,但常数 K 要乘上一个因式 $f(p)$,即

$$d_0^2 - d^2 = f(p)Kt \tag{5.4.37}$$

式中,$f(p)$ 是压力 p 的函数,$f(p) \leqslant 1$.

油雾是液体燃料喷雾中存在的聚集的油液群,由于不能有足量的空气穿透喷雾边界层,在喷雾核心区便会有燃料过剩的非可燃混合物生成. 在距喷雾边界的某一处,气态燃料借助于横断面上的对流与扩散沿径向传输,从而生成可燃混合物.该可燃混合物的燃烧情况如同气相扩散火焰.由喷雾边界层所包围的部分是正在蒸发的液滴.越过核心区后,液滴之间的距离增大,液滴粒径变小,因而就可能有更多的空气穿透进入喷雾边界层.这样,火焰可以传播到喷雾边界层里面,同时也会有一些液滴在火焰之外单个地或成群地进行燃烧.内部区所包含的是在缺氧状况下正在蒸发的液滴,而外部区所包含的则是多液滴火焰中正在燃烧着的液滴.

拉博斯基(Labowsky)和罗斯纳(Rosner)提出了一个模型,这个模型将单油滴的准稳定态燃烧模型推广到油雾燃烧条件下.因此,初始和终了的各非稳定因素及对流因素的影响均被忽略;液雾和单液滴的直径均被认为随着时间的推移缓慢地变化.

图 5.4.8 表示通过计算得到的十二烷油滴燃烧时油滴呈立方体排列的火焰位置.当燃料颗粒之间相距很远时,它们的燃烧将像单个液滴的燃烧一样,每个颗粒都由各自的全包火焰环绕起来,如图 5.4.8a 所示.这时由于燃烧使颗粒之间有热量的交换,减少了每个燃烧油滴的热量损失,因此可以促进油滴群的燃烧,使燃烧所需时间比单油滴燃烧减少;而当颗粒靠在一起移动时,氧气较难穿透液雾,致使内部颗粒的火焰直径增加.当气体氧化剂差不多被耗尽时,液雾中央部分颗粒周围的火焰将会连在一起,这部分液滴的燃烧即可看作油滴群燃烧,如图 5.4.8b 所示,然而其他颗粒仍在继续进行单滴燃烧.如果在液雾中加入一些油颗粒,并进一步缩小颗粒

之间的距离,则最终液雾中的全部液滴会完全统一在一个总体火焰中燃烧,如图 5.4.8c 所示,称之为整体液滴群燃烧.

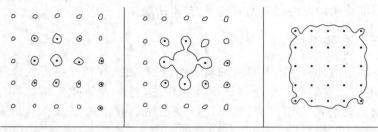

(a) 油滴之间距离很远时的燃烧　　(b) 初始油滴群燃烧　　(c) 整体油滴群燃烧

图 5.4.8　将火焰位置作为颗粒分散度的函数进行叠加的结果(燃料为十二烷)

由于油雾燃烧是一个复杂的过程,至今学界对油雾燃烧过程的物理模型还没有形成统一的见解.但许多学者的实验和分析,指出了油雾燃烧过程的一些特点:

(1)在油雾燃烧中(指的是工业和航空设备中的油雾燃烧),燃烧过程的火焰传播主要借助于油滴的不断着火.如果能显著地稀释油滴(扩大颗粒间距),减小液滴尺寸,强化混合,并改善气相和单滴的燃烧过程,则可以实现向内部液滴群燃烧的转变,也就是可以加快其燃烧速度,而不像均匀可燃混合气那样强烈地受到过量空气系数的影响.

(2)油雾燃烧具有比可燃混合气燃烧更为宽广的稳定燃烧范围.同时,在气体燃料与空气的湍流预混气流中加入少量液滴,可明显地提高其燃烧速度并可扩大稳定燃烧范围的浓度下限,这对工业设备燃烧室的工作性能来说,具有实际应用价值.

四、燃料液滴在壁上的蒸发与燃烧

在很多情况下燃料大液滴会和气缸壁碰撞(wall impingement),这样它的蒸发及燃烧便在壁上进行,此时,蒸发和燃烧过程的进行取决于燃料的化学性质和缸壁温度.在已知温度的壁上对液滴进行摄像能确定液滴蒸发时间,从壁上喷射液滴并改变缸壁温度进行试验可得到液滴蒸发时间的试验曲线.

图 5.4.9 中的 $\tau - t_p$ 曲线(蒸发时间-壁温)表现了苯液滴在壁上的蒸发过程,这种曲线也可用来评价其他烃类或燃料的蒸发.

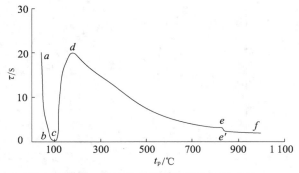

图 5.4.9　苯液滴蒸发时间随壁温的变化

由图可以看出,在低的壁温条件下苯液滴蒸发时间长,但沿曲线的 $a-b$ 段随着温度升高蒸发时间迅速缩短.对应于沸点温度的壁温蒸发进行的非常快,蒸发时间持续缩短到温度比沸点略高为止,但气化时间的缩短有一个稍弯曲的变化($b-c$ 段)过程,点 c 对应的蒸发速度最大,是液滴整体突然蒸发的时刻.温度超过对应于点 c 的 t_v 后,由于产生一种发暖现象,使液滴和缸壁之间出现隔热气层,因此液滴蒸发时间重新变长,即曲线的 $c-d$ 段.在点 d 蒸发时间具有最大值,液滴被一种气膜所浮托.壁温持续升高,强化了对流过程,蒸发时间持续缩短($d-e$ 段).在着火的瞬间产生了蒸发时间的一种微弱的间断降低,之后因为壁温的升高,液滴蒸发时间缩短.

着火后,由于液滴液核外围蒸气的燃烧,形成了一种扩散火焰.

对于由烃类混合物组成的轻质燃料,保持图 5.4.9 中 $\tau-t_p$ 曲线一般形状.例如,柴油机十六烷的曲线就与其很相似.

试验确定了纯烃类在最大蒸发速度下的温度 t_v 和沸点 t_f 的关系:

$$t_v = t_f + (30 - 70) \tag{5.4.38}$$

同样,也可确定与悬浮液滴情况相似的液流直径随时间变化的关系,以及低温区($a-b$ 段)和蒸发点范围的试验关系式.

通过对热壁上液滴蒸发过程的研究可得出,对于常用液体燃料,最大蒸发速度对应的壁温是非常狭窄的,在这一范围附近温度变化会使液滴蒸发时间明显延长.对于压燃式发动机常用的燃料,该温度在 300~400 ℃.

若壁温高于 $\tau-t_p$ 曲线中点 d 对应的温度,则着火液滴到达缸壁时无熄火的危险,因为液滴肯定能蒸发,这样在壁表面上浮着了气体使得液滴能连续燃烧.

重质燃料具有与常用燃料不同形状的 $\tau-t_p$ 曲线,如图 5.4.10 所示.

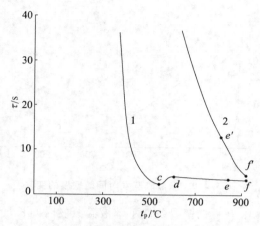

图 5.4.10　重质燃料 $\tau - t_p$ 曲线

　　曲线 1 表示易挥发物的蒸发,这一段虽然比纯烃类及常用燃料陡度小些,但变化还是相似的.易挥发部分在曲线 1 的点 e 着火,而在具有沸点温度的缸壁上只留有燃料的重质成分.这些重质成分只有按照曲线 2 再次升高温度才能蒸发,着火则发生在点 e'.重质燃料的燃烧,无须赘述,因为燃烧之后,余下的未燃烧物是由热解产生的未燃碳与灰分组成的.

五、燃料膜的蒸发燃烧

　　通常,在燃烧室壁不仅有燃料的分散液滴,还有大量的燃料附着在壁上形成很薄的燃料膜.

　　在有空气旋涡时,燃料液膜的蒸发对于发动机内形成混合物和燃烧有着特别的意义.如果在有空气旋涡时将燃料喷射到热壁上,便形成沿壁的长度方向、向着旋涡移动的薄膜.

　　随着旋涡的增强和壁温的升高,薄膜移动速度加快,这是由于燃料液膜在形成的整个蒸气层上滑动.蒸气层还起到在液膜和壁间隔热的作用.

　　燃料薄膜的蒸发是由于灼热旋涡的传热和与壁接触的部分加热而使燃料膜温度升高的结果.由此可得出,液膜温度的变化对液膜蒸发有很大的影响.

　　在燃烧室壁上有空气涡流的情况下,用最优方法对燃料液膜的着火和燃烧进行研究,结果表明:在液膜占满室壁周围的 $50\% \sim 75\%$ 之后,在燃烧室壁相邻处总会发生着火,而火焰则向空气旋涡方向及其相反方向传播,之后最光亮部分伸向燃烧室中心.通过对流和辐射而引发燃烧之后,液膜温度显著升高,以致超过了壁温.这样,在着火之前,液膜温度低于壁温,液膜通过不断地从壁面吸收热量升温并开始蒸发,但着火之后,传热的方向则变成从液膜传向室壁.

燃烧开始之后,燃料密度的比例从 $\rho_{燃}/\rho_{空} \approx 400$ 变到 $\rho_{气}/\rho_{空} = 0.3$,因而,燃烧后气体很轻,并向燃烧室中心运动,而它原来的位置则被密度更大一些的空气占据,这种混合的方式被称为 A. Pischinger 热混合.

试验研究结果证明:通过对流进行的热量传递是占优势的,涡流的切线速度比较大的情况更是如此.

思考题

1. 同心圆管内富氧的扩散燃烧与贫氧扩散燃烧实验反映了扩散燃烧火焰的什么重要特征?

2. 气体扩散火焰高度随喷射速度的变化规律如何? 层流段与湍流段有何特点?

3. 表征喷雾油束特性的参数有哪些? 分别加以说明. 这些参数对喷雾扩散燃烧有何影响?

4. 何谓油滴蒸发、燃烧的直径平方-直线定律? 写出其表达式.

5. 单油滴燃烧与油滴群燃烧有何不同? 影响油雾燃烧过程的因素主要是哪些?

第六章

固体燃料——煤的燃烧基础

　　我国是一个能源较丰富的国家,煤的现有探明量居世界第三位,且煤在我国能源消耗结构比重中占第一位.煤是人类较早使用的一种固体燃料,但由于煤燃烧的复杂性,人们对它的燃烧机理的认识远远落后于对石油的了解.20世纪70年代,由于煤在工业中的地位上升,人们开始对煤的燃烧过程进行研究.本章将简要介绍煤燃烧的一些基本知识,为进一步研究煤燃烧奠定基础.

第一节　固体燃料

　　天然固体燃料可分为两大类:木质燃料和矿物质燃料,前者在工业生产中很少使用,故不予介绍.矿物质固体燃料主要是煤,它不仅是现代工业热能的主要来源,而且随着科学技术的发展,越来越多地用于化学工业,实现综合利用;在冶金生产中,煤主要用于炼焦和气化,但在某些中小型企业中,煤也直接被用作工业炉窑的燃料.煤是锅炉的主要燃料,大型热电厂都以煤作为燃料.

一、煤的种类及其化学组成

(一)煤的种类

　　根据生物学、地质学和化学方面的判断,煤是由古代植物转变而来的,中间经历了极其复杂的变化过程.根据母体物质炭化程度的不同,可将煤分为四大类,即泥煤、褐煤、烟煤和无烟煤.

　　(1)泥煤.泥煤是最年轻的煤,也就是刚刚由植物转变而来的煤.在结构上,它尚保留着植物遗体的痕迹,质地疏松,吸水性强,天然水分含量高达40%以上,需进行露天干燥.风干后的体积比重为$300\sim450\ kg/m^3$.在化学成分方面,与其他煤种相比,泥煤含氧量最多,高达 28%~38%,而含碳较少.在使用性能方面,泥煤的挥发分高,可燃性好,反应性强,含硫量低,机械性能很差,灰分熔点很低.在工业方面,泥煤的主要用途是烧锅炉或者作为气化原料,也可制成焦炭供小高炉使用.由以上特点可知,泥煤的工业价值不大,更不适于远途运输,只可作为地方性燃料在产区附近使用.

（2）褐煤.褐煤是泥煤经过进一步转化后所生成的煤,由于其能将热碱水染成褐色而得名.它已完成了植物遗体的炭化过程,在性质上与泥煤有很大的不同.与泥煤相比,褐煤密度较大,含碳量较高,氢和氧的含量较小,挥发分产率较低,体积比重为 750~800 kg/m³.褐煤的黏结性弱,极易氧化和自燃,吸水性较强.新开采出来的褐煤机械强度较大,但在空气中极易风化和破碎,因而也不适于远途运输和长期储存,只能作为地方性燃料使用.

（3）烟煤.烟煤是一种炭化程度较高的煤.与褐煤相比,它的挥发分较少,密度较大,吸水性较小,含碳量增加,氢和氧的含量减少.烟煤是冶金工业和动力工业不可缺少的燃料,也是近代化学工业的重要原料.烟煤的最大特点是具有黏结性,这是其他固体燃料所没有的,因此它是炼焦的主要原料.应当指出的是,不是所有的烟煤都具有同样的黏结性,也不是所有具有黏结性的煤都适于炼焦.为了适应炼焦和造气的工艺要求,合理地使用烟煤,有关部门又根据黏结性的强弱及挥发分产率的大小等物理化学性质,将烟煤进一步分为长焰煤、气煤、肥煤、结焦煤、瘦煤等不同的品种.其中,长焰煤和气煤的挥发分含量高,因而容易燃烧,适于生成煤气.结焦煤具有良好的结焦性,适于生产优质冶金焦炭,但因在自然界储量不多,为了节约使用起见,通常在不影响焦炭质量的情况下与其他煤种混合使用.

（4）无烟煤.无烟煤是矿物化程度最高的煤,也是年龄最长的煤.它的特点是密度大,含碳量高,挥发分极少,组织致密而坚硬,吸水性小,适于长途运输和长期储存.无烟煤的主要缺点是受热时容易爆裂成碎片,可燃性较差,不易着火.但由于其发热量大(约为 19 300 kJ/kg),灰分少,含硫量低,且分布较广,因此受到重视.据有关部门研究,将无烟煤进行热处理后,可以提高抗爆性,称为耐热无烟煤,可以用于气化或在小高炉和化铁炉中代替焦炭使用.

（二）煤的化学组成

各种煤都是由一些结构极其复杂的有机化合物组成的,有关这些化合物的分子结构至今还不十分清楚.根据元素分析值,煤的主要可燃元素是碳,其次是氢,并含有少量的氧、氮、硫,它们与碳和氢一起构成可燃化合物,称为煤的可燃质.除此之外,在煤中还或多或少地含有一些不可燃的矿物质灰分(A)和水分(W),称为煤的惰性质.一般情况下,主要是根据煤中C,H,O,N,S诸元素的分析值及水分和灰分的百分含量来了解某种煤的化学组成.现将各组分的主要特性说明如下.

(1) 碳(C).碳是煤的主要可燃元素,它在燃烧时放出大量的热.煤的炭化程度越高,含碳量就越大.各种煤的可燃质中含碳量大致如表 6.1.1 所示.

表 6.1.1 煤中可燃质的含碳量

煤 的 种 类	$w(C)/\%$
泥 煤	~70
褐 煤	70~78
非黏结性煤	78~80
弱黏结性煤	80~83
黏结煤	83~85
强黏结煤	85~90
无烟煤	90 以上

(2) 氢(H).氢也是煤的主要可燃元素,它的发热量约为碳的 3.5 倍,但含量比碳小得多.图 6.1.1 给出了煤的含氢量与炭化程度的关系.由图可看出,当煤的炭化程度提高时,随着含碳量的增加,氢的含量也是逐渐增加的,并且在含碳量为 85% 时达到最大值.以后在接近无烟煤时,氢的含量又随着炭化程度的提高而不断减少.

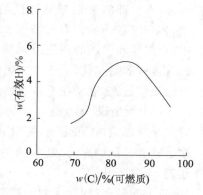

图 6.1.1 煤的含氢量

应当指出,氢在煤中有两种存在形式:一种是和碳、硫结合在一起的氢,叫作可燃氢,它可以进行燃烧反应,放出热量,因而也叫有效氢;另一种是和氧结合在一起的氢,叫作化合氢,它已不能进行燃烧反应.在计算煤的发热量和理论空气需要量时,氢的含量应以有效氢为准.

(3) 氧(O).氧是煤中的一种有害物质,因为它和碳、氢等可燃元素构成氧化物而使它们失去了可燃性.煤中的含氧量一般不直接测定,而是根据其他成分的测定值间接算出.

(4) 氮(N). 氮在一般情况下不参加燃烧反应,是燃料中的惰性元素. 但在高温条件下,氮和氧形成 NO_x,这是一种严重污染大气的有害气体. 煤中含氮量为 $0.5\% \sim 2\%$,对煤的干馏工业来说,它是一种重要的氮素资源,例如,每 100 kg 煤可利用其中氮素回收 $7 \sim 8$ kg 硫酸铵(NH_4SO_4).

(5) 硫(S). 硫在煤中有 3 种存在形态:

① 有机硫($S_{机}$),来自母体植物,并与煤成化合状态,均匀分布;

② 黄铁矿硫($S_{矿}$),与铁结合在一起,形成 FeS_2;

③ 硫酸盐硫($S_{盐}$),以各种硫酸盐的形式(主要是 $CaSO_4 \cdot 2H_2O$ 和 $FeSO_4$)存在于煤的矿物杂质中.

有机硫和黄铁矿硫都能参与燃烧反应,因而总称为可燃硫或挥发硫;硫酸盐硫则不能进行燃烧反应.

硫在燃料中是一种极为有害的物质. 这是因为,硫燃烧后生成的 SO_2 和 SO_3 能危害人体健康和造成大气污染,在加热炉中能造成金属的氧化和脱碳,在锅炉中能引起锅炉换热面的腐蚀,而且,焦炭中的硫还能影响生铁和钢的质量. 因此,作为冶金燃料,对其含硫量必须严格控制. 例如炼焦用煤在入炉以前必须进行洗选,以除掉黄铁矿硫和硫酸盐硫,根据有关资料介绍,焦炉洗精煤的含硫量应控制在 0.6% 以下为好.

(6) 灰分(A). 所谓灰分,指的是煤中所含的矿物杂质(主要是碳酸盐、黏土矿物质以及微量稀土元素等)在燃烧过程中经过高温分解和氧化作用后生成一些固体残留物,大致成分是:SiO_2 $40\% \sim 60\%$;Al_2O_3 $15\% \sim 35\%$;Fe_2O_3 $5\% \sim 25\%$;CaO $1\% \sim 15\%$;MgO $0.5\% \sim 8\%$;$Na_2O + K_2O$ $1\% \sim 4\%$.

煤中的灰分是一种有害成分,这不仅是因为它直接关系到冶金焦炭的灰分含量,从而影响到高炉冶炼的技术经济指标,而且对烧煤的工业炉来说,灰分含量高的煤,不仅降低了煤的发热量,而且还容易造成不完全燃烧并给设备维护和操作带来困难. 对炼焦用煤来说,一般规定入炉前的灰分不应超过 10%. 对各种烧煤的工业炉来说,除了应当注意灰分的含量以外,更要注意灰分的熔点. 熔点太低时,灰分容易结渣,妨碍空气流通和气流的均匀分布,使燃烧过程遭到破坏.

由于灰分是由多种化合物构成的,因此它没有固定的熔点,只能以灰分试样软化到一定程度时的温度作为灰分的熔点. 一般是将试样做成三角锥形,并以试样软化到半球形时的温度作为熔点.

灰分的熔点与灰分的组成及炉内的气氛有关,其熔点在 1 000～1 500 ℃之间.一般来说,含硅酸盐(SiO_2)和氧化铝(Al_2O_3)等酸性成分多的灰分,熔点较高;含氧化铁(Fe_2O_3)、氧化钙(CaO)、氧化镁(MgO)及氧化钾(Na_2O+K_2O)等碱性成分多的灰分,熔点较低.

此外,灰分在还原性气氛中的熔点比在氧化性气氛中高,二者相差 40～170 ℃.

(7) 水分(W).水分也是燃料中的有害组分,它不仅降低了燃料的可燃性,而且在燃烧时还要消耗热量使其蒸发和将蒸发的水蒸气加热.

固体燃料中的水分包括两部分:

① 外部水分(也叫作湿分或机械附着水)指的是不被燃料吸收而是机械地附着在燃料表面上的水分,它的含量与大气湿度和外界条件有关,当把燃料磨碎并在大气中自然干燥到风干状态后即可除掉.

② 内部水分指的是达到风干状态后燃料中所残留的水分.它包括被燃料吸收并均匀分布在可燃质中的化学吸附水和存在于矿物杂质中的矿物结晶水.由此可见,内部水分只有在高温分解时才能除掉.通常在做分析计算和评价燃料时所说的水分就是指的内部水分.

二、煤的使用性能

为了合理地利用煤资源和正确制定煤利用的工艺技术方案和操作制度,除了解煤的化学组成外,还必须了解它的使用性能.

(一)煤的工业分析值

煤的工业分析内容是测定水分、灰分、挥发分和固定碳的含量.

将煤在隔离空气的情况下加热时(即一般所说的干馏),随着温度的升高,煤将发生一系列变化.除外部水分外,逸出的全部气体称为挥发分(V),它主要是由煤的矿物结晶水、挥发性成分、热分解产物等构成,包括 CO_2,CO,H_2,CH_4,C_nH_n,N_2,以及一部分热解水和矿物结晶水.

挥发分逸出后所剩下的固体残留物叫作焦块,其中的碳素称为煤的固定碳.

根据国家标准,煤的工业分析是将一定质量的煤加热到 110 ℃,使其水分蒸发,以测出水分的含量,再在隔绝空气的条件下加热到 850 ℃,并测出挥发分的含量,然后通以空气使固定碳全部燃烧,以测出灰分和固定碳的含量.

挥发分和固定碳的含量与炭化程度有关.随着炭化程度的提高,挥发分逐渐减少,固定碳不断增多.挥发分多的煤,干馏时可以得到较多的煤气和焦油,燃烧时火焰较长;固定碳多的煤,干馏时焦炭的收得率高.因此,煤的工业分析值是确定煤的用途和制定工艺制度时不可缺少的原始依据.

（二）煤的发热量

发热量大小是评价燃料质量好坏的一个重要指标,也是计算燃烧温度和燃料消耗量时不可缺少的依据.

工程计算规定,1 kg 煤完全燃烧后所放出的燃烧热称为发热量,单位kJ/kg.

燃料的发热量有两种表示方法:

（1）高位发热量 $Q_高$,指的是燃料完全燃烧后燃烧产物冷却到使其中的水蒸气凝结成水时所放出的热量,它包括烟气中水蒸气已凝结成水所放出的汽化潜热.

（2）低位发热量 $Q_低$,指的是燃料完全燃烧后燃烧产物中的水蒸气没有凝结时放出的热量,即从高位发热量中扣除烟气中水蒸气的汽化潜热.

煤的发热量与炭化程度有一定关系,随着炭化程度的提高,发热量不断增大,当含碳量为 87% 左右时,发热量达到最大值,以后则开始下降.因此煤的发热量大小也常被用作煤分类的依据.

（三）比热、导热系数

煤在室温条件下的比热为 0.84～1.67 kJ/(kg·℃),并随炭化程度的提高而变小.一般来说,泥煤为 1.38 kJ/(kg·℃),褐煤为 1.21 kJ/(kg·℃),烟煤为 1.00～38.75 kJ/(kg·℃),石墨为 6.529 kJ/(kg·℃).实验发现常温条件下,煤的比热与水分和灰分含量呈线性关系.

煤的导热系数一般为 0.84～1.26 kJ/(m·h·℃),并随炭化程度和温度的升高而增大.

（四）反应性和可燃性

煤的反应性是指煤的反应能力,也就是燃料中的碳与二氧化碳及水蒸气进行还原反应的速度.反应性的好坏用反应产物中 CO 的生成量和氧化层的最高温度来表示.CO 的生成量越多,氧化层的温度越低,反应性就越好.

煤的可燃性指的是燃料中的碳与氧气发生氧化反应的速度,即燃烧速度.

煤的炭化程度越高,则反应性和可燃性就越差.

第二节　碳的燃烧化学反应

煤在燃烧时首先析出挥发分,剩下的固体是焦炭,也称为固定炭.其中还有一些矿物杂质,燃烧过程末了时形成灰分.下面分析碳的燃烧,这种分析可以作为焦炭燃烧的理想物理模型.

碳燃烧释热的化学反应过程为

$$C+O_2 {=\!=} CO_2-409 \text{ kJ} \tag{6.2.1}$$
$$2C+O_2 {=\!=} 2CO-245 \text{ kJ} \tag{6.2.2}$$

其中反应热是方程式所示的物质的量条件下所产生的热量.实际上碳和氧气不是按照式(6.2.1)或式(6.2.2)的机理进行化学反应的,这两个反应式只是表示整个化学反应的物质平衡和热平衡而已,即描述的是总体反应.事实上,碳与氧气相遇后首先发生的化学反应为

$$4C+3O_2 {=\!=} 2CO_2+2CO \tag{6.2.3}$$

或

$$3C+2O_2 {=\!=} 2CO+CO_2 \tag{6.2.4}$$

这两个反应是碳与氧气燃烧过程中的初次反应.初次反应所产生的CO_2与CO可能与碳和氧气进一步发生二次化学反应,即异相气化反应

$$C+CO_2 {=\!=} 2CO-162 \text{ kJ} \tag{6.2.5}$$

和在气相中进行的燃烧反应

$$2CO+O_2 {=\!=} 2CO_2-571 \text{ kJ} \tag{6.2.6}$$

式(6.2.3)至式(6.2.6)这4个反应在燃烧过程中同时交叉和平行地进行着.

如果在燃烧过程中还有水蒸气存在(这在燃烧技术上经常遇到),那么还会发生以下反应:

$$C+2H_2O {=\!=} CO_2+2H_2 \tag{6.2.7}$$
$$C+H_2O {=\!=} CO+H_2 \tag{6.2.8}$$
$$C+2H_2 {=\!=} CH_4 \tag{6.2.9}$$

这些反应中究竟哪些反应的速率十分显著,哪些反应的速率很微弱而可以忽略,这决定于燃烧过程的具体条件.例如,常压高温下CH_4很容易热裂解,也就是可逆反应式(6.2.9)的化学平衡向左移动,因此反应式(6.2.9)的反应速度很低而可忽略不计.但增加压力后若气体中H_2很多,

就会加速式(6.2.9)的反应.

下面将逐一讨论各种异相反应的机理,在这之前首先讨论一下碳的晶格结构.

1. 碳的晶格

碳有两种结晶状态:金刚石与石墨.金刚石的晶格中碳原子排列紧密,原子之间键的结合力很大,使得金刚石的晶格十分稳定.因此金刚石硬度高,活性极小,很不容易与氧发生燃烧反应.金刚石很稀少,对于燃烧技术没有意义,但从金刚石就能看出碳晶格排列对其活性的影响很大.

石墨的晶格结构如图 6.2.1 所示,是由六角形组成的基面叠结而成.在每个基面内碳原子分布于边长为 1.41 Å(1 Å＝10^{-10} m)的正六角形的顶点上.这些六角形很像苯环,但碳原子间的距离比苯环略大一些.

基面是彼此平行叠置的,各基面之间相距 3.345 Å.紧邻的两个基面互相错开一个位置,即依次错开 1.41 Å,因此上层基面六角形的几何中心就位于下层基面六角形的一个顶点的上面.

晶体内部每个碳原子的 3 个价电子在基面内与相邻碳原子形成稳固的键.第 4 个价

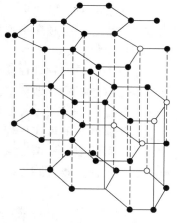

图 6.2.1　石墨的晶格结构

电子分布在基面之间的空间内.基面内组成六角形的碳原子之间的距离较近,键的结合很牢固,而基面之间的键的结合就较弱,其他元素的原子比较容易侵入其间.

常温下碳晶体表面会吸附一些气体分子,称为物理吸附.当气体压力减小或温度略有升高时,这种物理吸附的气体分子就会脱离晶体,恢复成原来的气体分子而不发生化学变化.

当温度较高时,气体分子溶入晶格基面之间,晶格发生变形,这样碳和气体就形成了固溶络合物.固溶络合物有时会分解,产生一些气体,并解吸离开碳晶体,但这些气体已非原来的气体,发生了化学变化.

温度很高时,物理吸附根本不存在,固溶状态的气体也逐渐减少但却增加了晶体周界对气体分子的化学吸附能力.石墨晶体周界上的碳原子只以 1～2 个价电子和基面内的其他碳原子结合,而不像基面内晶格中的碳原子以 3 个价电子与其他碳原子结合,因而活性较大.这种活性较大的碳原子的活化能也相当大,约为 84 kJ/mol,因此只有在温度很高时其化学吸附才很显著.这种化学吸附的气体也会自动地或被其他气体分子撞击后离解,离解时解吸成为新的气体.

碳由许多晶体组合而成,晶体之间交错叠合.晶体表面和边缘处的碳原子活性最大,因而晶格结构不同的碳,其活性也不一样.此外各种焦炭的内部疏松程度也大不一样.疏松的焦炭,其内部表面积大,在这些内表面上也会进行化学反应,因而疏松的焦炭在异相燃烧的动力区中,在相同条件下要比密实的焦炭燃烧速度大一些.

各种燃料对二氧化碳还原反应($C+CO_2$ === $2CO$)速度的影响程度,可大致按活性递减的顺序排列如下:泥炭、固定炭、木炭、褐煤固定炭、烟煤焦炭、无烟煤固定炭.

活性与燃料的物理性质也有一定关系.当燃料比重和粒度减小时,活性增大;孔隙度增大(即碳更为疏松)时,活性增大.

2. 碳与氧的反应(氧化反应)

关于碳和氧的反应机理,在历史上曾有过争论.

第一种观点即所谓二氧化碳学说,他们认为在碳的氧化反应中二氧化碳是初次反应产物,即

$$C+O_2 === CO_2$$

而燃烧产物中的一氧化碳,则为生成的二氧化碳与赤热的炭相互作用所形成的二次反应产物:

$$C+CO_2 === 2CO$$

第二种观点即所谓一氧化碳学说,他们认为碳与氧气反应的初次反应产物为一氧化碳,即

$$2C+O_2 === 2CO$$

由此产生的一氧化碳再与氧化合成二氧化碳,即

$$2CO+O_2 === 2CO_2$$

这两种学说,都有各自的实验基础.前一种学说是早年以很低流速的空气通过碳层时得出的,这时一氧化碳有充裕的时间和足够的机会燃尽.后一种学说是通过在很高的空气流速下燃烧的实验得到证实的,但是这种实验条件不符合燃烧技术实际.

目前学界普遍接受了第三种观点,即认为首先生成中间碳氧络合物(C_3O_4),这种中间络合物再变化生成 CO_2 与 CO.

当温度略低于 1 300 ℃时,固体碳表面首先几乎全部被溶入表层的氧

分子所占满,然后一部分(其份额设为 q)将发生络合,其余部分(其份额设
为 $1-q$)已盖满了络合物,将在另一氧分子撞击下发生离解.其化学反应方
程式如下:

络合 $\qquad\qquad\qquad\qquad 3C+2O_2=C_3O_4 \qquad\qquad\qquad\qquad$ (6.2.10)

离解 $\qquad\qquad\qquad C_3O_4+C+O_2=2CO_2+2CO \qquad\qquad\qquad$ (6.2.11)

　　燃烧反应是由溶解、络合、在撞击下离解等环节串联而成的.溶解环节
的速度常数很大,不是薄弱环节,可忽略不计.于是,碳表面上的氧气消耗
速率(即燃烧速率)为

$$k_b^{O_2}=k_1 q=k_2 c_b(1-q) \qquad\qquad (6.2.12)$$

式中,k_1 为络合速度;k_2 为撞击下离解的速度常数;c_b 为氧的表面浓度.
上式消去 q 得到

$$k_b^{O_2}=\frac{q}{\dfrac{1}{k_1}}=\frac{1-q}{\dfrac{1}{k_2 c_b}}=\frac{q+(1-q)}{\dfrac{1}{k_1}+\dfrac{1}{k_2 c_b}}=\frac{1}{\dfrac{1}{k_1}+\dfrac{1}{k_2 c_b}} \qquad (6.2.13)$$

当表面的氧浓度 c_b 很小时,$\dfrac{1}{k_2 c_b}$ 很大,$\dfrac{1}{k_1}\ll\dfrac{1}{k_2 c_b}$,则

$$k_b^{O_2}=k_2 c_b \qquad\qquad (6.2.14)$$

这是一级反应,即碳表面上不仅氧的溶解顺利,固溶络合也很顺利,此时反
应就取决于撞击频率不是很大的氧分子撞击而引起离解的速度.

　　当表面的氧浓度 c_b 很大时,$\dfrac{1}{k_2 c_b}$ 很小,$\dfrac{1}{k_1}\gg\dfrac{1}{k_2 c_b}$,则

$$k_b^{O_2}=k_1 \qquad\qquad (6.2.15)$$

这是零级反应,即碳表面上虽然氧分子的撞击频率很大,但反应取决于较
慢的固溶络合速度,而与氧浓度及氧分子的撞击频率无关.

　　空气中氧的质量分数为 23.2%,碳在空气温度略低于 1 300 ℃下燃烧
时,碳表面的氧浓度 c_b 比 23.2% 还要小.这时如果氧的扩散不是很快,碳
的化学反应速度可以认为是一级反应而用式(6.2.14)表示.

　　当温度高于 1 600 ℃时,碳和氧的反应机理是由化学吸附所引起的.吸
附的氧与晶格边缘棱角的碳原子形成络合物:

$$3C+2O_2=\!=\!=C_3O_4$$

这种络合物不待氧分子撞击就自行热分解,这种热分解是零级反应,即

$$C_3O_4=\!=\!=2CO+CO_2 \qquad\qquad (6.2.16)$$

此时燃烧化学反应包括吸附、络合、热分解 3 个环节,其中吸附最困难,络
合与热分解都很顺利.吸附是一个与表面氧浓度成正比的一级反应,因此

仿照式(6.2.14)可得

$$k_b^{O_2} = k_1' c_b \qquad (6.2.17)$$

式中,k_1' 为吸附的速度常数.

在下面的讨论中把式(6.2.17)与式(6.2.14)的碳与氧反应的速度公式统一表示为

$$k_b^{O_2} = k c_b \qquad (6.2.18)$$

其中反应速度常数按照反应机理的不同或为撞击下分解的速度常数,或为化学吸附的速度常数,并且也可以用阿伦尼乌斯定律确定为

$$k = k_0 \exp\left(-\frac{E}{RT}\right)$$

这里需要指出,如果应用式(6.2.17),k 是化学吸附速度常数,随着温度 T 升高,吸附速度加快.但是在化学过程中,温度升高时吸附作用总是减小的.这两个事实并不矛盾,前者是讲吸附作用的动力学,后者是讲吸附作用到达平衡状态后的静态问题,就像第一章讨论的化学反应速度和化学平衡一样.

式(6.2.14)中速度常数的活化能约为 84 kJ/mol. 由于碳的晶格结构对活化能影响很大,所以这个活化能值只表示近似的数量级.式(6.2.17)中速度常数的活化能约为 293 kJ/mol.

当碳中含有矿物杂质,如碱金属、碱土金属和铁、锰、镍等的氧化物时,碳的晶格会扭曲变形,碳氧络合物容易从晶格上脱离出来,因此碳的活性就提高了.钾和钠的氧化物以及盐类对提高碳的活性最为明显.例如,在赤热的煤上洒以食盐可使燃烧强化.

含有其他元素的矿物杂质,就不一定能渗入碳的晶格而影响其活性.例如,煤灰的主要成分氧化铝和氧化硅就几乎不能影响碳的活性.但是,当这些矿物杂质很多,在燃烧过程中变成灰,甚至粘结成渣壳,包在碳粒的外面时,就会阻止氧向碳表面的扩散,进而减缓碳的燃烧速度.

3. 碳和二氧化碳的反应

碳和二氧化碳的反应如式(6.2.5)所示,发生在气化反应或二氧化碳的还原反应中,这是一个吸热反应.

气化反应是煤气发生炉的主要化学反应,在低温下(800 ℃以下)其反应速度几乎等于零.气化反应的活化能很大,仅当温度超过 800 ℃以后反应速度才显著,且要到温度很高时,它的反应速度常数才超过碳的氧化反应的速度常数.

在这个反应的进程中,二氧化碳也是先吸附到碳的晶体上,形成络合物,然后络合物分解,最后再让一氧化碳解吸逸走.络合物的分解可能是自动进行的,也可能是在二氧化碳气体分子的撞击下进行的.

温度略大于 700 ℃时,此反应是零级的,因为最薄弱的环节是碳氧络合物的自行热分解.当温度大于 950 ℃时最薄弱的环节变成碳氧络合物受二氧化碳高能分子撞击下的分解,此时这个反应就转化为一级反应.温度更高时,最薄弱的环节又变成化学吸附,但反应仍为一级反应.因此一般认为

$$k_b^{CO_2} = k_{CO_2} c_{b,CO_2} \qquad (6.2.19)$$

式中,k_{CO_2} 为气化反应的速度系数,其活化能为 167~309 kJ/mol;c_{b,CO_2} 为表面上的二氧化碳浓度.

式(6.2.19)中 $k_b^{CO_2}$ 和 c_{b,CO_2} 都可以用质量单位表示.

煤的气化反应常作为测定其活性的理论基础.先将无烟煤或烟煤煤样在 900 ℃的电炉内用氮气流加热 1 h,然后把得到的直径为 3~5 mm 的焦炭颗粒再放在二氧化碳气流中加热.在 800~1 100 ℃的温度范围内每隔50 ℃进行一次二氧化碳的还原率测定.各温度下二氧化碳还原率(二氧化碳被还原成一氧化碳的摩尔分数)与温度的关系如图 6.2.2 所示.

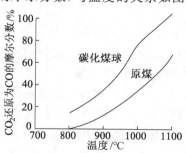

图 6.2.2　龙岩煤的化学活性比较

碳的氧化反应和气化反应相比究竟哪一个速度快,是锅炉和冶金炉燃烧技术感兴趣的一个问题.下面暂时撇开氧浓度和二氧化碳浓度的差别,先来比较这两个反应的反应速度常数.

图 6.2.3 所示为某一种碳的氧化反应和气化反应的反应速度常数与温度的关系,横坐标是 $1/T$,纵坐标是 $\ln k$.反应速度常数与温度之间的阿伦尼乌斯定律关系应该呈现为直线关系.其中,碳和氧的氧化反应的活化能小一些,应该表现为一根稍平缓的直线;碳与二氧化碳气化反应的活化

能大一些,应该表现为一根较陡的直线.比较后可知,氧化反应的速度常数在1 200~1 500 ℃的范围内比气化反应的速度常数要大10~30倍.

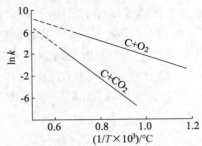

图6.2.3　碳氧化反应与气化反应速度

氧化反应是强烈的放热反应.氧化反应如能强化,放热更多,温度更高,反应更剧烈,也就是说,氧化反应的强化是自我促进的.气化反应则反之,它是强烈的吸热反应.气化反应如一时强化,吸热增多,温度降低,反应减缓,也就是说,气化反应的强化是自我阻抑的,这是在强化燃尽时所应注意的.

4. 碳与水蒸气的反应

碳与水蒸气的反应也是一个吸热反应,它是水煤气发生炉中的主要反应.

$$C + H_2O(g) = CO + H + 123 \text{ kJ}$$

碳与水蒸气反应的性质与上述碳与二氧化碳的反应十分类似.

一般可认为碳与水蒸气的反应是一级反应,其活化能为反应式(6.2.1)的活化能的1.6倍.这是根据对许多燃料的试验统计出来的.

水蒸气也是经过吸附、络合与解吸等一系列环节而引起式(6.2.8)的反应的.其中,决定性环节是中间络合物的生成与分解.

反应式(6.2.8)的活化能很大,只有温度很高时才会以显著的速度进行反应.

有人认为,碳遇到水蒸气时比遇到二氧化碳时更迅速地燃烧,问题不在于化学反应速度,而在于扩散速度.我们知道,二氧化碳、水蒸气、一氧化碳和氢的相对分子质量各为44,18,28和2.由分子物理学可知,在同样温度下,分子质量愈小的气体分子平均速度愈大,因而分子扩散系数愈大.水蒸气的分子扩散系数比二氧化碳大,氢的分子扩散系数更远大于一氧化碳,因此反应式(6.2.8)中的反应物扩散到碳表面的迁移作用比反应式(6.2.5)迅速,反应产物扩散离开碳表面的迁移作用也比反应式(6.2.5)迅速,结果碳粒与水蒸气起反应而被燃烧的速度就要比与二氧化碳在起反应而被燃烧的速度大.

碳与水蒸气的反应速度一般约比碳与二氧化碳的反应速度快 3 倍.碳与水蒸气的反应速度遇到碱金属也会大大加快.

5. 一氧化碳的歧化反应

歧化是某种物质因原子不均匀分配而转化成两种不同物质的反应.二氧化碳还原成一氧化碳的气化反应式(6.2.5)已在本节第三段中进行了讨论.这里还要讨论其逆反应(歧化反应或分解反应):

$$2CO \Longrightarrow CO_2 + C + 162 \text{ kJ} \qquad (6.2.20)$$

这个反应生成碳的速度比在同样条件下甲烷裂解反应式 $CH_4 \Longrightarrow C + 2H_2$ 生成碳的速度大 3～10 倍.但是如果有水蒸气存在,碳通过与水蒸气生成水煤气而消耗掉的速度比由这个歧化反应式生成碳的速度快 30 倍左右;碳通过燃烧生成二氧化碳而消耗掉的速度比由这个歧化反应式生成碳的速度快 10 倍左右.这个歧化反应式生成碳的速度大致与丁烷裂解生成碳的速度相当.

歧化反应式(6.2.20)是放热的,温度升高时平衡向左移动,因而在温度很高时,一氧化碳不能歧化产生碳;温度较低时,反应速度太低,也不能析碳.因此,仅在 200～1 000 ℃的温度范围内,一氧化碳才以可测量的速度歧化析碳.歧化反应的最大速度出现于 450～600 ℃.

一氧化碳的歧化反应是异相反应,它要经历在触媒上吸附,然后在另一个一氧化碳气体分子撞击下起反应,最后解吸这一系列的过程.高炉内的矿石和耐火砖可以起这种触媒作用.但碳在触媒上析出后可能引起触媒破坏,析碳还会引起矿石或耐火砖破碎.

第三节　煤的各种燃烧方法

一、燃烧过程的一般概念

按照固体燃料在炉内燃烧方式的不同可分为层燃式(固定床)、沸腾式(流化床)和悬浮式(粉煤炉)3 种.

（一）层燃式燃烧

层燃式燃烧是将燃料块置于固定的或移动的炉箅上面,空气通过炉箅下方箅孔穿过燃料层并使其燃烧,生成的高温烟气进入炉膛.根据燃料和空气供给方法的不同,层燃式还可分为逆流式、顺流式和交叉式 3 种,如图 6.3.1 所示.

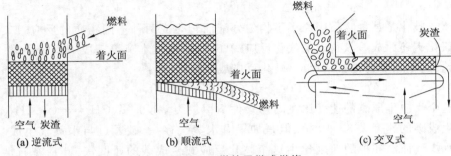

图 6.3.1　煤的层燃式燃烧

层燃式燃烧时,固体燃料靠自身重力彼此堆积成致密的料层.为保持燃料在炉箅上稳定,煤块的质量必须大于气流作用在煤块上的动压冲力,如果气流速度太高,煤块有可能失去稳定性而被气流带走,造成不完全燃烧.

为了能在单位炉箅上燃烧更多的燃料,一方面,首先必须提高气流速度,其次也必须保证煤块有一定的直径.但另一方面,煤块越小,其反应面积越大,燃烧反应越强烈.因此应当同时考虑上述两方面因素后,确定一个合适的块度.例如,烧烟煤时,煤块最佳尺寸为 20～30 mm,这样大小的煤块既可保证稳定性,又可保证有足够的反应面积.

层燃式燃烧主要的优点是:

（1）能获得最大的热密度,即在单位体积的燃烧室内,同时存在于炉膛中的燃料量最大.

（2）在防止燃料粉末飞失的条件下,可大大增加鼓风.

（3）热惰性大,对燃料供给与鼓风之间的偏离敏感性差,因而燃烧过程比较稳定,且炉子尺寸越大、燃料量越多时燃料越稳定.

层燃式燃烧在小型和中型动力装置中占有重要地位.但从近代动力事业的发展来看它已不能满足要求,不适用于大型动力装置,并且不能完全机械化和自动化.

（二）沸腾式燃烧

沸腾式燃烧是利用空气使煤在沸腾状态下完成传热、传质和燃烧反应.图 6.3.2 所示为沸腾式燃烧时的情况,用较高速度把氧化剂即空气从下面吹入比较细的燃料粒子层中,当鼓风达到某一临界速度时,粒子层的全部颗粒就失去了稳定性,在燃料层中部的颗粒向上飘浮,靠近炉腔的颗粒向下降落,整个粒子层就好像液体沸腾那样,产生强烈的相对运动,故称为沸腾式燃烧,也叫流化床燃烧.

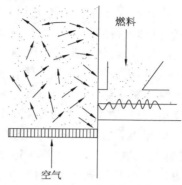

图 6.3.2　沸腾式燃烧

沸腾式燃烧的优点主要有:

(1)沸腾炉的料层温度一般控制在 $850 \sim 1\,050$ ℃,运行时,沸腾层的高度为 $1.0 \sim 1.5$ m,其中新加入的燃料仅占 5%.因此,整个料层相当于一个大的"蓄热池",燃料进入沸腾料层后,就和几十倍以上的灼热颗粒混合,很快升温并着火燃烧,即使对于多灰、多水、低挥发的劣质燃料,也能维持稳定的燃烧.它解决了劣质煤的利用问题,为大量煤灰石的利用找到了出路,对我国煤炭资源的合理利用具有重要意义.

(2)沸腾式燃烧可以在单位面积的炉算上获得很大的热负荷.

(3)由于颗粒混合比较好,使燃料层沿层高的温度分布比较均匀,这为气化过程中 CO_2 的吸热还原反应提供了有利的条件.

(4)燃料颗粒在流体动力不断地作用下混合,互相碰撞,有利于破坏颗粒的外层灰壳,阻碍燃料的黏结和结渣,减轻熔渣产生的故障.

(5)沸腾式燃烧可实现低温燃烧,减少氮氧化物的产生量,有利于控制大气污染.

沸腾式燃烧也存在一些不足之处:

(1)有时灰分和未燃颗粒等与气体一起大量流出,造成机械不完全燃烧损失.因此需要将带出的未燃细料用除尘器捕集下来并使其返回到燃烧室中继续燃烧.

(2)沸腾式燃烧还增加了单位体积内的燃烧空隙体积,这等于降低了单位体积内的燃料反应面积,使燃料与气化区拉长,这样在气化时就增加了煤气发生炉中一氧化碳的燃烧,使煤气质量降低.

（三）悬浮式燃烧

悬浮式燃烧是将固体燃料先磨成细粉,然后随空气流在炉膛内呈悬浮状态进行燃烧.悬浮式燃烧有直流燃烧和涡流燃烧两种形式:图 6.3.3a 为直流燃烧,即所谓火炬式,也称煤粉燃烧;图 6.3.3b 为涡流燃烧,即所谓旋风式.直流燃烧与层燃式相比,最大优点是可以大量使用劣质煤和煤屑,甚至还可以掺用一部分无烟煤和焦炭屑.如果用层燃式燃烧发热量较低和灰分含量较高的劣质煤,炉温只能达到 1 100 ℃,改用煤粉燃烧法时,由于煤粉燃烧速度快,完全燃烧程度高,炉温可达到 1 300 ℃.用来输送煤粉的空气称为一次空气,一般占全部所需空气量的 15％～20％(视煤粉挥发分的产率而定),其余的空气称为二次空气,从另外管道单独送至炉内.采用煤粉燃烧法时,二次空气可以允许预热到较高温度,因而有利于回收余热和节约燃料.

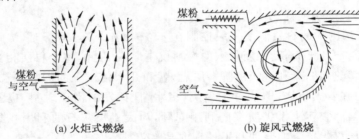

(a) 火炬式燃烧   (b) 旋风式燃烧

图 6.3.3　悬浮式燃烧

采用煤粉燃烧法时,炉温容易调节,可以实现炉温自动控制,并且可以减轻体力劳动强度和改善劳动条件.

采用煤粉燃烧法,最好使用挥发分高的煤,可以借助挥发分燃烧时放出的热量来促进碳粒的燃烧,有利于提高燃烧速度和燃烧程度,一般希望挥发分大于 20％.此外,还要注意控制原煤的含水量,最好把水分降到 1％～2％.

采用煤粉燃烧(直流)法最大的缺点是烟气中含有大量的飞灰,造成换热器严重积灰和引风机的磨损,并且造成环境污染.后来出现了一种新的燃烧方式——旋风燃烧,它是利用旋风分离器的工作原理,使燃料空气流沿燃烧室内壁的切线方向,以高速做旋转运动(图 6.3.3b),在离心力作用下,燃料颗粒和空气得以紧密接触并迅速完成燃烧反应.这种燃烧方式,不仅改善了燃料和空气的混合,而且延长了燃料在燃烧室中的停留时间,因此,可以降低过剩空气系数,并可燃烧粗煤粉或碎煤粒.旋风燃烧方法突出的优点是燃烧强度大,它的容积热强度可达$(12.5 \sim 25.1) \times 10^6$ kJ/m³,并且由于燃烧温度高,可以使渣煤熔化成液体排出,从而解决了由于烟气飞灰所带来的一系列问题.

二、影响燃烧过程的因素

(一)燃料种类和性质

燃料中所含的水分、挥发物、含灰量及其可熔性、燃料的发热量、燃料的黏结性和热稳定性等都会影响燃烧过程.

水分含量多,不仅使燃料中可燃元素减少,而且水分还会在燃烧过程中蒸发,吸收汽化潜热,使燃料的发热量降低.因此水分多的燃料炉内温度低,着火困难,影响燃烧速度,不易达到完全燃烧.另外,水分能使燃料燃烧后的烟气体积增加,从而也使烟气从锅炉中带走的热量增加,降低锅炉的效率.

燃料在燃烧时,一方面,挥发物首先析出和空气混合并着火,形成光亮的火焰,这时空气中的氧气因挥发物的燃烧而消耗,不能达到焦炭的表面,挥发物起了阻碍焦炭燃烧的作用.另一方面,挥发物在煤粒附近燃烧,将焦炭加热,挥发物燃尽后,焦煤能剧烈燃烧,这时挥发物又起了促进焦炭燃烧的作用.

灰分是燃料中的一种杂质,不仅会增加燃料的重量,使开采、运输和煤粉制备费用增加,而且灰分在炉内熔化时还会黏附在炉壁和炉算上,引起结渣,破坏炉膛的正常工作.

燃料的发热量与燃料中所含的碳分多少有关.碳分的含量越多,则燃料的发热量越大,炉内的温度越高,这有利于燃料的加热、干燥以及析出挥发物,进而也就有利于燃料的燃烧,使燃烧过程稳定.反之,就会影响燃烧过程的稳定性.

如果燃料易黏结,层燃炉中燃料层构造的均匀性以及相应的透气均匀性就会受到破坏,从而导致燃烧和气化过程的破坏.燃料的热稳定性对于炉内燃烧或气化过程有一定影响.热稳定性差的燃料入炉受热后分裂成小块和细粒,增加料层阻力,影响料层透气性,降低氧化剂扩散速度,增加带出物损失,从而降低燃烧或气化的速度及效率.

（二）化学反应速度及氧气向燃料反应表面的扩散速度

碳的燃烧过程在固体燃料的燃烧过程中起着决定性的作用. 影响碳燃烧速度的因素除化学反应速度本身以外,还有反应气体中的氧气转移到固体燃料反应表面的速度,即氧气向燃料表面的扩散速度.

化学反应速度与燃料的温度有关. 燃料的温度越高,化学反应的速度就越快,从而碳的燃烧速度就越快,燃烧过程也就越剧烈.

氧气向燃料表面的扩散速度与很多因素有关,主要有碳粒的形状、气体的运动速度、气体中氧气的浓度和扩散系数等. 扩散速度越大,碳的燃烧速度就越快,燃烧过程也就越剧烈. 在稳定情况下,扩散到碳表面的氧气量等于燃烧用去的氧气量. 然而,实际上扩散速度和反应速度之间的差别可以很大,当其中一个速度远远小于另一个时,燃烧速度决定于速度较小的那一个,整个燃烧过程的发展受到它的阻碍. 因此,为了提高燃烧速度应同时提高炉内温度和气流速度,并使氧化剂和燃料充分均匀地混合.

思考题

1. 试就成煤物质的炭化程度说明煤炭的种类及特点.
2. 碳的燃烧反应过程是什么?
3. 煤燃烧的方式有几种? 每种方式的燃烧特点是什么?

第七章
燃烧学研究的实验和数值模拟方法

第一节　燃烧实验诊断学

　　燃烧系统工作进程中具有各种特征参数,燃烧诊断的任务就是采集这些信息,主要有各燃烧区域的压强、温度、速度、浓度及其随空间与时间的分布、火焰峰的位置与传播速度、火焰结构与反应流场的显示、粒子尺寸分布等.然而实际燃料燃烧过程具有多样性与复杂性的特点,因此实际燃烧实验诊断十分困难.

　　直到 20 世纪 60 年代初,测量气相燃烧系统的主要手段仍是插入式探针.采用探针测量具有简单、经济、便捷的特点,但对火焰的扰动及恶劣的测试环境限制了探针的精确度与应用范围.相比之下,光谱法具有许多优点,如非接触式测量可以减小或避免气动、热或化学扰动,能承受高温和恶劣环境等.随着激光的发明、在分子水平上对过程的不断了解及光电测试与数据图像处理技术的发展与应用,燃烧实验诊断技术发展出更加精确、方便的测试方法.光谱法实验诊断技术不仅为反应流提供了瞬时流动与热力学信息,而且具有必要的时间与空间分辨力.因此,本章主要介绍光谱法燃烧实验诊断技术.

一、激光多普勒测速仪

　　自 1964 年 Yeh 和 Cummins 首次提出激光测速装置以来,随着电子光学测试技术和计算机软硬件的发展,激光多普勒测速仪(laser doppler velocimetry,LDV),也称激光多普勒风速仪(laser doppler anemometer,LDA)的开发与应用取得了很大进步.如今,LDV 可用于各种尺寸的流场测试,可测试速度范围大,可测表面速度,也可测表面振动.然而,任何一种实验诊断技术都有局限性,LDV 的局限性在于测量区必须光线可及,而且它测量的并不是流动本身,而是流动所携带的光散射粒子的速度,因此,有时需要人为地往被测流体内撒播粒子,而在非稳态流中可能引起速度滑移问题.

(一) 常用光路配置

这里仅介绍一维(仅测量一个速度分量)双光束 LDV 的系统组成,如图 7.1.1 所示,其主要组成部分如下:

① 激光器:提供相干、单模式、线性偏振的光源.通常选用气体激光器,如氦-氖或氩离子激光器.

② 传输器:主要包括分光镜和发射透镜.前者把激光分成两束等强度的平行光;后者则使两束光聚焦,其相交区即形成控制体(所谓采样区).

③ 接收器:采集来自测量体的粒子散射光,而散射光强度的变化频率包含速度信息.接收器包括接收透镜和光检测器.接收透镜,把所采集光聚焦到光检测器的光阑上;光检测器,通常采用光电倍增管,利用光学外差和光电转换效应把散射光信号转换成频率与粒子速度有关的多普勒波群信号.

④ 信号处理器:读入与时间有关的检测器电压信号、检测信号的有无、确定信号频率等.

⑤ 数据处理器:通过与信号处理器的接口,控制数据的采集,计算粒子速度并显示测量结果.

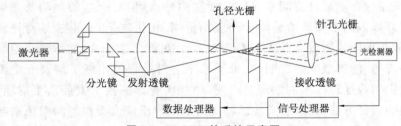

图 7.1.1 LDV 的系统示意图

(二) 其他类型的激光多普勒测速仪

1. 多点测量用测速仪

普通型 LDV 只能进行单点测量,如果需要同时测量若干点的流速,可应用柱面透镜和分光器件(衍射光栅或楔形多层组合镜).为拓宽测量的空间范围,常用相位衍射光栅.

2. 激光双焦点测速仪

激光双焦点测速仪(L2FV)主要适于高速、低湍流度的速度测量,在高速旋转叶轮的周期性流动中也常应用.

3. 采用光致电动势检测器的激光多普勒测速仪

与传统的 LDV 不同,这种采用光致电动势检测器的激光测速仪,其测速过程与光散射粒子无关,且主要是用于运动或振动物体的测速与测振.

4. 相位多普勒粒子分析仪

相位多普勒粒子分析仪(phase dopper particle analyzer,PDPA)是 LDA 的发展与延续.其具有以下优势:一方面,它可以接收运动粒子的散射光,并通过其多普勒频移精确测量流场局部瞬时速度与湍流特性;另一方面,PDPA 能够接收不同方向上散射光的相位差,用以测量粒子的尺寸及其分布.

二、平面流场的二维测速技术

LDV 和 PDPA 属于单点式测试仪器,每次测量仅能得到流场内某一点的速度信息.下面介绍的测试技术可一次性测量获得反应流中某一平面的二维(或三维)速度场数据,其中包括粒子成像测速仪(particle image velocimetry,PIV)、全息粒子成像测速仪(holographic particle image velocimetry,HPIV)、平面多普勒测速仪(planar doppler velocimetry,PDV)和分子示踪测速仪(molecular tagging velocimetry,MTV).

(一)粒子成像测速仪

粒子成像测速仪(PIV)和 LDV,PDPA 相仿,测量时均需要往流体内撒播散射粒子.PIV 技术的原理颇为简单,在如图 7.1.2 所示的实验系统中,在给定的时间间隔 Δt 内,由流体微元的位移即可计算速度向量.为此,

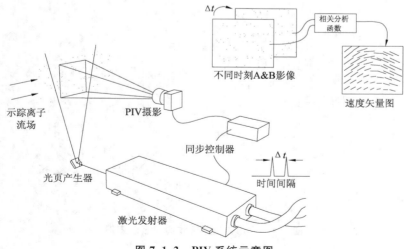

图 7.1.2 PIV 系统示意图

用两次脉冲激光屏照射被测的薄片形流场,光屏内的流动粒子就会散射光,并用位于与光屏成直角的记录设备检测.在已知的 Δt 内,先后拍摄的两次激光脉冲图像分别显示了示踪粒子的初始与最终位置,通过相关性分析就可算出粒子的速度向量.

PIV 系统中,倍频 YAG 激光器输出两束 532 nm 的脉冲激光,通过一组柱面透镜展成光屏,每脉冲的激光能量为 30 mJ,持续时间 8 ns.两激光束之间的脉冲间隔用延迟发生器控制,用光电二极管确认,且在试验中固定为 20 μs.撒播粒子的散射图像用数码相机记录.

激光屏照明区与成像光学视场之间的相交体积决定了待测的流动区,即测量区,如图 7.1.3 所示.测量区投射到检测器即形成 PIV 图像.检测器最小可分辨的区域,称为询问面(IA).与此对应,在测量区内则形成询问体(IV),并构成单个的速度向量.

物体平面上的粒子位移 Δx 与 Δy,可由记录介质成像平面上的位移 ΔX 与 ΔY 求出:

$$\Delta x = \frac{1}{M}\Delta X, \quad \Delta y = \frac{1}{M}\Delta Y \tag{7.1.1}$$

已知了成像光学的放大倍数 M 和两次激光脉冲的时间间隔 Δt,可由下式求得物体平面上的速度投影:

$$u = \Delta x/\Delta t, \quad v = \Delta y/\Delta t \tag{7.1.2}$$

对每一询问区重复这种计算,即可得到速度向量图.

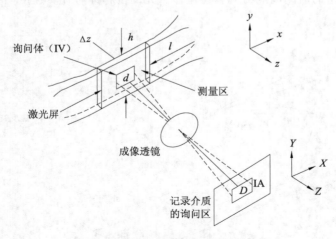

图 7.1.3 PIV 测量区和询问区示意图

　　以上为测量平面内流场速度二维分量的方法,目前已有的全息粒子成像测速仪(HPIV),基于全息摄影记录、光学相关技术和数组图像处理算法,借助远场条纹谱和光学产生的自相关场,即可获得 3D 流速信息.全息粒子成像测速仪的特点是不再局限于激光屏所定义的平面内,可延伸到平面外,同时测量第 3 个流速分量.其测试方法和普通 PIV 相仿,被测流场仍需撒播散射粒子.

　　(二)平面多普勒测速仪

　　平面多普勒测速仪(PDV)是一种测量二维时间平均速度向量场的激光诊断法,其测试原理如图 7.1.4 所示.

　　频率稳定的激光器(如功率大于 3 W、波长为 514 nm 的 Ar^+ 激光器)用来产生光屏以照明撒播粒子(如甘油,平均直径小于 1 μm)的被测流场.由于多普勒效应,粒子散射光产生频移,基于这种频移,可计算速度场.为了求得频移,可让入射光通过分束镜分为两路:一路通过吸收室形成信号图像.吸收室为充有气态碘的玻璃管,而碘有清晰的吸收曲线,这种曲线即用于频率和强度的转换.另一路经由反射镜,用作参考图像.两架 CCD 相机分别拍摄信号与参考图像,利用这对图像,即可计算两者的强度比,而强度比与频移(即速度)有关.

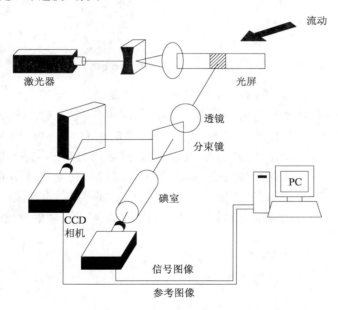

图 7.1.4　PDV 测量装置示意图

（三）分子示踪测速仪

分子示踪测速仪（MTV）用于流场多点速度测量,首先在二冲程内燃机中获得应用.十多年来,有关这种技术发展与应用方面的报道很多,这里仅介绍使用激光网格示踪的 MTV.和 LDV 与 PIV 之类基于撒播粒子散射光的诊断技术不同,作为流动示踪器,MTV 法不需要撒播散射粒子,而是将磷光性分子（如双乙酰）预混在流动介质中,借助脉冲激光激励磷光发射,即可示踪待测的流动区域.但 MTV 测量设备和一般 MicroPIV 设备有一定的差别,例如,MTV 一般需要 2 台激光器来照射,若需要观察三维流动结果,则需要 4 台激光器.另外由于磷光也有其衰减时间,那么对 CCD 的拍摄速度也有一定的要求.根据文献记载,为了避免磷光衰减过多,CCD 的曝光时间多在几个毫秒.图 7.1.5 给出了 MTV 装置示意图.

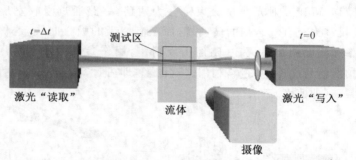

图 7.1.5　MTV 装置示意图

图 7.1.6 为分子标记区域和速度场处理结果.MTV 是在 Δt 时间间隔内,用两束激光分别照射分子标记的区域（一般是分子标记的线）,再用 CCD 记录两次照射的图片.在示踪器的生存时间内,分别在两相继瞬时拍摄示踪区的磷光图像,由所测的拉格朗日位移向量,即可估计速度向量.为了测量二维速度,上述磷光强度场务必在正交方向有空间梯度.特别是,为了满足流动平面中多点测量的要求,需要形成由激光谱线相交所致的网格,对图片进行相关处理后得到流体的速度矢量图.

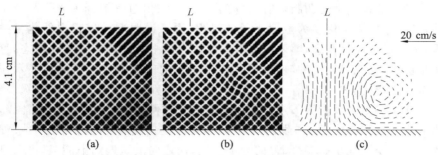

图 7.1.6　CCD 拍摄的分子标记区域及处理得到的二维速度矢量

三、拉曼散射法

（一）简介

众所周知，空气中存在大小不一的颗粒，大至毫米级的灰尘微粒，小至纳米级的原子、分子颗粒，当光线入射至含有微粒的介质中时会发生散射，这里要介绍一下光的弹性散射和非弹性散射，即瑞利散射和拉曼散射.

瑞利散射（rayleigh scattering）：入射光在线度小于光波长的微粒上散射后，散射光和入射光波长相同的现象称为瑞利散射，由英国物理学家瑞利提出而得名. 瑞利散射是由比光波波长还要小的气体分子质点引起的，散射能力与光波波长的 4 次方成反比. 波长愈短的电磁波，散射愈强烈. 例如，雨过天晴或秋高气爽时，因空中粗微粒比较少，青蓝色光散射显得更为突出，天空一片蔚蓝. 瑞利散射的结果，减弱了太阳投射到地表的能量，使地面的紫外线极弱而不能作为遥感可用波段，到达地表可见光的辐射波长峰值向波长较长的一侧移动，当电磁波波长大于 $1~\mu m$ 时，瑞利散射可以忽略不计.

拉曼散射（raman scattering）：拉曼散射实际上是频率为 ν 的单色光入射到尺寸远小于波长的分子后，产生的非弹性散射，其拉曼频移为 $\Delta\nu$. 这个过程在 $10^{-2}~s$ 或更短的时间内发生，在拍得的散射光谱中，激发线处的频率为 ν_0 的弹性散射谱线为瑞利线；激发线低频一侧频率为 $\nu_0-\Delta\nu$ 的线是斯托克斯线，也称红伴线；而激发线高频一侧频率为 $\nu_0+\Delta\nu$ 的线是反斯托克斯线，也称紫伴线. 其中，瑞利线的强度最强，斯托克斯线次之，反斯托克斯线的强度最低. 瑞利散射和拉曼散射的强度与入射光频率的 4 次方成正比. 虽然瑞利散射的信号强，但是包含不同气体组分的燃料混合物经散射后，落到入射光束同样的光谱区，因此不能用于区分单个的气体组分.

从经典理论角度，可以认为拉曼散射是因分子中原子的振动使电偶极矩周期变化而产生的调制散射光. 量子理论把散射过程解释为光子与分子作用时,入射光子更换为散射光子的过程. 为了说明这一过程中的能量关系,引入了虚能级概念,即认为分子在散射过程中可经历一种中间能态,称为虚能级,以完成光子的转换. 图 7.1.7 所示的能级跃迁图可用以表示拉曼散射过程,图中 $E_1 \sim E_4$ 表示分子的振动能级,并用虚线画出虚能级. 当入射光子和处于低能级 E_2 的分子作用时,可以使分子向上跃迁到虚能级,再向下跃迁到高能级 E_3,发出散射光子,这就是拉曼散射的斯托克斯线. 如果入射光子和处于高能级 E_2 的分子作用,使之向上跃迁到虚能级,再向下跃迁到低能级 E_1,发出散射光子,这就是拉曼散射的反斯托克斯线. 由于一般处于高能级的分子数较少,所以反斯托克斯线总是较斯托克斯线为弱. 随着物质的温度升高,反斯托克斯线将增强.

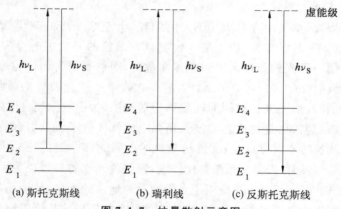

(a) 斯托克斯线　　　　(b) 瑞利线　　　　(c) 反斯托克斯线
图 7.1.7　拉曼散射示意图

每种物质的拉曼线均有若干对红、紫伴线,且每对谱线对应的拉曼频移的数量级通常和散射物质的分子振动频率相当. 在给定拉曼波长频移的情况下,散射光强度与组分分子物质的量直接相关. 因此,可以利用拉曼散射来检测物质的构成、浓度以及气体的温度.

（二）测量原理及实验装置简介

某种分子组分散射到立体角 Ω 的拉曼信号强度 I 可表示为

$$I = \eta I_0 \Omega V C \left(\frac{\mathrm{d}\sigma}{\mathrm{d}\Omega} \right) \tag{7.1.3}$$

式中,η 为采集系统的检测效率;I_0 为入射激光强度;Ω 为采集光学的立体角;V 为测量体容积;C 为拉曼散射气体的分子浓度;$(\mathrm{d}\sigma/\mathrm{d}\Omega)$ 为微分散射截面.

因为大多数双原子分子的能级已知,且散射强度与初始态的分子数成

正比,故可针对每一温度计算拉曼谱线强度.散射组分在特定振动—转动能级状态下的拉曼谱线强度为

$$I(V,J) = C_g I_0 (\mathrm{d}\sigma/\mathrm{d}\Omega)_{V,J} \Omega n(V,J) F(\Delta\lambda, T) \qquad (7.1.4)$$

式中,V,J 分别为表征振动和转动能级的量子数;C_g 为由光学接收系统确定的常数;I_0 为散射容积内入射激光功率;$(\mathrm{d}\sigma/\mathrm{d}\Omega)$ 为微分散射截面;Ω 为立体角;$n(V,J)$ 为 V,J 能态下的分子数密度;$F(\Delta\lambda, T)$ 为与温度有关的修正因子,它由谱分布和谱分辨力所确定.

多组分测量中,斯托克斯拉曼谱线的积分强度与组分浓度成正比,若已知温度 T_r 和斯托克斯拉曼谱线的积分强度 I_r,可得温度

$$T = T_r I_r f(\Delta\lambda, T)/I \qquad (7.1.5)$$

式中,$f(\Delta\lambda, T) = F(\Delta\lambda, T)/F(\Delta\lambda, T_r)$,为与光谱分辨力及温度有关的合成修正因子;下标 r 表示参考态.

组分浓度可由下式确定:

$$c = c_r \frac{I \left(\dfrac{\mathrm{d}\sigma}{\mathrm{d}\Omega} \right)_r}{I_r \left(\dfrac{\mathrm{d}\sigma}{\mathrm{d}\Omega} \right) f(\Delta\lambda, T)} \qquad (7.1.6)$$

式中,T 为温度;I 为拉曼谱线强度.

图 7.1.8 为拉曼光谱仪实验装置示意图,脉冲器发出的信号为整个系统运行信号,它经过分光镜后一部分通过控制器,另一部分通过狭缝内的火焰区.通过脉冲光子激发的火焰中的分子经由虚能级态,又恢复到低能级态,在这个过程中所发出的光谱通过透镜聚焦进入色谱仪,信号经过处理以后通过软件分析,最终可得到火焰中的组分浓度及温度.

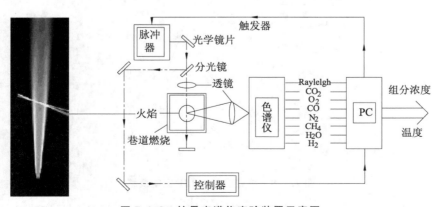

图 7.1.8　拉曼光谱仪实验装置示意图

四、激光诱导荧光法

(一)概述

为产生荧光,外部激励的方式很多,如电子轰击、化学反应、加热或光子吸收.这里介绍的激光诱导荧光(laser-induced fluorescence,LIF)法则是利用了光子吸收的原理.

LIF法可以实时测量燃气一维或二维的组分浓度、温度、压力和速度,并有空间分辨力.不同组分与量子态的LIF都是不同的,而且是特定的,这对反应流场研究尤为重要.

以简单的双能级原子模型为例,若能量为$h\nu$的光子被该原子吸收,则原子处于受激态,此时受激态的原子并不稳定,将自发地向低能级辐射能量为$h\nu_f$的光子,这个光子即为荧光,其生存时间为$10^{-10} \sim 10^{-5}$ s. 对于多能级原子或分子来说,当其处于受激态后,由于碰撞可扩展到临近态,故荧光也可从受激态附近的能级中观察到.但是处于受激态的分子未必都能发射荧光.

典型的单点LIF实验装置如图7.1.9所示.激光束聚焦到燃烧产物,采集光路与激光束垂直布置,这样可与激光束一起决定其空间分辨力.所接收的荧光通过色散器件后被检测器转换为电信号.由于沿着整个激光束均可产生荧光,因此可用直线阵列检测器沿光束获得信息.若用激光屏代替激光束,则可用阵列检测器显示,即平面激光诱导荧光(planar laser induced fluorescence,PLIF).

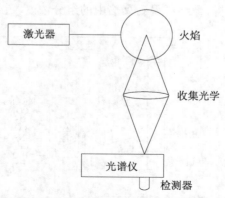

图 7.1.9 典型的单点 LIF 实验装置

LIF能够定性描述复杂流场,具有灵敏度高的特点,适于测量燃烧产物中以微量或示踪量出现的自由基浓度($<10^{-5}$ mol/m³),还能够检测金属原子(Li,Cr 等)及其化合物等.LIF 的缺陷在于它不适用于测量波长位于真空紫外的闭壳层分子,其中包括许多燃料、氧化剂和燃烧产物,如 CH_4,CO_2,N_2 等,这些可利用拉曼散射测量.

（二）光学布置和实验装置

实际的光学布置取决于实验目的以及激励和检测方法,此处仅介绍最常用的光学布置,即脉冲激励和积分型检测.这种方法的优点是可使用大功率脉冲激光器,但这种激光器的重复率为 10～100 Hz,故不能实时诊断与时间相关的燃烧流.

图 7.1.10 所示为 PLIF 法实验装置.PLIF 法所需要的硬件可分为以下 3 个子系统:

① 激励源子系统,由激光器及其传输光学系统组成.PLIF 法常用脉冲激光器作为照明源,特别是短的脉冲宽度,伴随短的荧光生成时间,可以冻结流场运动.同时,要求激光器具有高强度,以缩短检测器的工作时间.

② 信号光接收与检测子系统,包括像差修正成像透镜和数码成像微光摄像机.

③ 数据采集与处理子系统,如高速运动分析仪.

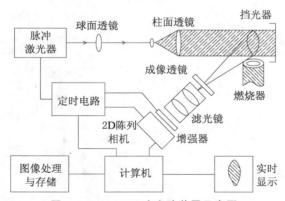

图 7.1.10　PLIF 法实验装置示意图

五、同步辐射光电离质谱技术

（一）同步辐射技术

同步辐射是速度接近光速($v\approx c$)的带电粒子在磁场中沿弧形轨道运

动时发出的电磁辐射,由于它最初是在同步加速器上观察到的,因此又被称为"同步辐射"或"同步加速器辐射".长期以来,同步辐射并不受高能物理学家欢迎,因为它消耗了加速器的能量,阻碍了粒子能量的提高.但是,进一步研究发现,同步辐射是具有连续宽光谱、高强度、高度准直、高度极化、特性可精确控制等优异性能的脉冲光源,可以利用它开展其他光源无法替代的许多前沿科学技术研究.现在,几乎所有的高能电子加速器上都建造了"寄生运行"的同步辐射光束线及各种应用同步光的实验装置.

同步辐射装置已经经历了三代发展,正向着第四代发展迈进.

① 第一代同步辐射光源是为满足高能物理研究的需要而建造于电子加速器和储存环上的副产品.

② 第二代同步辐射光源是为同步辐射的应用而设计建造的.美国Brookhaven 国家实验室(BNL)的两位加速器物理学家 Chasman 和 Green把加速器上起电子弯转、散热等作用的磁铁按特殊的序列组装成 Chasman-Green 阵列(lattice),这种阵列在电子储存环上应用标志着第二代同步辐射建造成功,如图 7.1.11 所示.

③ 第三代同步辐射光源的特征是大量使用插入件(insertion devices),即扭摆磁体(wiggler)和波荡磁体(undulator),而设计的低发散度的电子储存环.

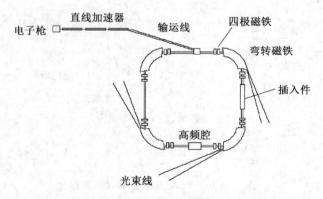

图 7.1.11　同步辐射装置结构示意图

同步辐射强度高、覆盖的频谱范围广,可以任意选择所需要的波长且连续可调,具有窄脉冲、高准直、高偏振、高纯净、可精确预知、高度稳定、高通量、微束径、准相干等优点,因此在基础科学、应用科学和工艺学等领域已得到广泛应用.

（二）质谱技术

质谱技术的工作原理是采用高速电子束撞击气态分子,使气体分子产生带正电荷的离子,将分解出来的阳离子加速导入质量分离器中,按离子的质荷比将它们分离,从而得出气体组分.质谱仪的结构示意图如图 7.1.12 所示,主要包括真空系统、进样系统、电离室、质量分离器、离子检测器、记录系统(包括计算机和谱图库).

真空系统用于隔绝干扰,提高谱图的简洁性.

进样系统有两种进样方法,一种是通过隔膜扩散进入电离室,另一种是将试样放在探针上,直接插入电离室.

电离室用于将试样中的原子、分子电离成离子.电离方法:① 电子轰击法,即利用高速电子与分子发生碰撞,使分子电离为带奇数电子的阳离子;② 化学电离法,即利用电子轰击甲烷,使其成为离子,此离子再与试样分子反应产生试样离子.

质量分离器用于将离子室产生的离子按质荷比的大小分开.质量分离器包括静态质谱仪和动态质谱仪.静态质谱仪包含单聚焦和双聚焦质量分离器,采用稳定的电磁场,按空间位置区分不同的 m/e（m 为离子的质量,e 为电荷数）.动态质谱仪包含飞行时间和四极滤质器,采用变化的电磁场,按时间和空间位置区分不同的 m/e.

离子检测器根据离子到达飞行管末端时间的不同来区分不同质量的离子,不同离子的飞行速度反比于其质量的平方根.离子 1 和离子 2 到达管末端的时间差取决于离子质量、离子电荷、飞行管长、加速电压.离子检测器包括法拉第筒、照相板及电子倍增器三个部分.其中,法拉第筒:测量离子流在高阻抗两端的电压降;照相板:具有一定能量的离子,可使干板感"光";电子倍增器:利用二次电子发射效应将离子流转化为电子流,经放大后再用直流测量或脉冲计数测量电子流强度.

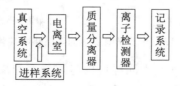

图 7.1.12　质谱仪结构示意图

（三）同步辐射真空紫外光电离质谱(SVUV - PIMS)技术

燃烧是一个复杂的化学过程,在燃烧过程中会生成多种同分异构体和活泼中间产物,SVUV - PIMS技术在着火、火焰传播和污染物排放控制方面发挥着重要作用.近年来,SVUV - PIMS技术在燃烧诊断领域显现出巨大的优越性,探测到了多种燃烧关键中间产物,为准确认识燃烧现象和理解燃烧过程提供了直接的信息,也为燃烧反应路径调控和污染物排放提供了新的策略.

SVUV - PIMS技术可与多种燃烧化学反应器结合.图7.1.13为基于"合肥光源"的BL03U光束线发展的燃烧化学实验装置.该装置采用了国内自主研制的飞行时间质谱仪(如图7.1.13a所示),通过模块化组装后,可用于燃烧研究的实验模式包括层流预混火焰实验、同轴扩散火焰实验、流动反应器热解实验、射流搅拌反应器低温氧化实验等(如图7.1.13b - d所示).

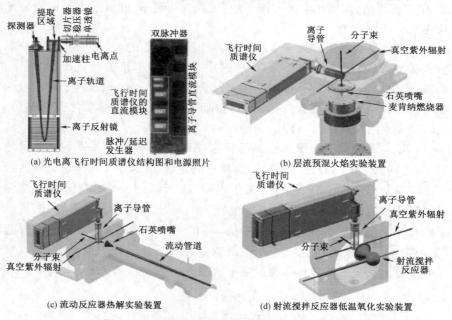

图 7.1.13　基于光电质谱的燃烧化学实验装置

此外,SVUV - PIMS技术同样可以运用于多相反应(表面催化反应)系统.多相催化发生在两相界面处,反应物通常会扩散到催化剂表面,发生化学吸附,并在表面活化,继而发生化学反应,随后产物脱附并扩散.吸附和脱附过程会产生自由基等不稳定中间体,对这些不稳定中间体的检测和鉴别是理解反应物如何被活化和如何发生反应的关键,对于了解催化反应机理并指导催化剂设计至关重要.原位取样的催化反应器基于常规的流动管反应器设计,是催化反应发生的场所.为了对脱附产物进行快速取样,将石英喷嘴紧靠在催化剂床层上方.反应器外侧设置有管式炉,放置在催化剂床层中的热电偶可以实时探测反应区的温度.反应器的工作压力可调,为了探测活泼自由基和中间体,反应器的工作压力一般控制在 266.6 Pa 附近.从进样系统流出的稀释反应气体进入原位催化反应器,经过催化剂床层并脱附的催化产物经石英喷嘴取样进入飞行时间质谱仪的电离室,被同步辐射光电离,电离产生的产物离子由质谱进行采样和记录,如图 7.1.14 所示.

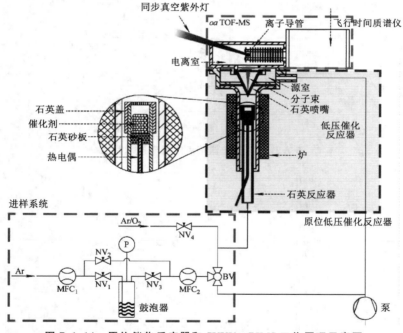

图 7.1.14 原位催化反应器和 SVUV—PIMS 工作原理示意图

六、其他燃烧实验诊断方法

本部分主要介绍几种其他燃烧实验诊断方法,包括探针法、普通摄影法、全息摄影法和纹影法.

(一)探针法

插入式探针虽然对火焰的流场产生影响,但是由于其具有结构简单、经济、便于使用等优点,现在仍在使用.

1. 温度探针

温度的测量可利用无屏蔽式热电偶,目前常用铂-铑或铱-铑热电偶.为了提高动态响应,热电偶丝的直径与结点尺寸应尽量小.

如图 7.1.15 所示,两热电偶丝之间的夹角 $\theta=90°$,记其结点的最高点和最低点分别为 A 和 B.图 7.1.16 为典型的温度-时间曲线,记点 A 和点 B 通过燃烧表面的温度分别为 $T_{s,min}$ 和 $T_{s,max}$,故燃烧表面的平均温度为 $T_s=(T_{s,min}+T_{s,max})/2$.由温度-时间曲线可得到燃烧表面的温度梯度:

$$\left(\frac{\mathrm{d}T}{\mathrm{d}x}\right)_s=\left(\frac{\mathrm{d}T}{\mathrm{d}t}\right)_s/r \tag{7.1.7}$$

式中,r 为退移速率.

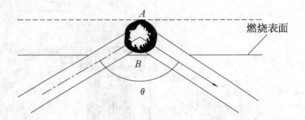

图 7.1.15　热电偶结点燃烧表面示意图

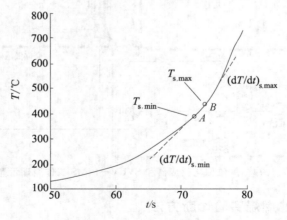

图 7.1.16　温度-时间曲线

若测量环境比较恶劣,则可选用吸入式热电偶探针,如图 7.1.17 所示.但因其尺寸较大,对流场的影响也随之增大.

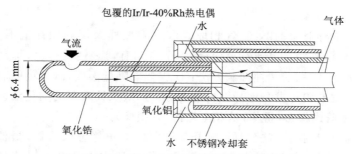

图 7.1.17 吸入式热电偶探针结构示意图

2. 速度探针

常用气动式探针测量速度,其中两孔皮托管(如图 7.1.18 所示)通过对局部静压和总压的测量来确定速度.该探针只适用于已知流动方向的情况,若流动方向未知,则需要采用五孔皮托管,如图 7.1.19 所示.测量时五孔皮托管有两种安装方式:一是定向型,通过俯仰与偏转,调整探针,使相隔 108° 的一对管嘴静压差为零;二是固定安装,通过测量 3 个方向的压力来确定流速的大小与方向.比较结果表明,在平均流速较高、紊流强度较低的流动区域,五孔皮托管的测试结果与激光多普勒测速仪的结果接近.

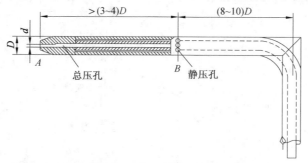

图 7.1.18 两孔皮托管结构示意图

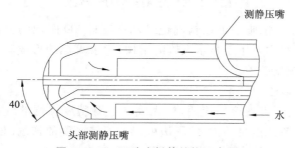

图 7.1.19 五孔皮托管结构示意图

3. 取样探针

根据取样对象的不同,气相取样和气液取样采用的探针也不同.对于气相取样,可采用金属或石英探针.为了得到有代表性的样品,抑制化学反应颇为重要.常用的两种抑制方法:① 大幅度降低温度,以减小因后续化学反应及蒸发或脱挥发分而导致的误差;② 降低探针表面的催化活性.

(二)普通摄影(摄像)法和全息摄影(摄像)法

普通摄影(摄像)法包括高速摄影(摄像)与电影显微摄影(摄像).两者结构相似,主要用于火焰显示、燃料凝相燃烧研究以及粒子尺寸与速度测量等.电影显微摄影(摄像),其特点是在不扰动燃烧过程的前提下,既能放大空间细节,又能放慢过程的观测速度.

全息摄影(摄像)是利用波和干涉记录被拍摄物体反射(或透射)光波中信息(振幅、相位)的成像技术,其原理示意图如图7.1.20所示.拍摄时物体被激光照明,物体反射的光束与同一激光束分出的参考光叠加,从而在全息底片上产生两相干光束间的干涉图像,原位处理后即成全息照相.再用同样的激光照明,即可得物体自由悬浮的立体图像.

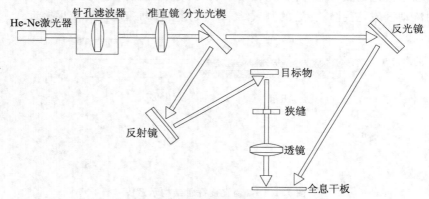

图 7.1.20   全息摄影原理示意图

全息图是目前唯一可以精确记录动态事件3D图像的方法.在燃烧研究中,全息摄影主要用于显示火焰的结构、记录火焰的形成与传播、测定粒子的尺寸与速度等.

(三)纹影法

纹影法为干涉效应的应用,当光线穿过有密度梯度的气体时,就会发生偏转.若气流速度足够大,纹影法可记录气体密度的梯度.根据光源与孔的不同组合,纹影法主要分为普通纹影法和激光纹影法.

普通纹影法一般采用普通的平行光系统,组成部分包括聚焦在缝隙上的光源、两个纹影透镜、锐缘、聚焦透镜及摄影记录装置等,如图 7.1.21 所示.在第 2 个纹影透镜的焦点处是源缝的像,此像的一半被实心的锐缘所遮挡.垂直于锐缘的折射率梯度记录于摄影装置内,调整锐缘可得到所需的灵敏度与反差.

普通纹影法已用于研究气态火焰,但强烈的自发光常会使纹影消失.为了解决这一问题,考虑采用高强度光源,不过这受到许多条件的限制.而激光纹影法利用了激光的单色性,在实验燃烧器下游加上窄通滤光镜,这样既可消除火焰自发光的干扰,又可与全息摄影组合应用,利用较短的曝光时间进行拍摄.但对没有自发光且过程较慢的现象,连续波激光纹影的图像质量比普通纹影的差.

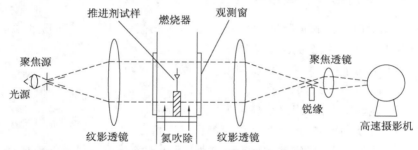

图 7.1.21 单通平行光纹影系统示意图

随着现代实验技术与光电仪器设备的迅速发展,各种新的诊断方法不断出现,但是每一种诊断方法都有各自的优点、缺点和局限性,因此要根据具体的研究对象,充分发挥各种测试方法的特点加以灵活运用.目前,不同诊断方法的相互渗透和联合使用是主要的发展趋势.也就是说,尽可能同时使用两种或两种以上方法对同一探测区域进行测试.

第二节 燃烧的数值模拟方法

长期以来,人们认识燃烧过程的主要途径是实验研究,燃烧科学基本上是一门实验科学.尽管燃烧的数学理论有了一定的发展,但在 20 世纪 70 年代以前,其理论仅限于描述基本现象,它在燃烧技术上的应用局限于定性分析.随着计算机技术的迅猛发展,近 40 年来,燃烧过程的数值模拟在燃烧理论、流体力学、化学动力学、传热学、数值计算方法及实验技术的基础上逐渐发展起来.现今,燃烧的数学理论已经成为通过燃烧过程数值模拟来发展燃烧技术和指导燃烧装置设计的有力工具.国内外著名的商业软件如 FLUENT,STAR - CD,CFX,PHOENICS 等已成为大家熟知的燃烧过程数值模拟软件,在热能、航天航空、化工、冶金、交通等领域得到了广泛的应用.除此之外,各个公司、研究所和高等学校均自行开发了燃烧过程数值模拟的源代码,通过 FORTRAN 语言、C 语言等相关语言平台模拟燃烧过程.在网格生成技术方面,同位网方法得到进一步发展,非结构化网格的研究蓬勃展开,对流项格式的精度不断提高.在压力与速度耦合关系的处理中,提出了算子分裂算法 PISO,SIMPLE 算法系列化并推广到了可压缩流体.本节主要介绍燃烧过程数值模拟的主要步骤和研究方法.

一、构造物理和数学模型及基本控制方程

首先对所研究的实际问题作出一定的简化假设,以确立其物理模型.建立物理模型时应当考虑的基本因素如下:

(1) 空间维数:确定物理模型为二维或三维空间;

(2) 时间因素:确定燃烧过程为定常或非定常;

(3) 流动形态:确定火焰燃烧为层流或湍流;

(4) 流动相数:确定燃烧过程为单相或多相;

(5) 物性参数:确定常物性或变物性,可压缩流体或不可压缩流体;

(6) 过程类型:确定抛物形或椭圆形;

(7) 边界条件:确定常规的一、二、三类边界条件或耦合的边界条件.

在确定了燃烧过程物理模型的基础上,可建立数学模型,构造所需的基本方程.燃烧过程所遵循的基本定律主要有质量守恒定律、牛顿第二定律、能量转换和守恒定律、组分转换和平衡定律等.

依据上述基本定理给出的基本方程,如连续方程、动量方程、能量方程、组分方程等通常不封闭,因此有必要通过物理概念或某些假设提出模拟理论.需要模型化的分过程有湍流流动、湍流燃烧、辐射换热、多相流动和燃烧等.

二、坐标轴的选取

坐标轴的选择原则一般是使得坐标轴与计算区域的边界相适应,可分为正交曲线坐标系和非正交曲线坐标系两大类.正交曲线坐标系共 14 种,采用正交曲线坐标系有利于简化计算过程并提高数值结果的精确度,最典

型的是笛卡尔坐标系. 非正交曲线坐标系更适应工程技术问题中不同计算区域形状.

三、网格的建立

在给定的燃烧区域内定义合适的网格过程称为网格生成. 对一个给定的问题来说, 数值计算是用离散的网格代替原物理问题中的连续空间, 所选择的网格类型可以成就或者破坏计算过程, 得到相异的结果. 因此, 网格生成本身成为数值计算中的一个实体, 它是很多特定研究机构研究的主要内容.

网格依其构造, 分为结构化(structured)、块结构化(block-structured)及非结构化(unstructured)3 种. 结构化网格中, 任一节点的位置可通过一定的规则予以命名; 块结构化网格中, 计算区域需分解为两个或两个以上由结构化网格组成的子区域, 各子区域可部分重叠或完全不重叠; 非结构化网格中, 节点的位置无法用一个固定的法则予以有序的命名. 对于非结构化网格, 需将其转换为一个均匀的、正交的网格, 伴随这些转换, 控制方程必须进行相应变化以便可以在转变后的均匀网格下应用. 图 7.2.1a 中直角坐标网格并不适用于求解此类流场问题, 它是一个非均匀的、由曲面组成的网格, 因此需要将物理平面上的曲线网格转化到 ξ, η 中相互垂直的网格上. 如图 7.2.1b 所示, 它是一个由 ξ, η 表示的互相垂直的网格, 这种互相垂直的网格称为计算平面, 所进行的变化必须保证图 7.2.1b 的正交平面和图 7.2.1a 的曲线平面中的各点是一一对应的关系.

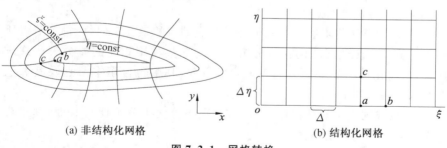

(a) 非结构化网格   (b) 结构化网格

图 7.2.1 网格转换

四、离散方程的建立

将描述物理问题的控制微分方程转化成每一个节点上的一组代数方程, 该方程组中包含该节点及其邻近点上所求函数之值, 这组方程即为离散方程. 偏微分方程的解析解具有闭合形式的表达式, 它随着自变量在定义域中的变化而改变. 相反, 数值求解能够给出定义域中离散点上的值, 这些离散点对应于网格点. 建立离散方程的方法主要有以下几种.

(一) 有限差分法(finite difference method, FDM)

有限差分法(FDM)是计算机数值模拟最早采用的方法, 至今仍被广泛运用. 该方法将求解域划分为差分网格, 用有限个网格节点代替连续的求解域. 有限差分法以泰勒(Taylor)级数展开等方法, 把控制方程中的导数用网格节点上函数值的差商代替进行离散, 从而建立以网格节点上的值为未知数的代数方程组. 该方法是一种直接将微分问题变为代数问题的近似数值解法, 数学概念直观, 表达简单, 是发展较早且比较成熟的数值方法. 对于有限差分格式, 从格式的精度来划分, 有一阶格式、二阶格式和高阶格式; 从差分的空间形式来划分, 有中心格式和逆风格式; 考虑时间因子的影响, 差分格式还可以分为显格式、隐格式、显隐交替格式等. 目前常见的差分格式主要是上述几种形式的组合, 不同的组合构成不同的差分格式. 差分方法主要适用于有结构网格, 网格的步长一般根据实际地形的情况和柯朗稳定条件来决定.

构造差分的方法有多种形式, 目前主要采用的是泰勒级数展开方法. 其基本的差分表达式主要有 4 种形式: 一阶向前差分、一阶向后差分、一阶中心差分和二阶中心差分等, 其中前两种格式为一阶计算精度, 后两种格式为二阶计算精度. 通过对时间和空间不同差分格式的组合, 可以形成不同的差分计算格式.

有限差分法的特点如下:

① 这种方法将求解区域用节点所组成的点的集合来代替, 每个节点所描述的流动与传热问题的偏微分方程中的导数项用相应的差分表达式来代替, 从而在每个节点上形成一个代数方程, 其中包含了本节点及其邻点上所求量的未知值;

② 在规则区域的结构化网格上, 有限差分法十分简便且有效, 并很容易引入对流项的高阶格式;

③ 难以保证离散方程的守恒特性, 对不规则区域的适应性较差.

(二) 有限元法(finite element method, FEM)

有限元法的基础是变分原理和加权余量法, 其基本求解思想是把计算域划分为有限个互不重叠的单元, 在每个单元内, 选择一些合适的节点作为求解函数的插值点, 将微分方程中的变量改写成由各变量或其导数的节点值与所选用的插值函数组成的线性表达式, 借助于变分原理或加权余量法,将微分方程离散求解.通常采用不同的权函数和插值函数形式,以便构成不同的有限元方法.

在有限元法中,把计算域离散剖分为有限个互不重叠且相互连接的单元,在每个单元内选择基函数,通过单元基函数的线性组合来逼近单元中的真解,整个计算域上总体的基函数可以看作是由每个单元基函数组成的,因此整个计算域内的解可以看作是由所有单元上的近似解构成的.

根据所采用的权函数和插值函数的不同,有限元法也分为多种计算格式,从权函数的选择来划分,有配置法、矩量法、最小二乘法和伽辽金法;从计算单元网格的形状来划分,有三角形网格、四边形网格和多边形网格;从插值函数的精度来划分,有线性插值函数和高次插值函数等.不同的组合同样构成不同的有限元计算格式.对于权函数,伽辽金(Galerkin)法是将权函数取为逼近函数中的基函数;最小二乘法是令权函数等于余量本身,而内积的极小值则为待求系数的平方误差最小;配置法先在计算域内选取 N 个配置点,令近似解在选定的 N 个配置点上严格满足微分方程,即在配置点上令方程余量为 0.

插值函数一般由不同次幂的多项式组成,但可采用三角函数或指数函数组成的乘积表示,最常用的是多项式插值函数.有限元插值函数分为两大类:一类只要求插值多项式本身在插值点取已知值,称为拉格朗日(Lagrange)多项式插值;另一种不仅要求插值多项式本身,还要求它的导数值在插值点取已知值,称为哈密特(Hermite)多项式插值.

单元坐标有笛卡尔直角坐标系和无因次自然坐标,或对称和不对称坐标等.常采用的无因次自然坐标是一种局部坐标系,它的定义取决于单元的几何形状,一维看作长度比,二维看作面积比,三维看作体积比.在二维有限元中,最早开始应用的是三角形单元,近年来四边形等单元的应用也越来越广.对于二维三角形和四边形单元,常采用的插值函数为 Lagrange 插值直角坐标系中的线性插值函数及二阶或更高阶插值函数、面积坐标系中的线性插值函数、二阶或更高阶插值函数等.

对于有限元法,其基本思路和解题步骤可归纳如下:

(1) 建立积分方程,根据变分原理或方程余量与权函数正交化原理,建立与微分方程初边值问题等价的积分表达式,这是有限元法的出发点.

(2) 区域单元剖分,根据求解区域的形状及实际问题的物理特点,将区域剖分为若干相互连接、不重叠的单元.区域单元划分是采用有限元法的前期准备工作,这部分工作量比较大,除了给计算单元和节点进行编号和确定相互之间的关系之外,还要表示节点的位置坐标,同时需要列出自然边界和本质边界的节点序号和相应的边界值.

(3) 确定单元基函数,根据单元中节点数目及对近似解精度的要求,选择满足一定插值条件的插值函数作为单元基函数.有限元法中的基函数是在单元中选取的,由于各单元具有规则的几何形状,在选取基函数时可遵循一定的法则.

(4) 单元分析:各个单元中的求解函数用单元基函数的线性组合表达式进行逼近;再将近似函数代入积分方程,并对单元区域进行积分,可获得含有待定系数(即单元中各节点的参数值)的代数方程组,称为单元有限元方程.

(5) 总体合成:在得出单元有限元方程之后,将区域中所有单元有限元方程按一定法则进行累加,形成总体有限元方程.

(6) 边界条件的处理:一般边界条件有 3 种形式,分为本质边界条件(狄里克雷边界条件)、自然边界条件(黎曼边界条件)和混合边界条件(柯西边界条件).对于自然边界条件,一般在积分表达式中可自动得到满足.对于本质边界条件和混合边界条件,需按一定法则对总体有限元方程进行修正满足.

(7) 解有限元方程:根据边界条件修正的总体有限元方程组是含所有待定未知量的封闭方程组,采用适当的数值计算方法求解,可求得各节点的函数值.

有限元法的特点如下:

(1) 这种方法将计算区域划分成一组离散的容积(元体),然后通过对控制方程积分得出离散方程.

(2) 最大优点是对不规则几何区域的适应性好.

(3) 在对流项的离散处理及不可压缩流体 Navier-Stokes(N-S)方程的原始变量法求解方面不如有限体积法成熟.

(三) 有限体积法(finite volume method, FVM)

有限体积法(FVM)又称为控制体积法.其基本思路如下:将计算区域划分为一系列不重复的控制体积,并使每个网格点周围有一个控制体积;将待解的微分方程对每一个控制体积积分,便得出一组离散方程.其中的未知数是网格点上的因变量的数值.为了求出控制体积的积分,必须假定值在网格点之间的变化规律,即假设值的分段分布剖面.从积分区域的选取方法来看,有限体积法属于加权剩余法中的子区域法;从未知解的近似方法来看,有限体积法属于采用局部近似的离散方法.简言之,子区域法属于有限体积法的基本方法.

有限体积法的基本思路易于理解,并能得出直接的物理解释.离散方程的物理意义就是因变量在有限大小的控制体积中的守恒原理,如同微分方程表示因变量在无限小的控制体积中的守恒原理一样.有限体积法得出的离散方程,要求因变量的积分守恒对任意一组控制体积都得到满足,对整个计算区域,自然也得到满足.有一些离散方法,例如有限差分法,仅当网格极其细密时,离散方程才满足积分守恒;而有限体积法即使在粗网格情况下,也显示出准确的积分守恒.就离散方法而言,有限体积法可视作有限元法和有限差分法的中间物.有限元法必须假定值在网格点之间的变化规律(即插值函数),并将其作为近似解.有限差分法只考虑网格点上的数值而不考虑值在网格点之间如何变化.有限体积法只寻求结点值,这与有限差分法类似;但有限体积法在寻求控制体积的积分时,必须假定值在网格点之间的分布,这又与有限元法类似.在有限体积法中,插值函数只用于计算控制体积的积分,得出离散方程之后,便可忘掉插值函数;如果需要,可以对微分方程中不同的项采用不同的插值函数.

有限体积法的特点如下:

(1) 这种方法从描述流动与传热问题的守恒性控制方程出发,对它在控制体积上积分,在积分过程中需要对界面上被求函数本身(对流通量)及其一阶导数(扩散通量)的构成方式作出假设,从而形成不同的离散格式.其中扩散项一般采用相当于二阶精度的线性插值,故离散格式的区别主要体现在对流项上.

(2) 有限体积法导出的离散方程可以保证具有守恒性;对区域形状的适应性较有限差分法好.

(四) 有限分析法(finite analytic method, FAM)

有限分析法(FAM)是指利用一系列网格线将计算区域离散,其中每一节点与其相邻的 4 个网格(二维情况下)组成一个计算单元,即每一单元由一个内点及 8 个邻点组成.在计算单元内将控制方程的非线性项局部线性化,并对该单元边界上的未知函数的变化型线作出假设,把所选定型线表达式中的常数或系数项用单元边界节点的函数值来表示,这样将该单元内的求解问题转化成为第一类边界条件下的问题,进而设法找出其分析解,并利用分析解找出该单元的内节点及其 8 个邻点上未知函数值之间的代数关系式,这就是上述内点的离散方程.

有限分析法的特点如下:

(1) 可以克服高雷诺数下有限差分法或有限体积法的数值解易发散或振荡的缺点.

(2) 计算工作量大,对计算区域几何形状的适应性较差.

(五) 谱分析法(spectral method, SM)

谱分析法(SM)对被求解的函数采用有限项的级数展开(如傅里叶展开、多项式展开等)来表示. 与前述几种离散方法不同,SM 中要建立的代数方程是关于这些系数的代数方程,而不是节点上被求函数值的代数方程. 建立上述代数方程的基本方法是加权余数法.

谱分析法的特点如下:

(1) 应用 SM 可以获得很高精度的解.

(2) 不适宜于编制通用程序.

(六) 格子- Boltzmann 方法(lattice - Boltzmann method, LBM)

格子- Boltzmann 方法(LBM)是基于分子运动论的一种模拟流体的数值方法. 与前述所有离散方法不同的是,在 LBM 中不再假设介质是连续的,而是认为流体由许多只有质量没有体积的微粒组成,这些微粒可以向空间若干个方向任意运动. 基于质量、动量守恒原理,可以建立表征微粒在给定时刻位于空间某一位置附近的概率密度函数(probability density function, PDF),再通过统计方法获得 PDF 与宏观运动参数间的关系.

格子- Boltzmann 方法的特点如下:

(1) 求解瞬态问题时,计算时间少,精度高. 传统方法求解的控制方程对流项是非线性的,每一个时间步都需要迭代收敛. 传统软件计算瞬态问题时,给定最大迭代次数,计算并未收敛,最终影响求解精度,并且计算效率低. LBM 算法求解的 Lattice - Boltzmann 方程对流项是线性的,不存在这方面的问题.

(2) 适合并行计算. LBM 运算具有局部性,每个粒子只与周围相邻粒子有关,局域运算可同步进行.

(3) 求解黏性力更精确. 格子- Boltzmann 方程在描述黏性力方面比 Navier - Stokes 方程更加精细.

五、辐射换热过程的模拟

与依靠分子不规则的热运动或流体微团的宏观位移实现的以有限速度进行传递的导热和对流换热不同,辐射是电磁波的传播,它可以发生在不接触的两个表面之间,因此与描述导热和对流换热的控制微分方程不同,描述辐射传递过程的方程可以是代数方程、积分方程或积分-微分方程.对于由积分方程或积分-微分方程描述的复杂辐射换热,可采用热通量法、区域法、蒙特卡洛法及离散坐标法等进行数值计算.常见的热辐射模型主要有如下几种.

(一) 离散传输辐射模型(discrete transfer radiation model, DTRM)

DTRM 模型的优点是简单且可适用的计算对象的尺度范围较大,其缺点是没有包含散射效应、不能计算非灰辐射.增加模型中射线的数量可以提高 DTRM 模型的精度,但计算量也明显增加.

(二) P-1 模型

P-1 模型是 P-N 模型的简化,适用于大尺度辐射计算.对比 DTRM 模型,其优点在于计算量更小,且包含散射效应.当燃烧计算域的尺寸比较大时,P-1 模型非常有效.另外,P-1 模型可应用在较为复杂的计算域中.

(三) Rosseland 模型

Rosseland 模型是最为简化的辐射模型,只能应用于大尺度辐射计算.其优点是速度快,需要内存少.

(四) 离散坐标(discrete ordinates, DO)模型

DO 模型是 4 种模型中最为复杂的辐射模型,从小尺度辐射计算到大尺度辐射计算都适用,且可计算非灰辐射和散射效应,但计算量较大.

六、燃烧过程的模拟

燃烧过程模拟涉及的理论模型较多,比如实际燃烧反应系统内的均相燃烧绝大多数为湍流燃烧,湍流燃烧是湍流-化学反应相互作用的结果,目前国际上对湍流燃烧和湍流-化学反应相互作用的理论研究非常活跃,提出并建立了多种湍流理论模型.在单相/多相流燃烧的理论与数值模拟研究中,既涉及对颗粒或颗粒群多相燃烧特性的研究,又涉及对实际燃烧反应系统内湍流多相燃烧的研究.在描述颗粒碰撞相互作用方面,已提出了欧拉坐标系框架下的颗粒动力学模型和拉格朗日坐标系框架下的离散颗粒模型等不同的理论模型,后者包括颗粒硬球模型、颗粒软球模型和颗粒随即碰撞模型等.下面介绍几类常用的燃烧理论模型.

(一) 概率密度函数(PDF)模型

该模型不求解单个组分输运方程,但求解混合组分分布的输运方程,各组分浓度由混合组分分布求得.PDF 模型尤其适合于湍流扩散火焰的模拟和类似反应过程的模拟. 在该模型中,用概率密度函数来考虑湍流效应. 该模型不要求用户显式地定义反应机理,而是通过火焰面方法(即混即燃模型)或化学平衡计算来处理,因此比有限速率模型有更多的优势,可以用来计算航空发动机环形燃烧室中的燃烧问题及液体/固体火箭发动机中的复杂燃烧问题.

（二）大涡模拟模型

大涡模拟可以揭示湍流燃烧中对湍流混合起主导作用的大尺度涡的瞬态结构,还可以描述局部火焰对流场非定常性的瞬时响应. 对大涡模拟中涉及的亚格子湍流燃烧模型已相继发展了尺度相似性模型、层流小火焰模型、条件矩模型、过滤密度函数(fliter density function,FDF)输运方程模型和线性涡模型等. 该模型在湍流燃烧的研究中应用得比较多.

（三）层流火焰模型

层流火焰模型是混合组分/PDF 模型的进一步发展,用来模拟非平衡火焰燃烧. 在模拟富油一侧的火焰时,典型的平衡火焰假设失效. 该模型可以模拟形成 NO_x 的中间产物,可以模拟火箭发动机的燃烧问题和冲压式喷气发动机及超声速燃烧冲压发动机的燃烧问题.

（四）预混燃烧模型

该模型专用于燃烧系统或纯预混的反应系统. 在此类系统中,充分混合的反应物和反应产物被火焰面隔开,通过求解反应过程变量来预测火焰面的位置. 湍流效应可以通过层流和湍流火焰速度的关系来研究. 该模型可以用来模拟飞机加力燃烧室中的复杂流场、汽轮机、天然气燃炉等.

（五）有限速率模型

这种模型用于求解反应物和生成物输运组分方程,并自定义化学反应机理. 反应速率作为源项在组分输运方程中通过阿伦尼乌斯方程或涡耗散模型计算. 有限速率模型适用于预混燃烧、局部预混燃烧和非预混燃烧. 该模型可以模拟大多数气相燃烧问题,在航空航天领域的燃烧计算中有广泛的应用.

（六）扩展相干火焰模型（extended coherent flame model, ECFM)

ECFM 模型应用两步化学反应机理,考虑了在化学当量比和富燃料状态下 CO 和 H_2 的生成. 同时模型假设高温条件下的已燃气体中虽然不存在燃料,但可以发生化学反应. ECFM 模型按照 Meintjes/Morganku 快速平衡反应机理和 Zeldovich 机理进行污染物计算,在 FIRE 中提供. 在 ECFM 模型的基础上,STAR - CD 最近开发了统一考虑自燃、预混燃烧和非预混燃烧 3 种燃烧模式的燃烧模型——ECFM‑3Z 模型. 每个计算单元被划分为 3 个部分:纯燃料区、纯空气＋残余废气区和已混合区. 在已混合区,使用标准 ECFM 模型;在未燃区使用自燃模型;对已燃气体使用一个改进的污染物模型,增加了烟灰模型(soot model)和 CO 动力氧化模型. ECFM 模型和 ECFM‑3Z 模型用于模拟火花点火发动机中的预混燃烧、敲缸和污染物生成. 同时 ECFM 模型与喷雾模型耦合使用,可用于直喷式汽油机的模拟.

七、数值求解

(一)代数方程组

控制方程离散化后形成的方程组实际上是一组非线性的代数方程组. 在结构化网格上生成的代数方程组,其系数矩阵中非零元素都集中在主对角线附近一个很窄的带宽范围内,利用这一特性,对一维问题发展出了十分有效的三对角线矩阵算法,进一步推广到二维、三维问题,即为交替方向线迭代法. 在非结构化网格上生成的代数方程组,其系数矩阵不像结构化网格中那样规则,其求解一般采用点迭代法或共轭梯度法.

(二)选择使用软件或编写程序

针对不同的研究对象,选择合适的商业软件如 FLUENT,STAR‑CD,CFX,PHOENICS 等,或进行源代码编写,利用 FORTRAN 语言、C 语言等程序进行编译、运行. 在得到计算结果后进行合理性分析,验证数值计算结果是否与物理现象相符.

思考题

1. 试介绍两种流场测量的方法并简单介绍其原理.
2. 激光诱导荧光法能测试哪些物理参数?
3. 燃烧过程的数值模拟软件有哪些?介绍采用其中一种软件计算时的大致步骤.

第八章
燃烧学的发展和若干应用实例

第一节　往复式发动机燃烧过程的数值模拟

　　内燃机作为轻型交通工具的动力源,在未来的 10 年内仍将占据统治地位,且内燃机产品基数巨大,即使很小的改进也会对社会经济和环境污染控制产生重大影响.内燃机是一种低马赫数、可压缩、多相、高雷诺数的湍流与化学反应过程及传热过程耦合的燃烧机械,内部燃烧过程受限于几何形状随时间变化的燃烧室,整个过程极其复杂,涉及的主要科学问题是湍流与化学反应动力学之间的耦合机理.从燃料燃烧特性出发,围绕内燃机燃料成分、氧化剂(当量比)、着火温度这三要素的"时空"控制,一些新型的燃烧方式被提出并得到广泛研究,如均质压燃(homogeneous charge compression ignition,HCCI)、预混合充量压燃(premixed charge compression ignition,PCCI)、低温燃烧(low temperature combustion,LTC)、反应控制压燃(radical charge compression ignition,RCCI)等.喷雾、缸内气流运动的组织是实现这些先进燃烧方式的关键,因此,在实验上借助于先进的激光诊断技术对缸内流动、燃烧温度和组分浓度进行测试,在数值模拟上借助于 KIVA 程序和 LES 模型,开展基于真实多缸发动机工况的燃料雾化和燃烧特性研究,有望加深对发动机内部燃料的雾化、化学反应与流体运动过程的耦合机制的理解,实现对燃烧要素的精确"时空"控制,进而精细化控制燃烧过程,实现清洁燃烧.

　　本节将对往复式柴油机和转子发动机进行数值模拟,以加深对发动机燃烧过程的理解.

一、计算对象和网格

　　下面针对 DLH1105 型柴油机缸内喷雾和燃烧过程进行数值模拟,柴油机的参数和运行条件见表 8.1.1 燃烧室 A 是为进行实验验证而改装的圆柱形燃烧室,在保持原有燃烧室压缩比不变的情况下设计了 B,C,D 3 种不同形状的直喷式燃烧室,燃烧室 B 为敞口 ω 型燃烧室,燃烧室 C 为直口大凸台 ω 型,燃烧室 D 为缩口 ω 型燃烧室.

表 8.1.1   DLH1105 型柴油机的参数和技术规格

参　数	技术规格
缸径	105 mm
活塞行程	115 mm
连杆长度	225 mm
压缩比	18
喷孔数×直径	$4 \times \phi 0.32$ mm
实验转速	1 000 r/min
循环供油量	56 mg
排量	0.996 L
喷油提前角	BTDC14°CA

采用 ES-ICE 建立燃烧室动网格,由于 DLH1105 型柴油机采用 4 孔喷油器,4 个孔周向均布,因此只选择燃烧室的 1/4 生成计算网格.图 8.1.1 为 ES-ICE 生成的 3 种改进后的燃烧室动网格.

  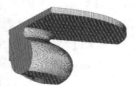

B（敞口型）　　　　C（直口大凸台型）　　　　D(缩口型)

图 8.1.1   ES -ICE 生成的 3 种改进后的燃烧室动网格

二、计算模型及参数设定

针对柴油机压缩性高、运动剧烈、瞬变性强等特点,对与喷雾和燃烧过程相关的气流运动、燃油雾化、燃烧和排放模型进行选定(见表 8.1.2),采用有限体积法进行计算.

表 8.1.2　DLH1105 型柴油机模拟计算选用的主要模型

模型类别	模型选用
湍流模型	$k\text{-}\varepsilon$ 高雷诺数模型
喷射模型	拉格朗日多相流模型
破碎模型	Reitz/Diwakar 模型
雾化模型	HUH 雾化模型
撞壁模型	Bai 模型
点火模型	Shell 点火模型
燃烧模型	EBU 模型

对燃烧过程的模拟计算从进气门关闭时刻开始,至排气门开启时刻结束,设定上止点时刻曲轴转角为 0°CA.燃料分子式为 $C_{12}H_{26}$,每循环供油量为 0.056 g,喷油提前角为 14°CA,喷油持续角为 18°CA,喷雾计算中起喷压力为 20 MPa,涡流比为 1.6.计算初始条件由试验值和经验值给出:初始温度为 320 K,活塞表面温度为 543 K,气缸盖温度为 520 K,缸壁温度为 500 K,初始压力 0.1 MPa.对于湍流参数,由于计算采用 $k\text{-}\varepsilon$ 模型,根据计算经验只给出缸内流场的湍动能初始值 k_0 为 0.1,湍流耗散率为 0.002.进气道和排气道截面设为给定压力边界,轴对称面上选择周期边界.

三、实验验证

圆柱形燃烧室 A 喷雾燃烧过程的数值模拟温度场和实验的高速摄影照片对比如图 8.1.2 所示,图中的奇数行为若干时刻的模拟结果,截图为数值模拟燃烧室内温度场的轴式图,反映燃烧室径向截面上的温度场情况.黑色的液滴表示燃油,其分布反映喷射后的油滴发展演变与空间分布.图中偶数行为相同条件下燃烧室 A 的实验照片,其中每张小图片下方的数字表示相应图片的曲轴转角.

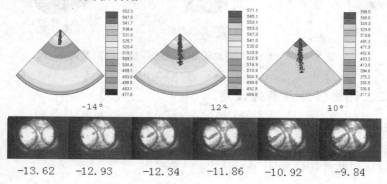

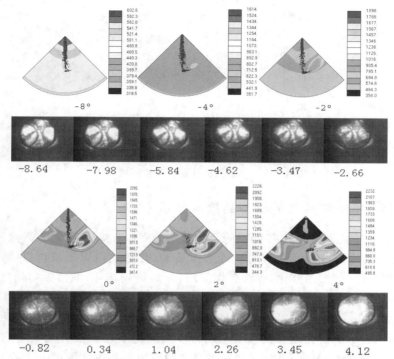

图 8.1.2 燃烧室 A 喷雾燃烧过程数值模拟温度场和实验的高速摄影照片对比

由图 8.1.2 可知,实验和模拟时,燃油油束均在 10°CA 附近开始出现燃油末梢碰壁,反弹后均出现油束一部分随涡流方向沿壁面扩展,另一部分反向沿壁扩散的情况;着火时刻、着火后的火焰扩展情况也较一致. 总体而言,在对应的曲轴转角,数值模拟结果和实验照片吻合较好,验证了模型的可靠性和初始经验参数选取的准确性.

图 8.1.3 为计算示功图与实测示功图的比较. 由图可以看出,计算示功图在压力峰值及峰值相位的预测方面都与实测吻合得很好,且计算结果与实验结果在曲线形状上基本相同,具体数值大小相差很小.

从整体上来说,计算结果与实验结果基本吻合,说明建立的计算模型准确可靠,模型参数的选取设置基本合理,有效地验证了计算模型的准确性.

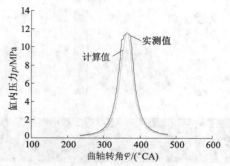

图 8.1.3　示功图的计算值与实测值对比

四、不同燃烧室的模拟结果与分析

　　缸内气流运动既具有高度的不定常性,又具有循环变化的高度随机性,是一种十分复杂又强烈瞬变的湍流运动,合理地组织气流可以提高空气利用率,促进燃油雾化,改善燃烧品质,提高热效率,降低污染物排放量.燃烧室内的湍流特性基本是由燃烧室的几何形状决定的.计算过程中,在上止点前 14°CA,燃油开始喷入缸内;在上止点后 14°CA,燃烧进入后期.图8.1.4显示了喷孔垂直剖面处,B,C,D 型燃烧室在燃油开始喷射(左侧图)和燃烧进入后期(右侧图)两种关键曲轴转角下的速度场对比结果.

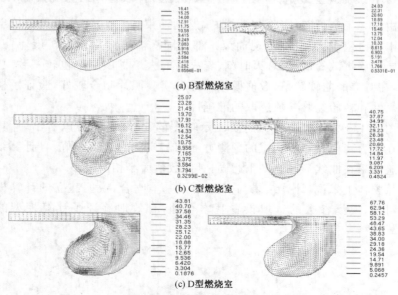

(a) B型燃烧室

(b) C型燃烧室

(c) D型燃烧室

图 8.1.4　3 种燃烧室在不同曲轴转角下的速度场对比

如图 8.1.4 所示,在上止点前 14°CA 时,压缩过程进入后期,空气被挤入活塞顶内的燃烧室,在燃烧室的纵向平面内形成挤流.由图可以看出,B型敞口燃烧室由于壁面导向作用很差,仅在敞口位置形成一个较小尺度的涡流,挤流效果最差.通过缩小喷孔直径,可以提高喷射压力,进而提高雾化质量和 B 型燃烧室的进气涡流,改善混合气质量.C 型燃烧室为直口凸台,呈哑铃形,挤气面积较小,在壁面附近形成一个中等尺度的逆时针旋涡,旋涡大约占燃烧室空间的一半.D 型燃烧室具有较大的缩口,中心凸台又起到了较好的导流作用,且凸台的导向作用比 C 型燃烧室要明显得多,因此活塞上方空气被压入燃烧室后在凸台导流和缩口的作用下沿凹坑壁面向缩口发展,在凹坑内形成一个很大尺度的旋涡.由 D 型燃烧室左侧图可见,燃烧室内气流运动非常剧烈,最高速度达 43.61 m/s,这有利于混合气的形成,提高燃烧质量.

上止点后 14°CA 时,燃烧进入后期,燃烧产生的涡流和逆挤流进一步增强了空气的运动,并促进了燃烧室内混合气的生成,加强了扩散燃烧,高温高压气体携带未燃燃油和燃烧中间产物离开燃烧室,运动到上部及周边遇到新鲜空气发生反应,保证了燃油的充分及时燃烧.从图 8.1.4 右侧图可以看出,B 型燃烧室内主要以燃烧涡流为主,且空间较小,气流运动缓慢,燃烧进行得不充分,会造成排放指标恶化;C 型燃烧室在凹坑内有一个较大尺度的旋涡,处在凹坑底部的燃油会在涡流的作用下先向凹坑中部集中,然后在挤流的作用下向上方运动,进行氧化燃烧;D 型燃烧室对挤流有很好的保持作用,并且能保持一定的强度,湍流强度比 C型燃烧室要大,使得已燃气体和未燃混合气之间的扩散和结合作用都得到强化,许多未完全燃烧的中间产物随后进行二次氧化,减少了有害污染物的排放.

图 8.1.5 为上止点前 4°CA(开始着火时刻)缸内可燃混合物分布情况和缸内温度分布情况.其中,左侧图是浓度场,右侧图是温度场.

如图 8.1.5 所示,喷注的燃油颗粒与燃烧室壁面发生碰撞,形成油膜和浓混合气,虽然在垂直于壁面的方向上有很大的浓度梯度,但是扩散率很低,不能掺杂大量的空气,因此对蒸发不利,并且受到较低的壁面温度的影响,燃烧质量较差,容易生成大量碳烟和未燃 HC 基团.B 型燃烧室喷孔到壁面的距离略大于贯穿度,在油束前锋处较大的燃油粒子破碎成细小颗粒,在撞壁点处细小的燃油粒子又会发生堆积,因此壁面附着较多的燃油.C 型燃烧室中喷注撞击在直口和圆弧的交界处,造成二次雾化掺混大量空气,可以加快燃油蒸发速度,撞击点下方有许多细小的燃油颗粒.在挤流的作用下,雾束的下方形成较多的混合气,首先形成着火点,分布的范围也较大;雾束上方形成的混合气要少一些,温度也会比较低,形成第二着火点,分布范围小.D型燃烧室喷注撞击壁面时,雾束基本沿燃烧室壁面向下平行发展,大量燃油以粒子形式存在,在挤流的强烈影响下,早先形成的稀薄混合气被吹到雾束的下方,在燃烧室底部形成着火点.

在上止点后4°CA,供油基本结束,浓度场和温度场分布如图8.1.6所示.B型燃烧室的燃油主要分布在燃烧室上半部与缸盖之间,燃油进入顶隙十分明显,这个区域空气流动变慢,加上壁面处火焰猝熄,因此不完全燃烧产物氧化受阻,这是导致碳烟和未燃HC基团发生的主要原因.

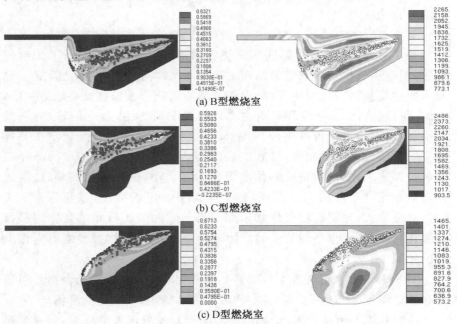

(a) B型燃烧室

(b) C型燃烧室

(c) D型燃烧室

图 8.1.5　上止点前 4°CA 3 种形状的燃烧室内浓度场和温度场分布

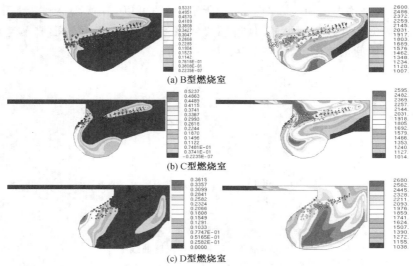

(a) B 型燃烧室

(b) C 型燃烧室

(c) D 型燃烧室

图 8.1.6　上止点后 4°CA 3 种形状的燃烧室内浓度场和温度场分布

C 型燃烧室的燃油分布在侧壁和凹坑内,中心空气利用不足,高温区域分布范围比 D 型燃烧室小,缸内温度也比 D 型燃烧室低一些.D 型燃烧室的燃油主要分布在燃烧室的侧壁,此时整个燃烧室基本都是高温区域,表明燃烧主要在燃烧室内进行,燃烧较为充分.

缸内平均压力曲线如图 8.1.7 所示,由图可以看出,在预混合燃烧阶段,3 种燃烧室的压力曲线基本一致.在上止点前后由于燃烧的产生,压力曲线有了较为明显的变化.D 型燃烧室由于挤流强度高,涡流持续期较长,更有利于混合气的形成,因此压力升高比较快,燃烧室缸内压力最高;C 型燃烧室缸压峰值次之;B 型燃烧室缸压峰值最低.

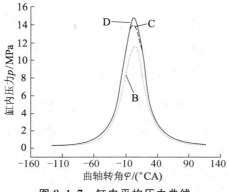

图 8.1.7　缸内平均压力曲线

缸内平均温度曲线如图 8.1.8 所示,由图可以看出,活塞到达上止点后,缸内温度开始急剧上升.D 型燃烧室挤流强度高,混合气形成迅速,燃烧充分,因此最高温度比 B,C 型燃烧室要高.

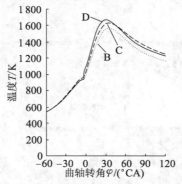

图 8.1.8　缸内平均温度曲线

缸内 NO_x 生成量随曲轴转角的变化如图 8.1.9 所示.NO_x 的生成主要受温度影响,D 型燃烧室温度升高较快,平均温度高,因此 NO_x 的生成速率较快,总量也较大,在上止点后 30 ℃A 温度开始下降,NO_x 被"冻结",含量保持不变.B,C 型燃烧室 NO_x 的生成速率和质量相差不多,都比 D 型燃烧室低.由于 D 型燃烧室后期扩散燃烧质量较好,可以采用推迟喷油的方式降低最高燃烧压力和温度,即可大大减少 NO_x 的生成量,又不至于导致燃烧品质恶化,以达到同时减少氮氧化物和微粒排放的目的.

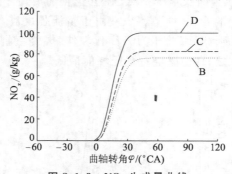

图 8.1.9　NO_x 生成量曲线

图 8.1.10 为缸内 Soot(碳烟)生成量随曲轴转角的变化曲线.Soot 主要在高温缺氧的条件下生成,1 500~2 400 K 的温度区是碳烟的主要生成区域,且过高的温度会促进已生成碳烟的氧化.图 8.1.10 中碳烟生成峰值在 30 ℃A 上止点附近,随着燃烧的继续,生成的碳烟大部分被氧化.B 型

燃烧室平均温度在 1 500～2 400 K 持续的时间比较长,缸内气体混合质量最差,燃烧不充分,因此 Soot 生成量最多.D 型燃烧室缸内气体挤流强度比 C 型燃烧室高,涡流持续期长,后期扩散燃烧比较好,气体混合质量最好,因此 Soot 生成量最少.C 型燃烧室碳烟生成量介于二者之间.

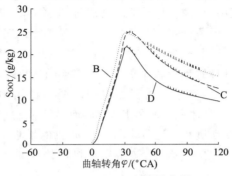

图 8.1.10 Soot 生成量曲线

第二节 转子发动机燃烧过程的数值模拟

转子发动机是指活塞在气缸内做旋转运动的活塞式内燃机,又名转子活塞式发动机.该型发动机内部由转子活塞的旋转运动直接带动输出轴旋转做功,省去了往复式活塞发动机中的曲柄连杆机构,具有结构简单、零部件较少、运转平稳等优点.转子发动机也是一种高效的内燃机.

转子发动机是由德国工程师菲力斯·汪克尔(Felix Wankel)设计发明的.菲力斯·汪克尔在 1929 年获得了关于该型发动机的第一个专利.转子发动机由三角转子活塞、缸体、前后端盖和偏心轴等主要零部件组成.缸体的轮廓线在几何学上称为双弧外次摆线,而三角转子活塞的轮廓线是缸体型线的内包络线.三角转子活塞被安装在缸体和前后端盖所形成的腔内,三角转子活塞的 3 个弧面与气缸型面及前后端盖之间形成了 3 个气缸,气缸之间通过端面密封片和径向密封片进行隔离密封.三角转子活塞的一个端面上固定着与其同心的内齿轮,并与固定在端盖上的外齿轮相啮合.偏心轴的偏心轴颈支承在位于三角转子活塞中心的轴承中,而偏心轴的主轴颈支承在前、后端盖的主轴承中.除了上述基本结构之外,转子发动机还有燃料供给系统、点火系统、润滑系统、冷却系统及一些其他附件.工作过程中,三角转子活塞在偏心轴的配合下做偏心旋转运动.3 个气缸在三角转子活塞旋转过程中的容积变化规律完全相同,都相继完成进气、压缩、燃烧膨胀及排气 4 个行程,即三角转子活塞旋转一周,3 个气缸各做一次功.

在应用方面,因转子发动机具有零部件少、可燃用多种燃料及易于整机小型化等优势,所以在军事和民用领域得到了广泛应用,如特种车辆、小型飞机、无人机、艇用舷外机和便携式电源等. 近年来,随着石油燃料短缺及雾霾、全球变暖等现象凸显,世界上很多国家纷纷公布了禁售燃油车的时间表,这促使包括增程式电动汽车在内的新能源汽车得到了快速发展.但是,目前增程器自身的重量和体积却严重制约了增程式电动汽车的进一步发展. 因此,该型电动汽车的增程器迫切需要一种结构紧凑且功重比高的发动机来减小其自身体积并减轻其自重,而转子发动机可以满足这一需求. 由紧凑的转子发动机和小型发电机组合而成的增程器被认为是最有前景的电动汽车增程器之一. 因此,转子发动机燃烧和排放性能的提升受到了越来越多的关注.

转子发动机的燃烧和排放性能受到缸内气流运动、着火和燃烧过程的制约. 因此,本节将对转子发动机的缸内流动和燃烧过程进行研究分析,以揭示该型发动机缸内的流动和燃烧机理,进一步加深人们对该型发动机工作过程的认识.

目前针对转子发动机的缸内流动和燃烧过程的研究方法主要有两种,即实验方法和数值模拟方法. 实验方法首先利用石英玻璃把转子发动机改装成可视化的转子发动机,然后利用高速摄像技术、粒子图像测速技术(particle image velocimetry,PIV)、平面激光诱导荧光(planar laser induced fluorescence,PLIF)等拍摄缸内的流动和燃烧过程. 但是,在转子发动机高速运转过程中进行流动燃烧过程拍摄对台架的加工及石英玻璃的强度等提出了非常高的要求,难度很大. 利用燃烧分析仪及尾气分析仪等设备可以在不对原机进行大的改装的情况下测得缸内压力和排放的相关数据,但是这种方法无法获得缸内流动和火焰传播的具体过程,更无法得知燃烧过程中重要的中间产物的变化历程. 所以,实验方法作为一种研究发动机的传统方法,虽然在发动机部分关键数据的获取方面作用显著,但是存在成本高、周期长、获得的数据有限等缺点. 随着计算机技术的飞速发展,数值模拟目前已成为发动机燃烧过程研究的重要手段. 相比之下,数值模拟方法具有实验方法不可比拟的优势. 三维的数值模拟模型耦合较为详细的化学反应机理,可方便地得到实验不易获得的缸内流场和火焰传播等详细信息,可用于全面地分析转子发动机缸内燃烧过程.

本节首先介绍转子发动机三维动态数值模拟模型的构建过程.然后,在已建立的三维数值模型的基础上,介绍缸内流动和燃烧过程数值模拟研究过程,并最终分析和揭示转子发动机缸内流动和燃烧机理.

一、计算对象

本节选择天然气转子发动机作为研究对象,采用 FLUENT 软件对其缸内工作过程进行数值计算.天然气转子发动机是单转子端面进气发动机,采用自然吸气、燃料缸内直喷的工作模式.其结构原理图如图 8.2.1 所示,主要技术参数见表 8.2.1.

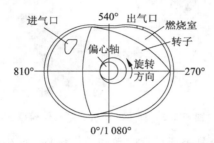

图 8.2.1 端面进气转子发动机结构原理图

表 8.2.1 端面进气转子发动机主要技术参数

发动机参数	参数值
转子数量	1
冷却模式	风冷
点火方式	火花塞
排量	160 cm³
压缩比	8 : 1
创成半径	69 mm
偏心距	11 mm
刚体宽度	40 mm
点火时刻	20°CA (BTDC)
进气时刻	起 470°(BTDC),迄 207°(BTDC)
排气时刻	起 208°CA (ATDC),迄 610.5°CA (ATDC)

二、几何建模和网格划分

由于转子发动机 3 个缸的工作过程完全相同,为了节省计算成本,只计算一个缸的工作过程.利用转子活塞和缸体的型线方程所建立的三维几何模型如图 8.2.2 所示.

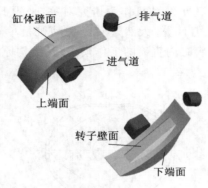

图 8.2.2　转子发动机三维几何模型

合理的网格划分是保证计算收敛的前提条件,网格生成的好坏直接影响燃烧模拟的准确性.结合转子发动机的工作特点,进排气道内计算区域不变,设置为静态网格区域;转子发动机气缸和转子活塞之间的工作区域是计算区域随时间变化的区域,设置为动态网格区域.由于动态网格的生成需要,因此采用非结构网格,并且经过网格无关性验证后网格大小确定为 2 mm.图 8.2.3 为上止点前 450°CA 时刻的三维网格图.

图 8.2.3　450°CA(BTDC)时刻的三维网格

由于发动机的转子做偏心运动,转子转 1 圈,偏心轴(输出轴)转 3 圈,转子发动机计算区域边界随时间不断地变化,使得气缸内的网格发生变形及运动.因此,在 FLUENT 软件的平台上进行 UDF(user defined function)编程,以实现转子发动机缸内网格的运动和更新.

三、计算模型的选择及边界条件设置

转子发动机缸内气体的流动十分复杂,为可压缩黏性流动,具有相当高的湍流度.此外,转子发动机缸内的着火和燃烧过程也与缸内气流、温度和燃料分布等密切相关.因此,要实现对转子发动机缸内复杂的流动和燃烧过程的计算,湍流模型、燃烧模型及化学反应机理的合理选择尤为重要.本节选择了 RNG k-ε 湍流模型,因为它严格地考虑了流线型弯曲、旋涡、旋转和张力快速变化,对于复杂流动有更高精度的预测潜力,适用于转子发动机内部的复杂流动.燃烧模型选择了涡耗散概念(EDC,eddy-dissipation-concept)模型,这是由于该燃烧模型可以在湍流流动中耦合详细的化学反应机理.同时,为了更加精确地模拟燃烧过程,添加由 Yang 和 Pope 报道的 16 组分和 41 步的化学反应机理[①],如表 8.2.2 所示.此外,为了更准确地预测 NO 的生成,同时选择"热力型 NO"和"快速型 NO"模型来计算 NO 的生成.

表 8.2.2 甲烷燃烧的简化化学反应动力学机理

序号	化学反应	频率因子 $A/$ $(cm^3 \cdot mol^{-1} \cdot s^{-1})$	温度 指数 b	活化能 $E/$ $(J \cdot mol^{-1})$
1	$H+O_2 \rightleftharpoons OH+O$	1.59×10^{17}	-0.93	16 874
2	$O+H_2 \rightleftharpoons OH+H$	3.87×10^4	2.70	6 262
3	$OH+H_2 \rightleftharpoons H_2O+H$	2.16×10^8	1.51	3 430
4	$OH+OH \rightleftharpoons O+H_2O$	2.10×10^8	1.40	-397
5	$H+H+M \rightleftharpoons H_2+M$	6.40×10^{17}	-1.00	0
6	$H+OH+M \rightleftharpoons H_2O+M$	8.40×10^{21}	-2.00	0
7	$H+O_2+M \rightleftharpoons HO_2+M$	7.00×10^{17}	-0.80	0
8	$HO_2+H \rightleftharpoons OH+OH$	1.50×10^{14}	0.00	1 004
9	$HO_2+H \rightleftharpoons H_2+O_2$	2.50×10^{13}	0.00	693
10	$HO_2+O \rightleftharpoons O_2+OH$	2.00×10^{13}	0.00	0
11	$HO_2+OH \rightleftharpoons H_2O+O_2$	6.02×10^{13}	0.00	0
12	$H_2O_2+M \rightleftharpoons OH+OH+M$	1.00×10^{17}	0.00	45 411

① Yang B, Pope S B. An investigation of the accuracy of manifold methods and splitting schemes in the computational implementation of combustion chemistry[J]. Combustion and Flame, 1998, 112(1—2): 16—32.

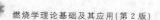

续表

序号	化学反应	频率因子 $A/$ ($cm^3 \cdot mol^{-1} \cdot s^{-1}$)	温度指数 b	活化能 $E/$ ($J \cdot mol^{-1}$)
13	$CO+OH\longrightarrow CO_2+H$	1.51×10^7	1.30	-758
14	$CO+O+M\longrightarrow CO_2+M$	3.01×10^{14}	0.00	3 011
15	$HCO+H\longrightarrow H_2+CO$	7.23×10^{13}	0.00	0
16	$HCO+O\longrightarrow OH+CO$	3.00×10^{13}	0.00	0
17	$HCO+OH\longrightarrow H_2O+CO$	1.00×10^{14}	0.00	0
18	$HCO+O_2\longrightarrow HO_2+CO$	4.20×10^{12}	0.00	0
19	$HCO+M\longrightarrow H+CO+M$	1.86×10^{17}	-1.00	16 993
20	$CH_2O+H\longrightarrow HCO+H_2$	1.26×10^8	1.62	2 175
21	$CH_2O+O\longrightarrow HCO+OH$	3.50×10^{13}	0.00	3 513
22	$CH_2O+OH\longrightarrow HCO+H_2O$	7.23×10^5	2.46	-970
23	$CH_2O+O_2\longrightarrow HCO+HO_2$	1.00×10^{14}	0.00	39 914
24	$CH_2O+CH_3\longrightarrow HCO+CH_4$	8.91×10^{-13}	7.40	-956
25	$CH_2O+M\longrightarrow HCO+H+M$	5.00×10^{16}	0.00	76 482
26	$CH_3+O\longrightarrow CH_2O+H$	8.43×10^{13}	0.00	0
27	$CH_3+OH\longrightarrow CH_2O+H_2$	8.00×10^{12}	0.00	0
28	$CH_3+O_2\longrightarrow CH_3O+O$	4.30×10^{13}	0.00	30 808
29	$CH_3+O_2\longrightarrow CH_2O+OH$	5.20×10^{13}	0.00	34 895
30	$CH_3+HO_2\longrightarrow CH_3O+OH$	2.28×10^{13}	0.00	0
31	$CH_3+HCO\longrightarrow CH_4+CO$	3.20×10^{11}	0.50	0
32	$CH_4(+M)\longrightarrow CH_3+H(+M)$	6.30×10^{14}	0.00	104 000
33	$CH_4+H\longrightarrow CH_3+H_2$	7.80×10^6	2.11	7 744
34	$CH_4+O\longrightarrow CH_3+OH$	1.90×10^9	1.44	8 676
35	$CH_4+O_2\longrightarrow CH_3+HO_2$	5.60×10^{12}	0.00	55 999
36	$CH_4+OH\longrightarrow CH_3+H_2O$	1.50×10^6	2.13	2 438
37	$CH_4+HO_2\longrightarrow CH_3+H_2O_2$	4.60×10^{12}	0.00	17 997
38	$CH_3O+H\longrightarrow CH_2O+H_2$	2.00×10^{13}	0.00	0
39	$CH_3O+OH\longrightarrow CH_2O+H_2O$	5.00×10^{12}	0.00	0
40	$CH_3O+O_2\longrightarrow CH_2O+HO_2$	4.28×10^{-13}	7.60	-3 528
41	$CH_3O+M\longrightarrow CH_2O+H+M$	1.00×10^{14}	0.00	25 096

四、计算模型的验证

(一)湍流模型的验证

为了获得湍流模型验证所需的实验数据,本节对转子发动机样机进行了光学化改装.图 8.2.4 是光学转子发动机改装和 PIV 测试台架示意图.如图 8.2.4a所示,首先在发动机一侧型面上开弧形窗口并填充同样形状的石英玻璃密封,以使激光系统的光路可以进入气缸.然后,安装透明的石英玻璃缸盖,以满足光学设备的拍摄需求.此外,还需要安装测功机、变频电机和轴编码器等配套设备.接着,在此光学转子发动机的基础上添加光学测试设备,完成对燃烧室内的流场和火焰传播的测试.图 8.2.4b 所示为测试流场使用到的 PIV 测试台架示意图.改装完成的可视化转子发动机的实物如图 8.2.5a 所示,搭建完成的转子发动机 PIV 测试台架的实物如图 8.2.5b 所示.

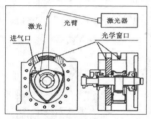

(a) 光学转子发动机改装示意图

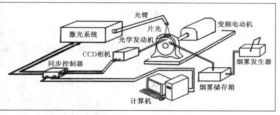

(b) PIV测试台架示意图

图 8.2.4　光学转子发动机改装及其 PIV 测试台架示意图

(a) 可视化转子发动机实物图

(b) PIV测试台架实物图

图 8.2.5　可视化转子发动机和 PIV 测试台架实物图

首先,在转子发动机光学测试台架上,利用 PIV 对 600 r/min 工况下缸内中心截面上的流场进行测试.同时,利用所选湍流模型对实验工况下的缸内流场进行计算.然后,将计算结果与实验结果进行对比,以验证所选湍流模型的可靠性,如表 8.2.3 所示.从表 8.2.3 的对比结果可以看出:从曲轴转角 350°CA(BTDC)到 150°CA(BTDC),在测试中心的绝大部分区域内计算得出的缸内流场分布规律(包括缸内流场的流速及涡流的位置)与实验结果十分相近.例如,在 250°CA(BTDC)处可以看到有逆时针涡流产生,速度值约为 2 m/s,并且涡流都位于燃烧室的中部.实验结果和模拟结果的不同之处在缸体壁面和转子壁面附近,这些区域得到的实验数据小于模拟数据,这可能是因为示踪粒子与壁面之间的黏附作用使粒子的动能减小、跟随性下降,所以导致实验数据偏小.此外,为了验证湍流模型的准确性,表 8.2.4 给出了使用不同湍流模型所得计算结果与实验结果的对比.对比结果显示,RNG k-ε 模型相比标准的 k-ε 湍流模型和 Realizable k-ε 湍流模型更能准确地模拟涡流的形态.由此说明,RNG k-ε 模型对于转子发动机缸内流场具有更好的预测能力.

表 8.2.3   600 r/min 转速下的实验结果和模拟结果对比

不同时刻的拍摄区域示意图	PIV 流场测试结果/$(\mathrm{m \cdot s^{-1}})$	PIV 流场模拟结果/$(\mathrm{m \cdot s^{-1}})$

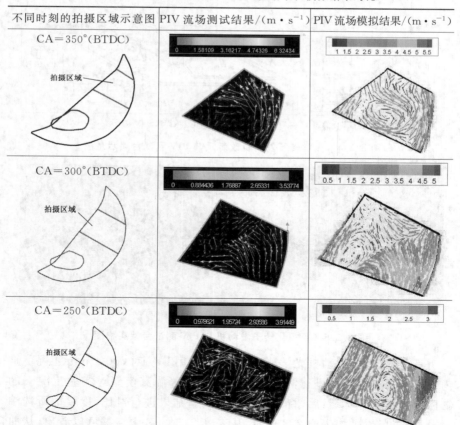

续表

不同时刻的拍摄区域示意图	PIV流场测试结果/(m·s⁻¹)	PIV流场模拟结果/(m·s⁻¹)

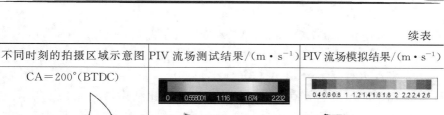

表 8.2.4　600 r/min 转速工况下不同湍流模型计算结果对比(250°BTDC)

单位:m/s

实验结果	RNG k-ε	Standard k-ε	Realizable k-ε

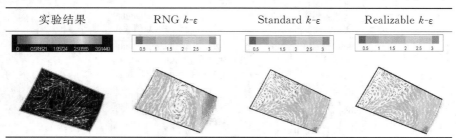

（二）燃烧模型的验证

为了验证燃烧模型的准确性,采用本节的计算模型对已发表文献[①]中预混天然气转子发动机的两个实验工况进行了数值模拟,并对比了两种工况的燃烧压力的实验数据.工况一:转速 2 503 r/min,当量比 0.81,充量系数 0.798,前火花塞(LSP)点火时刻 1 040°CA[40°CA(BTDC)],后火花塞

---

① Abraham J，Bracco F V. Comparisons of computed and measured pressure in a premixed-charge natural-gas-fueled rotary engine[C]. SAE Paper 890671，1989.

(TSP)点火时刻 $1\,057°CA[23°CA(BTDC)]$;工况二:转速 $3\,508$ r/min,当量比 0.9,充量系数 0.659,前火花塞点火时刻 $1\,028°CA[52°CA(BTDC)]$,后火花塞点火时刻 $1\,045°CA[35°CA(BTDC)]$.

缸内平均压力的数值模拟和实验数据的对比结果如图 8.2.6 所示.从图中可以看出,数值模拟结果与文献的实验结果吻合良好,最大误差在 12% 以内.点火时刻前的误差主要是因为数值模拟计算中没有考虑缸内残余废气的影响,而实验时在发动机进气过程中,缸内的残余废气会导致缸内的混合气温度高于模拟计算值,进而导致点火时刻前的压力模拟结果略低于实验结果.上止点后的误差主要是因为实验所用的发动机缸体表面附有一定数量的散热翅片,而数值模拟计算中忽略了散热翅片对发动机散热的影响.也就是说,数值计算中发动机燃烧过程的散热量小于实验所用发动机的实际散热量,从而导致数值模拟结果略大于实验结果.总体而言,数值模拟结果和实验结果相差不大,依然在发动机模拟所允许的误差范围内,这表明该燃烧模型是合理、可靠的.

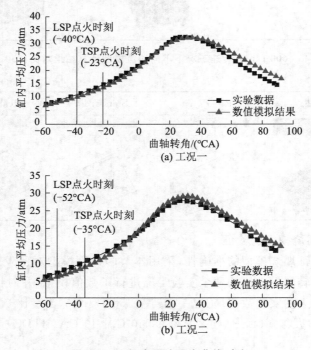

图 8.2.6　缸内平均压力曲线对比

五、转子发动机缸内流动机理分析

在所建立的经过验证的三维动态模拟模型的基础上,继续进行数值计算,得到了转子发动机缸内三维速度场分布、湍动能分布和压力场分布等详细信息.需要说明的是,转子发动机常用的工作转速基本在 3 000～5 000 r/min 范围内,为了研究此工况范围内缸内三维流动的变化过程,模拟了 4 000 r/min 工况下缸内三维流动的变化过程.

(一)缸内流场的变化过程

图 8.2.7 至图 8.2.13 分别给出了进气和压缩阶段不同曲轴转角下的流线图,其中分图 a 是缸体内部的三维流线图,分图 b 为缸体中心截面上的流线图,分图 c 的截面垂直于端盖,分图 d 的截面平行于上端盖(靠近进气口的端盖),与上端盖的距离为 2 mm.在进气阶段,当高速的进气气流进入气缸后会与下端盖碰撞,碰撞后的进气气流会改变方向并分成两部分分别流向气缸的前部和后部.为了能够清晰地说明这两部分气流的运动轨迹,图 8.2.7 至图 8.2.10 中分图 a 右下角分别用示意图描述了它们的运动轨迹,其中气流 A 为进气气流流向气缸后部的部分,气流 B 为进气气流流向气缸前部的部分.并且,根据往复式发动机关于缸内涡流和滚流的定义方式,将转子发动机旋转中心与上下端面垂直的涡团定义为涡流,将旋转中心与上下端面平行的涡团定义为滚流.

1. 进气阶段

进气阶段初期,如图 8.2.7a 所示,高速进气气流进入气缸后会撞击位于进气口下方的缸盖,撞击缸盖后的气流开始向四周发散,因此气流 A 和气流 B 分别在气缸的后部和前部出现了涡团(涡团Ⅰ,Ⅱ).通过图 8.2.7c 可以看到涡团Ⅰ,Ⅱ所产生的涡流结构,这说明涡团Ⅰ,Ⅱ的旋转中心垂直于图 8.2.7c 所示的截面,所以此时涡团Ⅰ和涡团Ⅱ都是以滚流的形式存在的.正是由于涡团Ⅰ,Ⅱ的旋转中心垂直于图 8.2.7c 所示的截面,因此从图 8.2.7b 所示截面上看不到大的涡流结构,但是可以看出缸体中心截面的进气口后部区域出现了复杂的小尺度涡流而前部区域没有出现.这主要是因为转子活塞的逆时针运动使位于气缸后部的气流运动空间受到挤压,除了大的涡团Ⅰ之外,后部的部分气流不断撞向转子和前后端盖的壁面(如图 8.2.7a 所示),所以会在图 8.2.7b 所示截面的后部区域形成小的涡团.而位于气缸前部的气流空间不断增大,流向气缸前部的部分气流都进入气缸前部新增的空间内,没出现强烈的撞壁现象,所以图 8.2.7b 所示截面的前

213

部没有出现小尺度涡流结构.从图 8.2.7a 中还可以看到:位于气缸后方的气流会绕过进气口并通过上端盖附近流向气缸的前部,如图中的气流 A,并且这股气流没有一直运动到气缸的前部,而是在进气口附近汇集后以垂直于上下端盖的方向转向了下端盖(远离进气口的端盖),然后与下端盖碰撞后流向气缸的前部.从图 8.2.7d 中可以看到,气流 A 在进气口附近汇集.

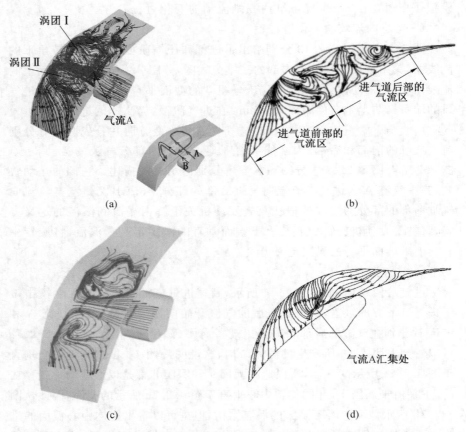

(a)

(b)

(c)

(d)

图 8.2.7 上止点前 450°CA 的缸内流线分布

进气阶段中期,如图 8.2.8a 所示,由于转子继续运动,气缸后部的容积不断被压缩,因此位于气缸后部的涡团 I 的半径不断减小.从图 8.2.8b 所示的截面可以看出:相比图 8.2.7b 所示截面的流场结构,其截面的中部出现了新的涡流.新的涡流产生的原因可以从图 8.2.8a 中看出:从气缸后部流向前部的气流 A 没有像进气初期那样在进气口附近汇集并直接转向流向下端盖. 随着进气过程的持续, 气缸前部的容积不断扩大, 气流 A 继续向前运动并分为 A_1 和 A_2 两个部分. 其中, 气流 A_1 向前运动了一段距离后就逆时针转向并流向下端盖, 通过图 8.2.8d 可以看出气流 A_1 的转向处所形成的涡流; 同样, 8.2.8b 所示的截面上的涡流也是由于气流 A_1 的转向形成的. 从图 8.2.8a 中还可以看出, 由于气缸前部容积不断增大, 位于气缸前部的涡团 II 半径不断增大. 从图 8.2.8c 中也可以看到, 截面上的涡流结构并不完整, 这说明涡团的旋转中心轴开始由垂直于该截面向平行于该截面的趋势发展.

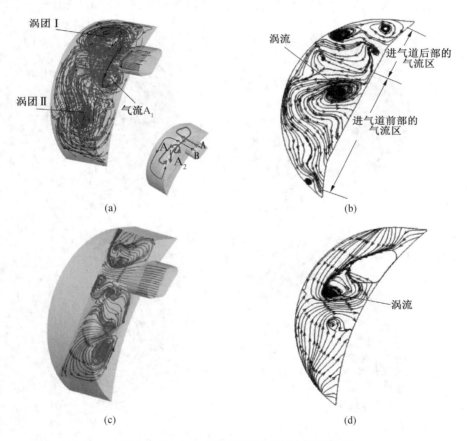

(a)　　　　　　　　　　　　(b)

(c)　　　　　　　　　　　　(d)

图 8.2.8　上止点前 350°CA 的缸内流线分布

进气阶段后期, 如图 8.2.9a 所示, 原来位于气缸后部的涡团 I 随着气缸后部容积继续减小而受到挤压,逐渐消失.而随着气缸前部容积继续增大,气流 A_1 进一步向气缸前部发展,并在气缸的前部沿逆时针转向,气流 A_1 形成的涡流的回转半径持续增大.并且,此时进气气流已经基本结束,而进气口出现了回流现象.原来位于气缸中前部的涡团 II 由于进气气流的消失强度不断下降.此时,原涡团 II 被汇集到气流 A_1 转向所形成的新的涡团 II 中.新的涡团 II 以涡流的形式存在,这主要是由气流 A_1 的运动形式决定的.从图 8.2.9b 中可以看出,缸体中心截面上出现了一个大的逆时针涡流.以上分析说明,中心截面上的逆时针涡流主要是来自燃烧室后部的气流 A_1 绕过进气口而流向气缸前部并逆时针转向所产生的结果,这也与 PIV 实验中在缸体中心截面上发现气流沿逆时针流动的现象相互印证.

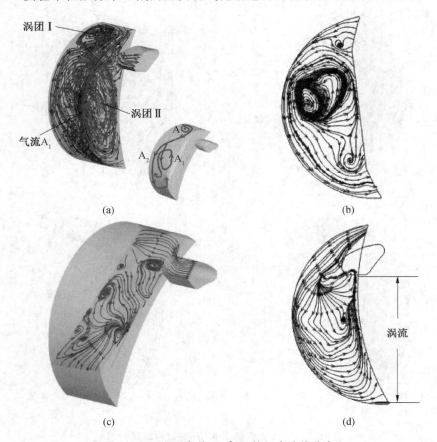

图 8.2.9 上止点前 250°CA 的缸内流线分布

随着进气过程的结束,如图 8.2.10a 所示,进气口出现了燃烧室内气流回流的现象,加上气缸尾部的容积进一步减小,涡团Ⅰ已经消失.如图 8.2.10c 所示,该图截面上出现了一个完整的涡流,这说明涡团Ⅱ的中心轴垂直于该截面,即涡团Ⅱ又开始由涡流形式向滚流形式转变.如图 8.2.10a 右下角的示意图所示,气流 A_1 由于气缸后部的容积快速减小而被压缩到气缸的前部,气流 A_1 在气缸前部旋转并使涡团Ⅱ的流动形式从涡流向滚流转变.

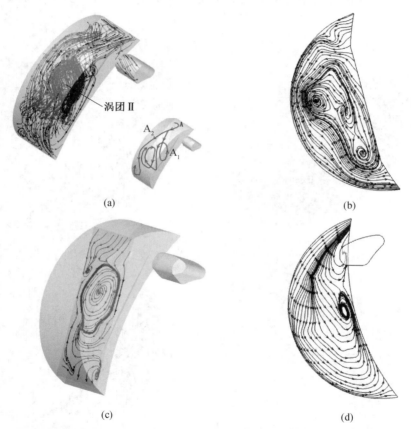

图 8.2.10　上止点前 225°CA 的缸内流线分布

　　从进气阶段的整个过程来看,气缸的前部和后部涡团是因高速进气气流撞击下端盖而产生的,并且涡团的半径随着转子的运动和回流现象的产生不断变化.而缸体中心截面的逆时针涡流主要是来自气缸后部的气流绕过进气口而流向气缸前部并逆时针转向所产生的结果,这也与 PIV 实验中在缸体中心截面上发现气流沿逆时针流动的现象相互印证.

2. 压缩阶段

压缩阶段前期,如图 8.2.11a 所示,由于进气口关闭,没有新的气流进入气缸,缸内气流运动主要靠转子壁面的推动作用.从图 8.2.11b,d 中可以看出,两个截面上都以单向流为主而没有出现涡流,这说明涡团 Ⅱ 主要以滚流的形式出现.从图 8.2.11a 中还可以看出:燃烧室后部主要以单向流为主,涡团 Ⅱ 由于气缸后部容积减小而被进一步挤压到了燃烧室的前部.

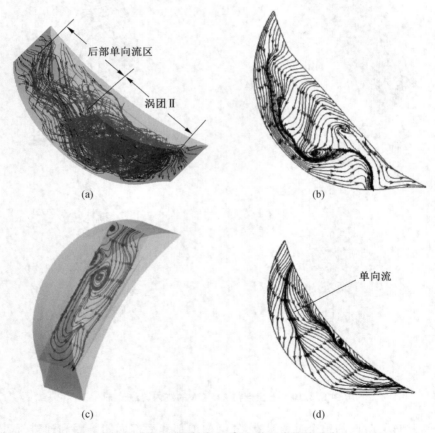

图 8.2.11 上止点前 150°CA 的缸内流线分布

压缩阶段中期,如图 8.2.12 所示,由于转子的推动作用导致气缸前部的容积狭小,涡团Ⅱ被进一步挤压到了气缸后部的下端盖附近,涡团Ⅱ的半径进一步减小.气缸的前部和中后部是由转子壁面和缸体壁面之间的狭缝连通的,由于气缸的前部和中后部之间压差很大,所以狭缝处出现了挤流现象.

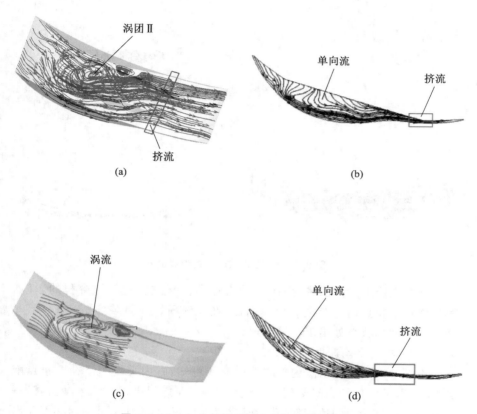

图 8.2.12 上止点前 50°CA 的缸内流线分布

压缩阶段后期,到了上止点附近时,如图 8.2.13 所示,此时气缸容积进一步减小,涡团Ⅱ最终消失,缸内以单向流为主.从 8.2.13a 中可以看出:由于凹坑处的容积大,燃烧室后部气流先向中间凹坑汇集而后流向燃烧室的前部.

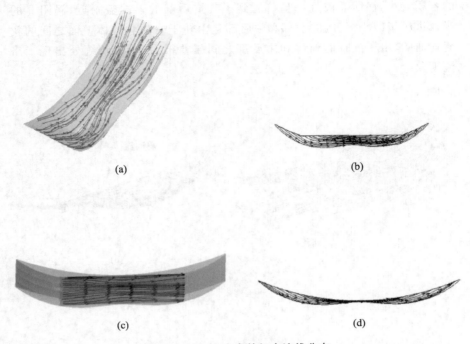

(a)　　　　　　　　　　　　　　(b)

(c)　　　　　　　　　　　　　　(d)

图 8.2.13　上止点的缸内流线分布

　　从整个压缩阶段来看,涡团Ⅱ的大小和位置主要受气缸容积的影响,其最终在上止点前完全破碎成单向流.在压缩阶段中期,在气缸的前部和中后部之间的狭缝处出现了挤流现象.

　　(二)缸内平均速度和湍动能

　　由图 8.2.14a 所示缸内平均速度曲线可知:缸内平均速度在上止点前470°CA 即进气口开启时刻到上止点后 200°CA 之间出现了两个峰值,第一个峰值是进气阶段的速度峰值,由于进气速度很大,在上止点前 426°CA 出现的第一个峰值速度达到 90 m/s.而随着进气过程的持续,进气阶段后期的进气速度开始减小,所以缸内平均速度也开始减小.压缩阶段由于缸内的气流流动主要靠转子的匀速推动,所以缸内平均速度基本保持不变.到了上止点前 50°CA,缸内出现了挤流,挤流的出现使缸内速度开始上升,到上止点附近,燃烧室容积最小,缸内平均速度陡然增加并达到第二个峰值 24 m/s.

　　从图 8.2.14b 所示缸内平均湍动能曲线可以看出:进气阶段前期缸内湍动能明显增加,这主要是因为此时高速的进气气流进入气缸与下端盖的壁面碰撞后形成了大的涡团结构,高速气流的扩散作用及运动方向的改变在缸内引起强烈的气流扰动,所以湍动能不断增加.而在进气阶段后期,进气气流速度不断减小,缸内湍动能也开始减小,在上止点前 250°CA 附近出现了缸内气流倒流出进气口的现象,导致缸内湍动能进一步减小.在压缩阶段,由于压缩作用,燃烧室内部容积不断减小,缸内的涡团不断被压缩并在上止点前最终消失,缸内湍动能不断减小.

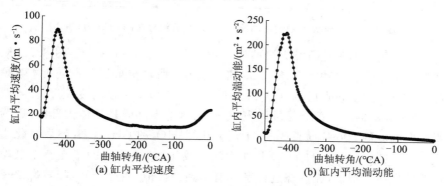

图 8.2.14　缸内平均速度和湍动能曲线

六、天然气转子发动机缸内燃烧机理分析

燃烧过程是转子发动机工作过程中最重要的部分,它与发动机的功率、效率及排放性能密切相关,与发动机各部件的热负荷、工作过程的噪音控制及爆震敲缸等也都息息相关.所以,深入了解天然气转子发动机缸内火焰传播规律,可以为燃烧过程的有效控制及发动机整机性能的提高提供理论依据.本节将在已建立的基于化学反应动力学的三维数值模型的基础上计算和分析研究缸内燃烧的过程,进一步揭示缸内的燃烧机理.需要说明的是,本部分是在转速为 3 500 r/min、节气门全开和当量比 0.8 的工况下进行计算分析的.

（一）燃烧行程的火焰传播过程

为了说明在燃烧过程中点火位置附近的流场是如何影响火焰传播过程的,图 8.2.15 给出了点火时刻缸内的流场和流线分布,其中前后火花塞采用同步点火的方式,点火时刻为 45°CA（BTDC）.从图 8.2.15 中可以看出:前火花塞处于燃烧室前部单向流区,而后火花塞处于气缸中部上端面附近的单向流区到下端面附近的滚流区的过渡区域.

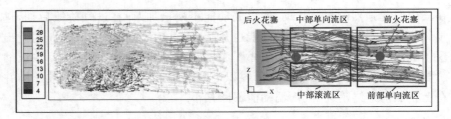

图8.2.15 点火时刻缸内的流场(m/s)和流线分布[45°CA(BTDC)]

为了更加准确地研究火焰的传播过程及火焰前锋的位置,图8.2.16、图8.2.17、图8.2.19和图8.2.20同时给出了曲轴转角从上止点前45°CA(点火时刻)到上止点后20°CA的温度场和CH_2O的浓度场变化过程.各图中,每个分图的上半部分是缸体中心截面图,下半部分是缸体内部图.因为甲烷在温度约600 K时首先与O_2反应生成HO_2和CH_3,CH_3随后氧化生成大量CH_2O,HCO,H_2O_2及其他中间产物.这些生成物的量在整个低温反应阶段缓慢增加,在燃烧过程发生前达到最大值.由此可知,随着燃烧反应的进行和火焰的传播,CH_3,CH_2O,HO_2集中分布在较大温度梯度处(即火焰锋面上).所以,通过分析点火后不同时刻的温度场和CH_2O的浓度场的变化过程,可以准确地研究缸内流场对火焰锋面传播过程的影响.

燃烧过程初期,如图8.2.16所示,火花塞点火后,曲轴转角转过5°CA,两个火花塞附近的火焰核心都已经形成.随着燃烧过程的继续,在上止点前20°CA,两个火花塞附近形成完全不同的火焰传播过程.如图8.2.17a,b的下半幅图所示,由于在点火时前火花塞附近是均匀的单向流,因此火焰沿缸体表面的轴线是对称发展的;而后火花塞的下方是滚流区,所以火焰在滚流的带动下快速地向下端面附近传播,形成了不对称的火焰.

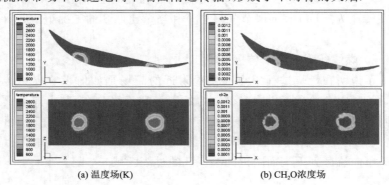

(a) 温度场(K)   (b) CH_2O浓度场

图8.2.16 缸内的温度场和CH_2O浓度场[45°CA(BTDC)]

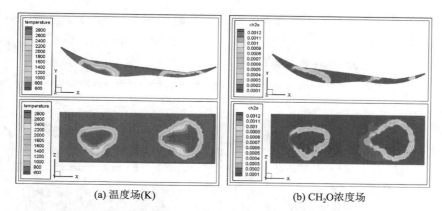

(a) 温度场(K)   (b) CH₂O浓度场

图 8.2.17　缸内的温度场和 CH₂O 浓度场[20°CA(BTDC)]

燃烧阶段中期,由图 8.2.18a,b 的下半幅图可以看到,前火花塞的火焰宽度大于后火花塞.这是因为,到上止点时缸内的流场以单向流为主,如图 8.2.19 所示,并且由于凹坑的存在,燃烧室后部的大部分气流都汇集到凹坑内,然后从凹坑内"发散式"地流向燃烧室前部.这种"发散式"的气流可以使前火花塞附近的火焰快速地向前后端面发展.

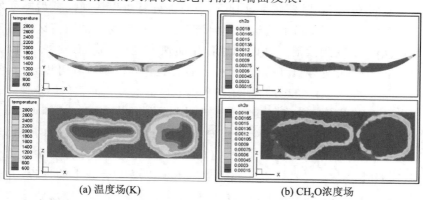

(a) 温度场(K)   (b) CH₂O浓度场

图 8.2.18　缸内的温度场和 CH₂O 的浓度场(TDC)

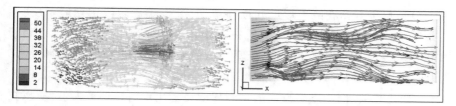

图 8.2.19　上止点缸内的流场(m/s)和流线分布

燃烧阶段后期,如图8.2.20a,b的下半幅图所示,燃烧室前部的燃料已经基本燃烧完毕.但是,后部还存在一部分混合气未能及时燃烧,这部分未燃混合气主要集中在上端面附近.

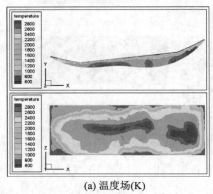
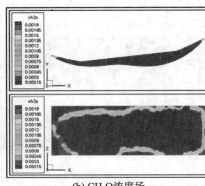

(a) 温度场(K)   (b) CH₂O浓度场

图 8.2.20 缸内的温度场和 CH₂O 的浓度场[20°CA(ATDC)]

从整个燃烧过程来看,由于前火花塞附近火焰的传播处于从凹坑流向燃烧室前部的"发散式"流场中,因此火焰对称并且可以快速向前后端面发展.而后火花塞处于上端面附近的单向流区到下端面附近的滚流区的过渡区域,火焰锋面受到滚流对其的加速作用而快速地向下端面发展,所以火焰锋面不对称.此外,对比气缸前部和后部的混合气燃烧过程可以看出:气缸前部混合气的整体燃烧速度明显高于气缸后部混合气的整体燃烧速度.

(二)缸内平均压力和关键组分的变化过程

图8.2.21给出了缸内燃烧过程中关键组分和缸内平均压力的变化过程.如图8.2.21a所示,CH_2O,OH,CO是整个燃烧化学反应过程中的重要中间产物和活性基.它们的质量分数都经历了先增大后减小的过程,并且峰值都在上止点后.其质量分数的变化趋势在一定程度上可以反映出整个燃烧过程的剧烈程度.此外,从 NO 的生成过程可以看出:在燃烧过程初期,NO 就已经开始在缸内形成并逐渐增加.进入燃烧阶段中期时,缸内温度更高,NO 生成量急剧增长,随后在上止点后 40°CA 的曲轴转角处趋于稳定.此现象与氮氧化物的生成需要富氧高温的特点相吻合.缸内的平均压力曲线如图8.2.21b所示,其与表征燃烧剧烈程度的中间产物 CH_2O,OH 的变化相关.因为燃烧反应的剧烈程度在上止点后达到最大值,所以缸内平均压力在上止点后出现最大值.

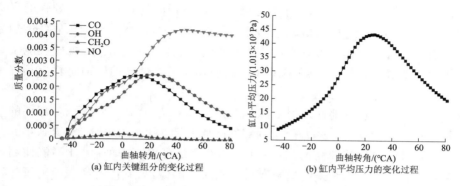

(a) 缸内关键组分的变化过程　　　　　　　　(b) 缸内平均压力的变化过程

图 8.2.21　缸内关键组分和平均压力的变化过程

第三节　微尺度气相燃烧的研究

　　近年来,信息技术、生物技术的发展促使机电系统小型化、微型化,并在微纳制造技术的推动下得到加速发展,相关的微机电产品迅速在各个行业推广应用.这些微型机电系统对其动力供给部分提出了重量轻、使用时间长的要求.现有的化学电池因能量密度低不能满足上述要求,且它们在生产和废弃物处理方面存在各种环境污染问题.典型碳氢燃料的质量能量密度(120 MJ/kg)大约是最好的锂电池的质量能量密度(1.2 MJ/kg)的100 倍,由此 Fernandez-Pello 教授提出了基于燃烧的微型动力系统,即直接在微型系统中通过燃烧将氢或者碳氢燃料的化学能转换为热能,然后依靠各种能量转换路线提供动力或产生电能.燃烧器内部的微燃烧过程研究是该类系统的共性基础问题,这使得微尺度燃烧成为国际燃烧界的研究热点之一.

一、开发微尺度燃烧器遇到的挑战

(一)材料与加工

　　常规发动机燃烧器所用的材料一般为铸铁或铝合金,部分零件则使用钛、镍钴合金等,但这些材料对温度和应力都有严格的限制,因此常规发动机中都设有功能较强的冷却系统以降低燃烧器壁面的温度.但是,冷却系统会带走燃烧器中的一部分热量,使得燃烧器的效率降低.由于微尺度燃烧器的体积很小,冷却系统在设计方面存在较多困难,因此微尺度燃烧器的壁面温度会急剧升高,用于制造微尺度燃烧器的材料必须具有较强的耐高温性能.近几年研究出来的耐火陶瓷[如氮化硅(Si_3N_4)和碳化硅(SiC)]在微尺度范围内具有可承受的应力高、可适应的温度范围广、机械性能及抗几何变形能力强等优点,这些正是微型发动机燃烧器的壁面材料应具有的性能.

常规发动机零部件的加工精度一般在毫米级,而微型发动机零部件的尺寸在 $10\sim100\ \mu m$ 级,甚至个别部件的加工尺寸只有几微米.在这么小的基准尺寸上要保持较高的加工精度,其难度是可想而知的.因此不能使用常规的机械加工方法来制造微型发动机的零部件,只有使用超强等离子体化学气相沉积(plasma chemical vapor deposition,PCVD)技术、深度活性离子蚀刻技术、电子放电技术及电化学加工技术等,才能达到理想的加工精度.

(二)驻留时间

在微型发动机燃烧器中最重要、最具有挑战性的技术就是如何提高和分配燃烧的驻留时间.驻留时间一般包括燃料的混合时间和化学反应所用的时间.其中,化学反应所用的时间只有几百微秒甚至更短,大部分时间都用于燃料的混合.如果将常规燃烧器的容积缩小为 $\dfrac{1}{500}$,并保持相同的单位面积质量流率,那么燃料在微型燃烧器内的驻留时间就为 $0.05\sim0.1\ ms$,这和碳氢燃料的化学反应特征时间($0.01\sim0.1\ ms$)处于同一量级.显然,在这么短的驻留时间内燃料的混合和燃烧都是不充分的.

Kerrebrock(1992)给出了燃烧器驻留时间的简化公式:

$$\tau_{res}\propto\frac{L(A_b/A_2)\pi_c^{1/\gamma}}{\dot{m}/A_2}\tag{8.3.1}$$

式中,L 为燃烧器长度;A_b 为燃烧器横截面积;A_2 为压缩器流通面积;π_c 为压缩比;γ 为多变指数;$\dot{m}$ 为空气流通速率;τ_{res} 为驻留时间.

由式(8.2.1)可知:假设单位面积质量流率 $\dot{m}/A_2$ 相同,压缩器的流通面积 A_2 和燃烧器长度 L 受发动机的总体尺寸的约束及多变指数 γ 基本上都保持不变.因此,只有增大燃烧器相对于发动机的尺寸 A_b,才能延长燃烧的驻留时间,从而保证燃料在燃烧器内充分燃烧.

通过缩短燃料在燃烧器内的混合时间及燃料本身的燃烧时间来缩短燃料燃烧的驻留时间,也可使燃料在微型燃烧器内充分燃烧.例如,采取稀燃技术、提高燃烧器内的工作压力和混合气温度、在燃料和空气进入燃烧室前就将两者充分混合等方法,都可以缩短燃料的混合时间.在缩短燃料的燃烧时间方面,可以采用催化燃烧或者使用快速燃烧的新型燃料等方法.

（三）大的面体比造成的传热损失

传热损失大不仅会降低微尺度燃烧器的效率,而且会影响燃料燃烧的稳定性.在微型燃烧器中要使燃料充分燃烧,就必须保证有足够的燃烧驻留时间使燃料混合和燃烧,这样就不可避免地要增大微型燃烧器的面体比.减少微尺度燃烧室的传热损失可以从以下几个方面来考虑:① 降低燃烧混合气与燃烧器壁面之间的温差,这样可以减少由于温差传热造成的热量损失.为此应尽量使用无须冷却的耐火陶瓷,提高燃烧器壁面的温度以缩小两者之间的温差.② 使用催化燃烧降低燃料的着火温度,进而降低整个燃烧器内的温度,减少传热损失.③ 由于传热速率与气体的流速、传热距离成正比,而与气体的运动黏度成反比,因此降低进入燃烧器的混合气的流速、合理设置燃烧火焰中心的位置及确定适当的混合气浓度都可以降低传热速率,从而减少传热损失.

想要突破微尺度燃烧器开发过程中遇到的各种难题,需要更多的科研人员开展相关领域的研究工作.下面介绍笔者所在课题组对微尺度燃烧开展的相关研究的研究方法和取得的部分研究成果.

二、微型燃烧器和试验装置

一种结构较为简单、加工相对容易的平板式微型燃烧器的制作:选用面积为 10 mm×10 mm、厚度为 0.23 mm 的碳化硅薄片作为燃烧器的壁面;制作时,将 2 片碳化硅薄片平行放置(间距 6 mm),并对中间形成的夹隙边缘进行密封,形成耐高温的矩形通道燃烧室.

试验设置了 4 种壁面间距,分别是 0.8,0.6,0.3,0.1 mm,从而构成 4 种尺寸($a \times b \times d$)的亚毫米燃烧通道,分别为 10 mm×6 mm×0.8 mm,10 mm×6 mm×0.6 mm,10 mm×6 mm×0.3 mm,10 mm×6 mm×0.1 mm,对应截面长宽比($\lambda = b/d$)分别为 7.5,10,20,60,进气喷口直径分别为 0.5,0.5,0.3,0.1 mm.图 8.3.1 所示即为尺寸为 10 mm×6 mm×0.6 mm(整体尺寸 10 mm×10 mm×1.3 mm)的碳化硅微通道的结构.在微型燃烧器的外壁面和出口端面上一共布置了 14 个温度测点,以图 8.3.2 中的黑点表示.

图 8.3.1 平板式微燃烧器照片

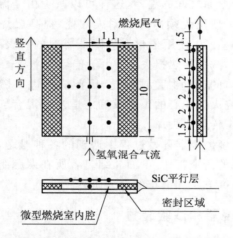

图 8.3.2 平板式微型燃烧室结构和温度测点分布(单位:mm)

　　图 8.3.3 所示为试验装置示意图.试验时,从高压气瓶放出的氢气和氧气被减压阀减压后,先由气体质量流量控制器(型号:DSN‑2000B)限定流量,后进入混合器充分混合,混合后的气体由铜制导管导入燃烧室.通过对流量控制器的设定,可实现对氢气、氧气流量及当量比的精确控制.采用与 QF1906 型气体分析器配套的火花发生器点火,点火电压为 15 kV,频率为每 4 s 产生 1 次脉冲.点火电极材料为不锈钢丝,点火电极间距为 4 mm,电极与燃烧室出口的竖直距离为 2 mm.燃烧室外壁面上的温度分布状况由 K 分度露端型铠装热电偶来测定.

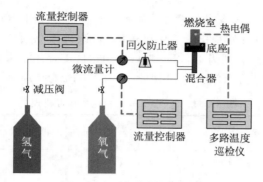

图 8.3.3　试验装置示意图

三、计算模型及验证

目前,微尺度加工及装配技术水平还很有限,要制造出内部结构较为复杂的燃烧器不仅难度大,而且成本很高,因此,若通过纯试验手段来对微尺度燃烧过程进行研究势必会产生多方面的耗费. 相比之下,数值模拟的方法要方便一些,它不仅可以较为容易地获取一些优化的燃烧器部件结构尺寸,从而对后续的试验进行有效的指导,而且可以得到燃烧器内部的流场、温度场分布及燃烧完全程度等相关信息,事实上这些信息的获取正是微尺度装置试验过程中的难点问题.

在进行模拟计算时,微型燃烧器的结构与实验时保持一致,尺寸如图 8.3.4 所示.采用的 SiC 的物性参数如下：导热系数为 92 W/(m·K),密度为 3.10 g/cm³,红外辐射率为 0.77(法向).由于燃烧室结构规则,故采用结构化网格进行计算.

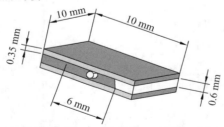

图 8.3.4　微型燃烧室结构示意图

基本控制方程包括质量守恒方程、动量平衡方程、化学组分平衡方程和能量平衡方程,参见相关文献,这里不再赘述.

根据燃烧器入口处雷诺数的计算结果,流动模型选择层流模型,燃烧模型采用层流有限速率燃烧模型.为更好地了解整个化学反应的进程,这里采用了氢气-氧气气相化学反应机理模型,该机理总共包括 19 个基元反应,8 种气相组分(分别为 H_2,H,O_2,O,OH,H_2O,HO_2 和 H_2O_2),具体见表 8.3.1,表中 M 表示第三体,其因子均为 1.0;n 为反应级数.

表 8.3.1 氢气-氧气气相化学反应机理

序号	反 应	频率因子 A/$(cm^3 \cdot mol^{n-1} \cdot s^{-1})$	温度指数 b	活化能 E/$(J \cdot mol^{-1})$
1	$OH+H_2 = H+H_2O$	1.17×10^9	1.30	15 229
2	$H+O_2 = O+OH$	9.33×10^{13}	0.00	62 160
3	$O+H_2 = H+OH$	5.06×10^4	2.67	26 418
4	$OH+OH = O+H_2O$	6.00×10^8	1.30	0
5	$O+HO_2 = OH+O_2$	1.40×10^{13}	0.00	4 507
6	$H+HO_2 = OH+OH$	1.40×10^{14}	0.00	4 507
7	$H+HO_2 = O_2+H_2$	1.25×10^{13}	0.00	0
8	$OH+HO_2 = O_2+H_2O$	7.50×10^{12}	0.00	0
9	$HO_2+HO_2 = H_2O_2+O_2$	2.00×10^{12}		
10	$H_2O_2+OH = H_2O+HO_2$	1.00×10^{13}	0.00	7 560
11	$H_2O_2+H = H_2O+OH$	1.00×10^{13}	0.00	15 120
12	$H_2O_2+H = H_2O+H_2$	1.60×10^{12}	0.00	15 960
13	$O+H_2O_2 = HO_2+OH$	2.80×10^{13}	0.00	26 880
14	$H_2O_2+M = OH+OH+M$	1.30×10^{17}	0.00	191 100
15	$O+O+M = O_2+M$	1.89×10^{13}	0.00	−7 506
16	$H+OH+M = H_2O+M$	1.60×10^{22}	−2.00	0
17	$H_2+M = H+H+M$	2.20×10^{14}	0.00	403 200
18	$H+O_2 = HO_2$	3.61×10^{17}	−0.72	0
19	$H+O+M = OH+M$	6.20×10^{16}	−0.60	0

在进行边界条件设置时,混合气入口设为速度边界条件,根据运行工况设定入口混合气流速、温度及混合物组分的质量百分比,出口为自由流动边界条件.燃烧器的各个外壁设为综合热边界条件,充分考虑壁面与大空间的对流辐射换热.

采用有限容积法进行求解,以 Fluent 6.0 作为计算软件.针对喷口直径为0.7 mm、通道高度为 0.9 mm 的燃烧室进行数值模拟,其他相关的条件如下:氢氧当量比为 1;进气总流量为 300 mL/min.图 8.3.5 为模拟计算和实验测得的外壁面中心线的温度分布比较.

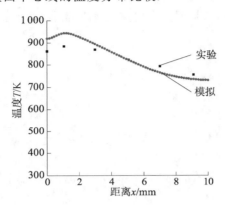

图 8.3.5 外壁面中心线温度分布

由图可以看出,实验和模拟得出的温度分布趋势相同,且对应数据有较好的一致性,因此可认为计算结果可靠.

四、着火界限与微燃烧影响因素分析

(一)着火界限

图 8.3.6 所示为不同尺寸燃烧器内氢氧预混合着火的稀燃界限.通过图 8.3.6 可以看出,测试条件下的可燃下限相对于一般情况下氢氧预混合气的稀燃界限(氢气占总体积的 4%)提高不少,这是因为燃烧室体积缩小,散热增强,着火条件变差,同时活性中心也更容易接触壁面而失活.另外,燃烧室截面长宽比增加,着火难度加大,可燃下限急剧升高,可着火区域缩小.在截面长宽比 $\lambda=60$ 的情况下,可燃范围最小,但在一定流量和混合比条件下燃烧室内仍能着火成功.而 $\lambda=7.5$ 和 $\lambda=20$ 的着火界限比较接近,甚至在小流量时出现 $\lambda=20$ 更容易着火的情况,这主要是因为 $\lambda=20$ 时喷口直径和燃烧室高度之间的差值使入口处存在截面突变,有较强的稳燃作用.

对于 $\lambda=7.5$ 和 $\lambda=20$,当总流量小于 500 mL/min 时着火下限先降低后升高,这是因为流量很小时释放的总能量也少,同时散热损失很大,所以需要较高的当量比才能着火.随着总流量的增加,燃烧释放能量也增加,最小着火当量比逐渐下降,继续增加流量时,未燃燃料的吸热和燃料燃烧驻留时间的减少开始成为主要影响因素,导致着火界限升高.当流量很大时,还会发生吹熄等现象,越发难以着火,这也是在流量大于 1 000 mL/min 时无法测得可燃界限的原因.对于 $\lambda = 60$ 的情况,总流量大于 200 mL/min 时着火界限急剧升高,这是因为燃烧室尺寸非常小,对流量变化更敏感.

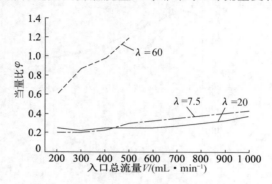

图 8.3.6 氢氧预混合气着火的稀燃界限

(二)流量的影响

取燃烧器内部尺寸为 10 mm×6 mm×0.6 mm,当量比为 $\varphi = 1$,改变氢气流量进行预混合稳定燃烧的试验,图 8.3.7 所示是测得的各种流量下外壁面中心线和侧线上的温度分布.试验过程中,当氢气流量大于 200 mL/min 时,燃烧稳定、持久,没有噪声;当氢气流量降低到 100 mL/min 时,微型燃烧室发出高频间断的爆鸣声,很快火焰熄灭.这是由于较少燃料的燃烧热值不足以克服大的面容比带来的较大的热量损失,火焰发生淬熄.

由图 8.3.7 可以看出,各种流量下,外壁面中心线上的温度和侧线上的温度在与入口端面距离 H 小于 5.5 mm 时相差较大,而在 H 大于 5.5 mm 时几乎一致,且均在 $H = 3.5$ mm 时差值最大.这是因为火焰核心均出现在燃烧室中心线上 $H = 3.5$ mm 处,且燃烧室宽度仅为 0.6 mm,因此在该位置出现的火焰直接接触壁面,导致混合气传递给燃烧室壁面的热流密度最大,而在其他位置,特别是 H 大于 5.5 mm 时,燃烧室内部气体温度降低且垂直流动方向的温度分布比较均匀.

由图 8.3.7 还可以看出,在 200~600 mL/min 的范围内,氢气流量每提高 100 mL/min,外壁面中心竖线测点平均温度分别提高 140.6,121.6,98,8.2 K,温升幅度逐渐下降.这是由于随着流量的增加,混合气在燃烧室内的驻留时间缩短,燃烧充分性降低.当氢气流量为 500 mL/min 和

600 mL/min时,外壁面平均温度分别为 1 034.5 K 和 1 084.8 K.

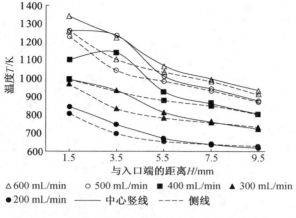

图 8.3.7　燃烧室外壁面温度随氢气流量变化分布图

（三）当量比的影响

取燃烧器内部尺寸为 10 mm×6 mm×0.6 mm,氢气流量为 500 mL/min,改变混合气当量比 φ 进行试验,图 8.3.8 所示为测出的外壁面中心线和出口端面中心的尾气温度,图 8.3.9 所示为测出的外壁面侧线温度.

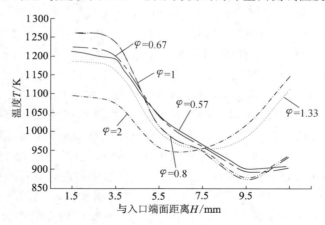

图 8.3.8　不同 φ 时外壁面中心线上的尾气温度

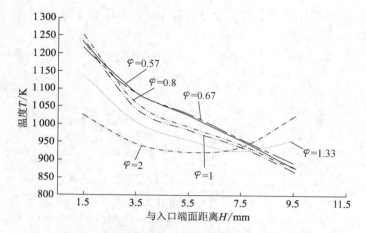

图 8.3.9 不同 φ 时外壁面侧线上的温度分布

由图可见:

$\varphi>1$ 时,燃烧反应不充分,燃烧室整体温度较低,并且在出口处形成明显的外伸火焰. 这是由于氧气量不足,尾气中未燃氢气借助出口周围的环境空气燃烧. 出口外伸火焰提高了出口处温度,使近壁面附近测点温度升高.

$\varphi=1$ 时,外壁面测点的平均温度为 1 034.5 K.

$\varphi<1$ 时,对应的外壁面平均温度分别为 1 041.9,1 048.9 和 1 048.1 K,数值与 $\varphi=1$ 时相比均有所提高. 但差别很小,这是流量为 500 mL/min 的氢气的最大燃烧热值和燃烧充分性综合作用的结果. 一方面,尽管氧气过量会使尾气量增加并排出更多热量,但壁面测点的平均温度值还是随过量氧气的少量增加而升高,这表明当氧气少许过量时,能使燃烧更加充分. 另一方面,随着过量氧气的少量增加,整个微型燃烧室的外壁面温度分布均匀性得到了一定改善. 这是由于随着过量氧气的少量增加,从 $H=5.5$ mm 到出口这个低温区域内的反应增强,温度相应升高;而从入口处到 $H=5.5$ mm 的高温区的反应随着过量氧气的增加减弱,从而使外壁面温度降低. 这也导致 φ 为 0.8,0.67 和 0.57 时外壁面测点的最大温差相对 $\varphi=1$ 时分别缩小了 5,44 和 69 K.

氧气的过量加入对燃烧温度还有两方面的影响:一方面过量的氧气会吸收混合燃气的一部分内能,从而潜在地降低混合气的平均温度;另一方面总流量的增加会缩短燃料在燃烧室内的驻留时间. 当 $\varphi<0.5$ 时,这两方面对燃烧的恶化作用逐渐占主导地位,整个燃烧室的平均温度开始

缓慢下降. 当 $\varphi=0.4$ 时,温度下降趋势加快,达到某一程度后,火焰被吹熄.

综上所述,少量的过量氧气可以改善微型燃烧室的整体温度分布,外壁面温度值随过量氧气的增加先升高后降低.

（四）燃烧器高度的影响

此部分的内容是数值模拟的结果. 模型中采用直径为 0.5 mm 的喷口通入预混合气,通道高度小于 0.5 mm 时,喷口超出通道高度部分均被剪切掉,如图 $8.3.10$ 所示. 通道高度为 0.6 mm,流量为 600 mL/min 时的燃烧器外壁面温度分布如图 $8.3.11$ 所示. 选取燃烧器外壁面 $Y=0$ mm(外壁中心线),$Y=2.5$ mm 处沿 X 方向的直线进行温度比较,两条线分别称为中线和侧线. 图 $8.3.12$ 和图 $8.3.13$ 分别显示在不同通道高度下的两线温度比较和出口截面的氢气浓度分布(流量均为 600 mL/min,氢氧当量比为 1).

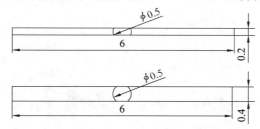

图 8.3.10　喷口剪切示意图(单位:mm)

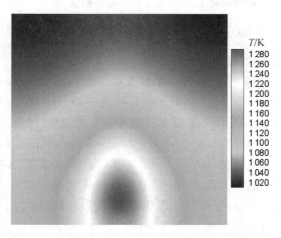

图 8.3.11　通道高度为 0.6 mm 时燃烧器外壁面温度分布

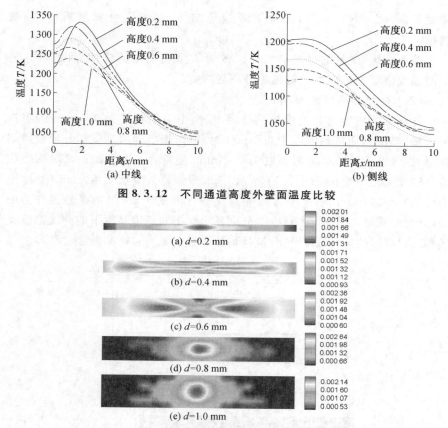

图 8.3.12　不同通道高度外壁面温度比较

图 8.3.13　不同通道高度出口截面氢气浓度分布

随着通道高度的增加,外壁面平均温度(分别为 1 139,1 124,1 104,
1 102,1 097 K)逐渐下降,但下降幅度很小,外壁面前端温度整体呈逐渐下
降趋势,而在后端($x>5$ mm),温度整体呈先下降后升高的趋势,通道高度
为 0.8 mm 和 1.0 mm 时外壁面尾部温度都有所提高.通道高度为 0.2 mm
时,由于通道进口处混合气体的流动速度最大,因此其前端温度相对较低.
观察图 8.3.13 可以看出,$d=0.2$ mm 时由于进气流速远远超过其他 4 种
工况,燃气未能在两侧充分扩散,使得尾气中未燃氢气集中在截面中心区
域;而 $d=0.4$ mm 时由于喷口截面积增加,流速相比 $d=0.2$ mm 时降低约
一半,同时燃烧通道高度增加使得气体在通道内扩散较好,未燃氢气分布
于整个出口截面;$d=0.6$ mm 时进口流速变化不大,而通道高度的继续增
加使得进气在喷口轴心附近的可扩散区域扩大,往两侧的扩散效果减弱,

所以出口截面上未燃氢气分布区域相比 $d=0.4$ mm 有收缩现象；而 $d=0.8$ mm 和 $d=1$ mm 时相比 $d=0.6$ mm 时进气流速不变，但通道高度的增加使得燃气往两侧的扩散进一步减弱，致使出口截面未燃氢气浓度分布变窄.

（五）喷口形状的影响

在采用数值计算的方法研究喷口形状对微型燃烧器性能的影响时，将喷口分别设计成圆形、椭圆形和长方形，如图 8.3.14 所示. 圆形喷口半径为 0.25 mm；椭圆形喷口的长半轴长度为 0.625 mm，短半轴长度为 0.1 mm；长方形喷口长为 1.96 mm，宽为 0.1 mm，因此三种喷口的面积是相同的.

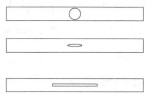

图 8.3.14　喷口形状示意图

图 8.3.15 给出了采用不同喷口形状时燃烧器壁面和尾气温度的对比. 从图中可以看出，当喷口形状为长方形时，壁面温度是三者之中最高的. 这与喷口在 Y 方向上的长度有关系，平板式微型燃烧室空腔在横截面上的长宽比大约为 10，喷口形状从圆形到椭圆形再到长方形，气体进入燃烧室后在 Y 方向的扩散作用逐步增强，氢氧预混合气可以更充分地在腔内扩散燃烧，使外壁面最高、最低、平均温度及尾气平均温度均有所提高. 这也充分说明了流场组织对燃烧特性有一定的影响.

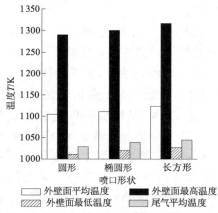

图 8.3.15　不同喷口形状时的各种温度比较

第四节　微尺度催化燃烧的研究

随着燃烧器尺寸的不断减小,燃烧器的面体比逐渐增大,导致气相燃烧发生燃烧不完全、燃烧不稳定和燃烧范围窄等问题.在催化燃烧的研究过程中,人们发现,当催化剂的表面积增大时,催化剂表面的催化活性空穴位增多,这有利于催化剂表面吸附更多的反应物分子,从而增强催化燃烧过程.此外,催化燃烧反应的活化能较低,能够在稀薄燃料和低温等极限条件下稳定燃烧,不仅拓宽了燃料的燃烧极限,提升了燃烧的稳定性,而且大大减少了污染物的生成.因此,在微尺度燃烧器中引入催化燃烧是非常有意义的.

一、微尺度催化燃烧的研究方法

(一)试验方法

微尺度催化燃烧的实验研究方法是采用相关测试设备和仪器,针对微尺度催化燃烧过程中发生的一些现象进行测试和捕捉,以揭示燃烧过程中温度、速度、关键组分迁移等的变化规律.图8.4.1所示为微燃烧实验装置示意图,该装置包括气体燃料和氧化剂供给系统、气体流量控制系统及数据测量和采集系统.气体燃料和氧化剂分别经气体流量控制器输出,给定流量的气体在预混合室中充分混合,然后在燃烧室内发生燃烧反应.气体的流量通过 DSN 系列质量流量控制器控制,该质量流量控制器的精度高达$\pm 1\%$,响应时间不超过 1 s.

微通道燃烧室外壁面温度分布情况,由型号为 ThermoVisionTM A40 的红外热像仪测得.该热像仪的温度测量区间为$-40 \sim 2\,000$ ℃,在此区间可以探测到细微至 0.08 ℃的温度变化,测量精度达$\pm 2\%$.通过平面激光诱导荧光(PLIF)测试系统(该测试系统包括激光系统、激光光路和荧光收集系统等),对燃烧过程中的 OH 基浓度展开测量.整个测试系统中的激光系统主要由 Nd:YAG 脉冲式固体激光器、Cobra-Stretch 染料激光器和频率转换器组成.其中,Nd:YAG 脉冲式固体激光器的型号为 GCR 290-30,Cobra-Stretch 染料激光器由 Sirah 公司生产.荧光信号的收集系统由一台型号为 Hisense MkII 的像增强型 CCD 相机和像增强器组成,并在镜头前加装了 OH 基滤波片以获得燃烧过程中的 OH 基分布.

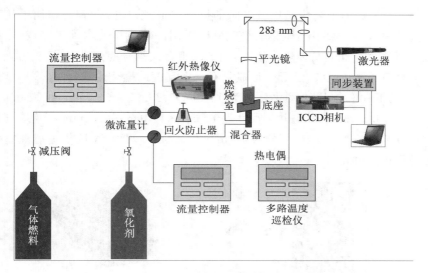

图 8.4.1　微燃烧试验装置示意图

微尺度燃烧室的设计主要包括燃烧室的壁面材料选择和燃烧室加工两方面的工作. 燃烧室壁面的材料主要为 316 不锈钢、石英玻璃、碳化硅和铂,其材料物性参数详见表 8.4.1. 这 4 种材料都具有良好的耐热性和高温热稳定性. 316 不锈钢在 1 200～1 300 ℃ 的高温条件下仍能保持较好的热稳定性,同时具有良好的热力学性能. 石英玻璃不仅具有膨胀系数小、耐热震、化学稳定性良好等优点,而且透光性好. 石英玻璃可长时间在 1 100 ℃ 高温下使用,在短时间内可承受的最高温度达 1 450 ℃. 表面催化反应的发生需要混合气能良好地接触催化材料,本实验采用的催化材料为纯度达99.9%的铂.

表 8.4.1　燃烧室壁面材料的主要物性参数

物理性能	材料			
	铂	316 不锈钢	石英玻璃	碳化硅
密度/(kg · m^{-3})	21 450	8 030	2 650	3 100
定压比热/(J · kg^{-1} · K^{-1})	130	502	750	275
导热系数/(W · m^{-1} · K^{-1})	71.6	16	2	92

为了确保燃料(氢气和甲烷)能在微燃烧室中发生气相燃烧反应,实验采用的平板式燃烧室通道尺寸分别为 10 mm×10 mm×1 mm 和 20 mm×

10 mm×3 mm,前者为燃用氢气时的燃烧室通道尺寸,后者为燃用甲烷时的燃烧室尺寸.实验中,微型燃烧室一般采用一体成型技术加工完成.当实验中需要观察和测量燃烧火焰时,则采用组合式黏合的方式,将石英玻璃与相应材料的薄片组装在一起,形成具有一定高度的燃烧通道,如图 8.4.2 所示.不锈钢片和铂片的尺寸分别为 10 mm×11 mm×0.5 mm 和 20 mm×11 mm×0.5 mm,碳化硅片的尺寸为 10 mm×11 mm×0.4 mm.石英玻璃片的厚度均为 0.5 mm,长度分为 10 mm 和 20 mm 两种,宽度根据燃烧室的通道高度来确定.

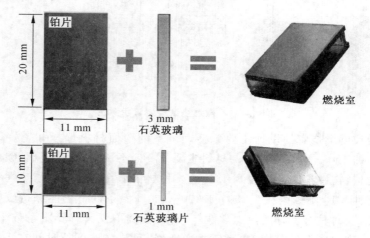

图 8.4.2　微燃烧室加工过程示意图

（二）数值计算方法

数值计算方法能够直观表述和预测催化燃烧器中各项燃烧特性的变化规律,不仅可以快速获得燃烧器的设计和优化参数,还可以进一步指导实验测试,获得实验测试中的缺失数据,从而完善微尺度催化燃烧的基础数据.

在进行数值计算时,以平板式微燃烧室作为研究对象,微燃烧器的结构与实验时保持一致,尺寸和结构如图 8.4.3 所示.由于燃烧室结构规则,采用结构化网格进行计算.为了表述清晰,这里用"催化燃烧"来表示燃烧室中既存在空间气相反应,又发生表面催化反应;用"非催化燃烧"表示燃烧室中仅发生空间气相反应.此外,将带有催化壁面的燃烧室统称为"催化燃烧室",而将未添加催化壁面的普通燃烧室称为"非催化燃烧室"或"常规燃烧室".

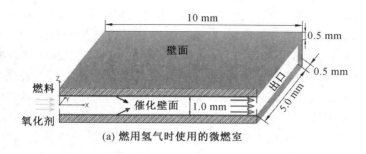

(a) 燃用氢气时使用的微燃室

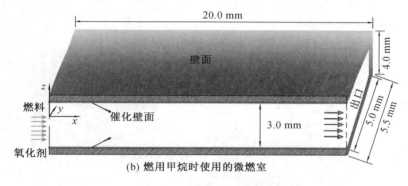

(b) 燃用甲烷时使用的微燃室

图 8.4.3　燃烧室物理模型

采用有限容积法进行求解,以 Fluent 作为计算软件. 针对基本控制方程进行离散求解,相关方程包括质量守恒方程、动量平衡方程、化学组分平衡方程、能量平衡方程. 由于燃烧器入口处雷诺数较低,流动模型选择层流模型. 燃烧模型则采用层流有限速率燃烧模型,考虑基于详细的气相反应机理的燃烧室空间内气相燃烧过程,在内壁面上考虑基于详细的表面催化氧化反应机理的催化反应过程. 在进行边界条件设置时,混合气入口设为速度边界条件,出口设为自由流动边界条件,燃烧器的各个外壁设为综合热边界条件,充分考虑壁面与大空间的对流辐射换热. 以上设置均可参见相关文献,这里不再赘述.

为了验证数值计算模型的可靠性,分别选用催化和非催化燃烧室进行实验,燃烧室的结构和尺寸均保持一致. 实验中,主要利用红外热像仪对燃烧室的外壁面温度分布进行测量,并利用平面激光诱导荧光测试平台对催化燃烧过程中的 OH 基浓度进行初步测量.

针对氢气-空气的燃烧情况进行对比时,选择氢气和空气的总流量为 600 mL/min,当量比为 1.0,初始温度为 300 K. 燃烧稳定后,燃烧室外壁面的温度分布及外壁面中心线上的温度分布对比如图 8.4.4 所示.从燃烧室外壁面的温度分布图可以看出,数值模拟和实验中燃烧室外壁面的高温区域基本一致,具有较高的吻合度.通过对比数值模拟与实验中燃烧室外壁面中心线上的温度变化发现,两者之间的最大误差小于 3.1%,说明本书采用的计算模型是可靠的.为了进一步验证模拟结果的准确性,对比催化燃烧时 OH 基浓度分布区域的变化,如图 8.4.4c 所示.图中箭头所指的位置可以看作气相燃烧的点火位置,实验和数值模拟结果中该位置基本一致.因此,结合外壁面温度分布和中心线上的温度误差,可充分证明本书所使用的计算模型是可靠的.

(a) 数值模拟与实验中外壁面的温度分布对比图

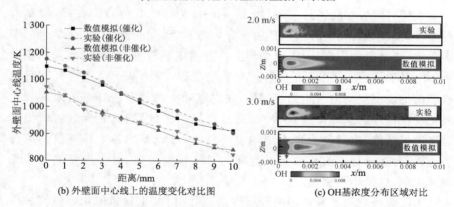

(b) 外壁面中心线上的温度变化对比图   (c) OH基浓度分布区域对比

图 8.4.4   计算模型的氢气燃烧实验验证

对甲烷-空气的燃烧过程进行验证时,设定气体总流量为 720 mL/min,当量比为 1.0,初始温度为 300 K.图 8.4.5 所示为燃烧室外壁面的温度分布及外壁面中心线上的温度分布对比图.由图可见,数值模拟和实验中获得的外壁面高温区域基本一致,且温度变化趋势基本一致.通过对比数值模拟与实验中燃烧室外壁面中心线上的温度变化发现,两者之间的最大误差小于 3.3%,其中非催化燃烧的最大误差为 3.0%,催化燃烧的最大误差为 3.3%,说明本书采用的计算模型是可靠的.误差产生的原因与氢气燃烧实验一致.图 8.4.5c 为实验和数值模拟中甲烷催化燃烧时 OH 基浓度分布区域的位置变化.从图中可以看出,实验结果与数值模拟中的 OH 基高浓度区域所在的位置基本一致,同时实验和数值模拟中的气相点火位置也基本一致.综上分析,本书所使用的计算模型是可靠且准确的.

(a) 数值模拟与实验中外壁面的温度分布对比图

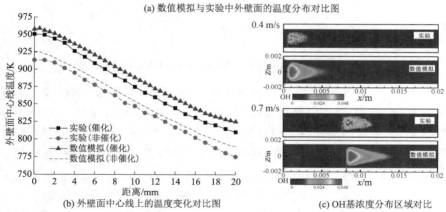

(b) 外壁面中心线上的温度变化对比图

(c) OH基浓度分布区域对比

图 8.4.5 计算模型的甲烷燃烧实验验证

二、催化燃烧与非催化燃烧的区别

(一)着火界限

为了验证壁面催化反应在微尺度条件下对燃烧的影响,特制作了内部尺寸为 10 mm×6 mm×0.1 mm 的微燃烧室.在该尺度下,实验中采用非催化燃烧室时燃烧是无法发生的,而采用催化燃烧室时燃烧可以顺利发生.图 8.4.6 所示为在当量比为 1.0 的情况下,通过不同气体总流量时燃烧室外壁面中心点的温度变化情况.由图可见,随着气体流量的增大,燃烧室外壁面中心点的温度呈现出先逐渐升高,后基本平缓略有下降的趋势.在流量为 700 mL/min 时,壁面催化反应已经达到了极限,若流量继续增大,则导致热传导加快,温度下降.实验中,在改变气体流量的过程中燃烧是非常稳定的,这表明催化燃烧拓展了燃烧极限,改善了微尺度下燃烧的稳定性.但整体壁面的温度较低,这主要是因为在该尺度下,壁面催化反应占主导地位.

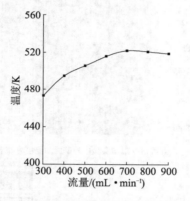

图 8.4.6　不同气体总流量下燃烧室外壁面中心点的温度变化

此外,本部分在有/无催化微通道中,对甲烷的可燃极限和可燃范围进行了研究.首先,保持甲烷流量一定,逐步增大空气流量,使火焰慢慢稳定在通道内,此时的混合气当量比即为火焰开始稳定的富燃极限.待火焰稳定在通道内后,继续增大空气流量,直到火焰被吹出通道,此时的混合气当量比为火焰从稳定到不稳定的贫燃极限.然后改变甲烷流量,重复上述实验过程,得到不同甲烷流量下微通道的可燃极限和可燃范围.实验中微通道的高度为 3 mm,甲烷流量从 50 mL/min 增加至 160 mL/min.图 8.4.7 所示为有催化和无催化微通道的可燃极限随甲烷流量的变化情况.由图可知,对于这两种类型的微通道,随着甲烷流量的增大,甲烷的富燃极限均先增大后减小,且随着甲烷流量的持续增大,甲烷富燃极限减小的斜率逐渐增大.贫燃极限随甲烷流量的增大呈线性减小趋势,但催化微通道内的贫燃极限减小的幅度相对于无催化微通道要小.对于两种类型的微通道,随着甲烷流量的增大,通道内火焰稳定燃烧的范围都在逐渐减小,但催化微通道的稳定燃烧范围明显大于无催化微通道,这说明催化剂的添加可以提高微通道内火焰燃烧的稳定性.甲烷流量较小时,催化微通道的贫燃极限低于无催化微通道,表明在贫燃且流速较低的工况下,催化剂的催化效果不太明显.随着甲烷流量的增大,催化微通道的贫燃极限明显高于无催化微通道的贫燃极限,表明流速较高时,微通道内燃烧反应增强,催化剂的催化作用开始显现,从而明显提高微通道内火焰燃烧的稳定性.

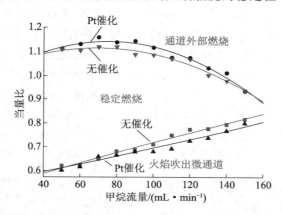

图 8.4.7 微通道的可燃极限随甲烷流量的变化

（二）不同反应类型的燃烧特性

以氢气和氧气在铂催化下的预混燃烧为例,采用数值模拟的方式对3 种不同反应模型的相关燃烧特性展开分析,3 种不同的反应模型分别是空间气相反应（如图 8.4.8a,d 所示）、空间气相反应耦合表面催化反应（如图 8.4.8b,e 所示）、表面催化反应（如图 8.4.8c,f 所示）.采用的边界条件:进气速度为 2 m/s,当量比为 1.0,初始温度为 300 K.图 8.4.8 所示为 3 种不同反应模型的温度分布和 OH 基质量分数分布情况.当空间气相反应发生时,燃烧室中最高温度分布在流体区的上中游区域,火焰形状和 OH 基高浓度区域均呈尖锥形.空间气相反应发生的最高温度明显高于耦合反应（空间气相反应耦合表面催化反应）发生的最高温度.从 OH 基的分布也可看出明显差异:耦合反应下流体区域的 OH 基质量分数减小,这主要是因为催化反应和空间气相反应对反应物（氢气）存在竞争关系,同时铂催化剂对 OH 基具有较强的吸附能力,抑制了空间气相反应的进行.而对于催化反应模型,最高温度出现在壁面处,最高 OH 基质量分数也出现在壁面附近.由于催化壁面并不能完全吸附 OH 基,导致 OH 基质量分数在进口端过高.尽管 OH 基在 Pt 催化剂表面有很强的吸附性,但浓度相比其他模型要低很多.这一方面是由于在催化剂表面以 OH(S)形式存在,吸附了大量 OH 基,另一方面是由于燃烧室内燃烧并不充分(高温区域和反应区域可以用 OH 基质量分数表示,OH 基组分质量分数分布可以表征燃烧进行的强烈程度,燃烧不充分导致 OH 基质量分数较低).

OH 基质量分数分布反映出空间气相反应和表面催化反应的发生区域不同.在空间气相反应耦合表面催化反应模型下,最高温度区域扩展到燃烧室流体区下游,相比气相反应模型,OH 基质量分数浓度分布在壁面附近有明显降低,因为壁面附近气体中的 OH 基被 Pt 催化剂表面所吸附,主要以 OH(S)形式参与表面催化反应,表面催化反应的放热作用也使得壁面温度相比气相反应模型时高一些.在反应区域方面,表面反应的存在对气相反应有明显的影响.从 OH 基质量分数的变化可以看出,表面反应使得壁面附近的气相反应被削弱,气相反应在垂直催化壁面方向上发生的空间相对变窄,而表面反应消耗的 OH 基并不多,这使得气相反应略微往上游方向移动.

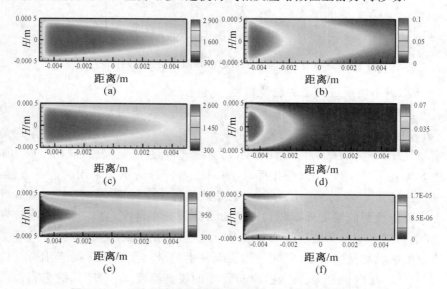

图 8.4.8 3 种不同反应模型的温度和 OH 基质量分数分布

（三）不同入口流速下的燃烧特性

在微尺度条件下,入口流速是影响燃烧室内燃烧过程的主要因素之一.本部分在平板型矩形进口的微燃烧室中,通过实验研究了催化和非催化条件下氢气-空气的预混燃烧反应过程,所采用燃烧室的通道尺寸为 10 mm×

10 mm×1 mm,燃烧室壁厚为 0.5 mm,壁面材料为 316 不锈钢,催化材料为铂.实验中采用混合气体的当量比为 1.0,流速范围为 0.5~2.5 m/s.

通常情况下,外壁面温度的高低可反映燃烧室内的反应强度,两者之间成正比关系.换言之,在燃烧室尺寸、材料等条件相同时,通道内燃料燃烧得越充分,放热率越高,则传递给壁面的热量也越高.因此,实验中通常采用壁面温度变化来表征燃烧室中反应的剧烈程度.图 8.4.9 所示为不同入口流速下燃烧室外壁面中心线上的温度分布.从图 8.4.9 中可以看出,催化和非催化反应的外壁面温度在混合气体的流动方向上均呈逐渐下降的趋势,最高温度点始终位于入口附近,这表明催化和非催化燃烧过程中的剧烈氧化反应区域均位于燃料进口附近.通过对比催化和非催化燃烧时外壁面中心线上的最高温度发现,催化燃烧过程中的外壁面最高温度明显高于非催化过程,如流速为 2.0 m/s 时,催化和非催化过程对应的外壁面最高温度之差约为 137.2 K.当入口流速增大时,催化和非催化燃烧室的外壁面温度都相应提高,主要是因为入口流速的增大使输入燃烧室的总化学能增加,所以化学反应生成的热量增加,进而提高了壁面温度.

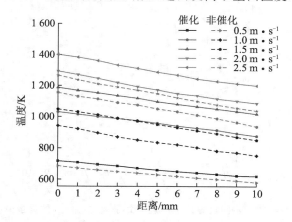

图 8.4.9 不同入口流速下催化和非催化燃烧室外壁面中心线上的温度分布

（四）不同当量比下的燃烧特性

燃料和氧化剂的当量比决定着化学反应是否能够进行,会对燃烧室中的燃烧状况及温度分布等产生重要的影响.因此,通过实验对比在不同当量比下催化和非催化燃烧过程的基本特性,可进一步理解两者的区别.实验过程中,平板型燃烧室内部尺寸为 10 mm×10 mm×1 mm,燃烧室截面为矩形,壁面厚度为 0.5 mm,壁面材料为 316 不锈钢,催化材料为铂.

当氢气–空气预混合气体的入口流速为 1.0 m/s,当量比分别为 0.6,0.8,0.9,1.0,1.1,1.2 时,获得燃烧室外壁面中心线上的温度分布如图 8.4.10 所示.从图 8.4.10 中可以看出,催化和非催化燃烧室外壁面的温度变化趋势基本一致,最高温度点都位于入口附近,且相同当量比下催化燃烧室的外壁面最高温度明显高于非催化燃烧室的,说明催化燃烧有助于提高外壁面温度.当量比为 1.0 时,催化燃烧室外壁面中心线上各点的温度均高于其他当量比时对应各点的温度,说明此条件下氢气氧化反应所释放的能量最高.随着气体混合物当量比的减小(贫燃时),外壁面中心线上各点的温度均有所降低,其中当量比为 0.9 时各点的温度降幅最小,这主要是因为贫燃时,燃料燃烧得较充分,且当量比为 0.9 时的进口氢气量要高于其他贫燃时,所以壁面温度较高.随着当量比的增大(富燃时),虽然燃烧室外壁面最高温度点依然位于入口处,但最高温度呈逐渐降低的趋势.对于非催化燃烧过程,随着当量比的变化,外壁面的温度变化趋势与催化燃烧过程的基本一致.

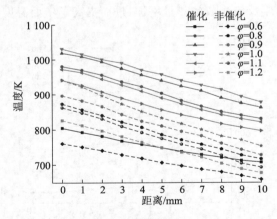

图 8.4.10　不同当量比下燃烧室外壁面中心线上的温度分布

(五) 不同氧化剂时的燃烧特性

在燃烧反应过程中,氧化剂的选择对燃烧的稳定性和可燃范围都具有至关重要的影响.为此,本部分采用氢气分别与纯氧和空气进行预混燃烧,对比分析微尺度下氧化剂对催化和非催化燃烧过程的影响,以便进一步理解催化和非催化燃烧过程.实验过程中,采用的平板型燃烧室的内部尺寸为 10 mm×10 mm×1 mm,氢气流量固定,氧化剂为空气或氧气,且氢氧当量比固定为 1.0.所采用燃烧室的壁厚为 0.5 mm,壁面材料为 316 不锈钢,催化材料为铂.

当氢气流量分别为 200 mL/min 和 400 mL/min 时,催化和非催化燃烧室外壁面中心线上的温度分布如图 8.4.11 所示.从图 8.4.11 中可以看出,当氢气流量为 200 mL/min 时,采用氧气为氧化剂时,催化燃烧室外壁面最高温度明显高于采用空气时的.虽然使用的燃料量保持一致,但空气中含有大量非助燃气体,且总的混合物流速较大,所以燃烧过程中产生的热量更容易被带出燃烧室,因此燃烧室外壁面的温度较低.非催化燃烧室外壁面的温度也表现出相似的温度变化规律.在此流量下,对比采用氧气或空气时对应的催化与非催化燃烧室的外壁面最高温度发现,催化燃烧室的外壁面温度明显高于非催化燃烧室的,说明当催化反应发生时,外壁面温度能够得到显著提升.当选择氧气为氧化剂时,催化燃烧室外壁面的最高温度与最低温度之差为 193.2 K,比氧化剂为空气时高了 42.4 K,对于非催化燃烧也存在类似的现象.这主要是因为氧化剂为氧气时更有利于氢气的快速氧化,使氢气在燃烧室入口处释放出大量的热量,提升了外壁面在入口处的温度,从而导致更大的温差.当氢气流量为 400 mL/min 时,催化和非催化燃烧室外壁面中心线上的温度变化趋势与氢气流量为 200 mL/min 时的分析结果是一致的.

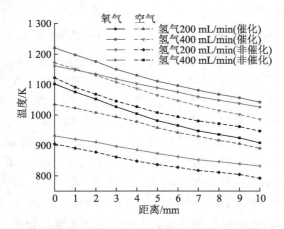

图 8.4.11 氧化剂不同时催化和非催化燃烧室外壁面中心线上的温度分布

三、微尺度催化燃烧的影响因素

（一）燃烧室形状的影响

燃烧室形状的改变通常会造成通道内流场的变化,进而对通道中燃料的催化燃烧过程产生影响.本部分采用实验和数值模拟相结合的方法分析不同形状燃烧室内的燃烧过程,探讨燃料氢气在一些易于加工且具备一般性的燃烧室中的催化燃烧特性.所采用的燃烧室形状为圆柱体、长方体、正方体和三角柱体;选定燃烧室的当量直径为 1.818 mm,长度为 10 mm,壁面厚度为 0.5 mm,材质为高纯铂(纯度为 99.9%).图 8.4.12 是不同形状燃烧室的入口截面示意图,燃烧室的流通面积从大到小依次为 $S_{长方形}$(10.0 mm^2)>$S_{三角形}$(8.6 mm^2)>$S_{正方形}$(3.3 mm^2)>$S_{圆形}$(2.6 mm^2).实验以空气为氧化剂,当量比为 1.0.

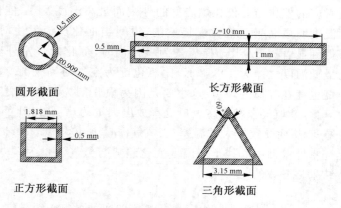

图 8.4.12　4 种燃烧室的入口截面示意图

为了更好地说明燃烧室入口形状对催化燃烧过程的影响,在相同边界条件下对上述 4 种不同形状燃烧室内的燃烧过程进行模拟计算.氢气流量为 100 mL/min、当量比为 1.0 时,各燃烧室通道中心线上的温度和轴向速度分布如图 8.4.13 所示.从图 8.4.13a 中可以看出,在相同流量下,圆形截面燃烧室的最高温度为 1 821 K,其所在位置距入口约 3.2 mm;而正方形截面燃烧室的最高温度为 1 924 K,其所在位置距入口约 1.3 mm;三角形和长方形截面燃烧室的最高温度点所在位置离入口最近(约 0.7 mm),通道中对应的最高温度分别为 1 676 K 和 1 398 K.在进气流量相同的情况下,尽管燃烧室的当量直径相同,燃烧室中气相燃烧的最高温度却表现出较大的差异,如正方形截面的燃烧室中最高温度与长方形截面燃烧室相差 526 K.这主要是由于燃烧室入口截面积的不同导致入口气体混合物流速不同,影响了反应物的驻留时间及催化壁面与气相组分之间的传质和传热,最终导致气相反应的强度产生差异;同时,不同的外壁面表面积对外的散热强度不同,进而影响燃烧室内的温度变化.此外,正方形和圆形截面燃烧室中的最高温度点位置都离入口较远,其中圆形截面燃烧室最高温度点的位置距入口最远,这主要是因为圆形截面燃烧室的入口流速较高,使气相燃烧火焰向下游移动. 同时,反应物与催化壁面的接触面积增大,强化了表面催化反应,使用于气相燃烧的燃料减少,从而导致气相燃烧中的最高温度相对较低. 从图 8.4.13b 中各燃烧室通道中心线上气流的轴向速度分布可以看出,圆形截面燃烧室的速度最高,长方形截面燃烧室的速度最低. 虽然燃烧室的当量直径和进口流量相同,但不同入口截面形状的面积存在较大差异,如长方形截面面积是圆形截面面积的近 4 倍,这就导致冷态流体在圆形截面上的入口流速最大. 当发生化学反应时,由于高温气体与壁面的直线距离较小,增大了长方形截面燃烧室壁面的散热量,同时表面催化反应竞争性消耗气态反应物,最终导致燃烧室中燃气混合物的温度更低,使得气体混合物的体积膨胀最小,长方形截面燃烧室内部的流速相对圆形截面燃烧室而言更小.

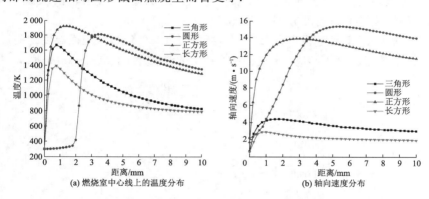

| (a) 燃烧室中心线上的温度分布 | (b) 轴向速度分布 |

图 8.4.13 氢气流量为 100 mL/min 时燃烧室中心线上的温度和轴向速度分布

在上述 4 种催化燃烧室中,常通过出口处的燃料转化率和混合气体的温度变化来考察燃烧室的整体效率. 表 8.4.2 为在相同氢气流量下(100 mL/min),不同燃烧室出口处的燃料转化率和混合气平均温度. 由表可以看出,就燃料转化率而言,不同燃烧室的情况相差不大,均在 0.986 以上. 其中,圆形截面燃烧室的燃料转化率最低,仅为 0.986,而长方形截面燃烧室的转化率最高,达到 0.994. 这主要是由于在相同当量直径下,圆形截面燃烧室内的平均流速最大,且气相点火位置较靠后,使得部分燃料未及时发生反应就排出了燃烧室. 同时,长方形截面燃烧室出口的混合气体平均温度最低,仅为 784 K;而圆形截面燃烧室出口的混合气体平均温度最高,达到 1 218 K,两者相差了 434 K. 这是因为在入口输入能相同的条件下,圆形截面燃烧室外壁面的表面积较小,对外散热量较小,并且流速较大的尾气夹带着大量的热量排出燃烧室,最终使圆形截面燃烧室出口附近的混合气体的温度较高.

表 8.4.2　燃烧室出口处的燃料转化率和混合气平均温度

参数	三角形	圆形	正方形	长方形
燃料转化率	0.990	0.986	0.988	0.994
混合气平均温度/K	796	1 218	1 141	784

（二）通道高度的影响

燃烧室的通道高度关系到燃烧室的尺度变化,进而影响催化燃烧过程.为此,采用通道长、宽均为 10 mm 的平板型燃烧室,以铂为催化剂,在不同的通道高度下,对氢气-空气混合物的催化燃烧进行实验研究.实验中所采用的燃烧室通道高度分别为 0.5,1.0,1.5,2.0 mm.

实验中,入口流速设定为 1.0 m/s,当量比为 1.0.通过对壁面温度的测量,得到不同通道高度下燃烧室外壁面中心线上的温度分布,如图 8.4.14 所示.

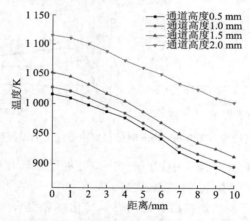

图 8.4.14　不同通道高度下燃烧室外壁面中心线上的温度分布

由图可知,当流速和当量比一定时,燃烧室外壁面最高温度随着通道高度的增加而逐渐升高,这主要是因为相同流速下燃料的输入总量随着通道高度的增加而增加,所以通道高度较高时燃料燃烧释放的热量要高于通道高度较低时释放的热量,进而导致壁面温度的升高;通道高度增加后有更多的反应物扩散至催化壁面,强化了表面催化反应,有利于提高壁面温度.此外,最高温度和最低温度之差随着通道高度的增加逐渐减小,这主要是因为燃料量的增加使表面催化反应增强,提高了固体壁面的温度,而此时的气相反应生成热量也大大增加,增大了高温气体向壁面传递热量的强度,改善了壁面温度分布的均匀性.

实验过程中发现,当通道高度为 0.5 mm 时,气相燃烧的可燃范围较窄,容易发生吹熄现象,壁面温度比有气相燃烧时的低.这是由于通道高度已低于氢气-空气火焰的淬熄距离,气相反应很难维持,而表面催化反应可以在较低温度下维持,因此壁面温度较低.在本实验中,为了保证各个通道高度下都存在气相燃烧火焰,所以选择较低的混合气体流量作为比较.当混合气体总流量为 300 mL/min,当量比为 1.0 时,不同通道高度下的燃烧室外壁面中心线上的温度分布如图 8.4.15 所示.图 8.4.15 中,外壁面最高温度点所在的位置均在入口附近,温度在气流方向上逐渐下降.壁面最高温度随着通道高度的增加而逐渐降低,这是由于:① 通道高度较高时,火焰向壁面传递的热量较少;② 通道高度较高时,燃料混合物流速较小,扩散至催化壁面的燃料量减少,并且氢气的燃烧反应主要发生在入口处,这会消耗大量的燃料,削弱表面催化反应的强度,使壁面温度得不到有效提高.此外,通道空间的增大及混合气体流速的减小也使得高温混合气体向壁面传递热量的强度减弱.对比外壁面的最大温差发现,通道高度越高,其温差越小,这主要是因为氢气燃烧的火焰位置通常位于入口附近,在通道高度较高、混合气体流速较小时,位于入口处的火焰向壁面传递热量的强度较弱,且表面催化反应的生成热量对低温区存在一定的温度补偿,此时壁面上的热量传递以固体壁面的导热传导为主.

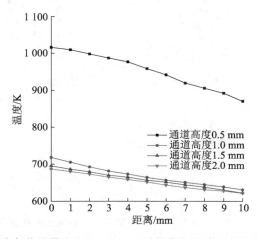

图 8.4.15　混合气体流量为 300 mL/min 时燃烧室外壁面中心线上的温度分布

（三）壁面材料导热系数的影响

在催化燃烧过程中,燃烧室壁面材料的选取对于微尺度燃烧室的设计而言非常关键.本部分采用内部尺寸为 10 mm×10 mm×1 mm 的平板型燃烧室,选择石英玻璃、不锈钢、铂和铜作为燃烧室的壁面材料,并在除铂材料外的壁面上负载铂催化剂,采用数值模拟方法对比分析氢气–空气的催化燃烧特性,进一步说明壁面材料导热系数对催化燃烧特性的影响.选用的上述 4 种材料的导热系数依次为 1.05,16,71,387 W/(m·K),其余的边界条件皆保持不变,设定混合气体的当量比为 1.0,流速为 1.5 m/s,初始温度为 300 K,壁面的自然对流换热系数为 20 W/(m²·K).

图 8.4.16 所示为不同材料的燃烧室通道中心线上的温度分布.从图 8.4.16 中可以看出,壁面材料为石英玻璃时,通道中流体的最高温度最高,约为 1 752 K;而壁面材料为铜时,通道中流体的最高温度仅为 1 687 K,相差了 65 K,且通道中最高温度随着壁面材料导热系数的增大而逐渐降低.在燃烧室的出口处,壁面材料为铜时的最高温度要高于其他壁面材料时的最高温度.在相同的流速和流量下,由于壁面材料导热系数不同,燃料释放出的热量在壁面传导的速率将产生差异,较大的材料导热系数使得燃烧产生的热量更容易通过壁面扩散到环境中,使壁面的散热损失增大.此外,当壁面材料为铜时,流体最高温度点所在的位置更靠近入口,而当壁面材料为石英玻璃时的最高温度点所在的位置距离入口最远,这主要是因为铜材质的壁面导热阻力较小,使得燃烧产生的热量向入口端的传递量增大,预热了入口处的混合气体,从而促进了气相燃烧反应.

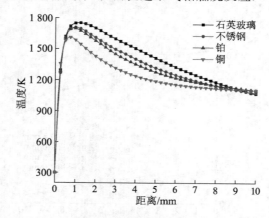

图 8.4.16 不同材料的燃烧室通道中心线上的温度分布

图 8.4.17 对比了 4 种材质的燃烧室外壁面中心线上的温度分布.首先,从图中壁面最高温度变化可以看出,石英玻璃壁面的最高温度最高,而铜壁面的最高温度最低,不锈钢和铂材质壁面的最高温度居于中间,表明壁面材料的导热系数越小,其壁面最高温度越高.其次,由图可见,石英玻璃壁面上的温度差较大,达到 552 K,而铜材质壁面的温差仅为 33 K,说明壁面材料的导热系数越大,其壁面温差越小,温度分布越均匀.通过对比4 种材质的壁面平均温度可知,铜材质的壁面平均温度最高,达到 1 015 K,主要存在以下原因:一方面,铜的导热系数较大,导致更多的热量从燃烧室内传递到壁面;另一方面,表面催化反应生成的热量将直接传递给壁面,其传热强度明显大于高温气体对壁面的传热强度,加之铜材质具有较大的导热系数,因而更有利于壁面温度分布均匀.相反,石英玻璃壁面的平均温度仅为 982 K.这是由于石英玻璃材料的导热系数小,容易出现较大温差,且温度分布不均匀,因此壁面的平均温度较低.虽然铜材质壁面的平均温度较高且壁面温度分布更均匀,但在需要高辐射能时,如应用在微热光电系统中,铜材质壁面的燃烧室并不是理想的选择,主要是因为铜的表面发射率非常小(抛光时为 0.05、表面氧化时也仅为 0.4~0.5).

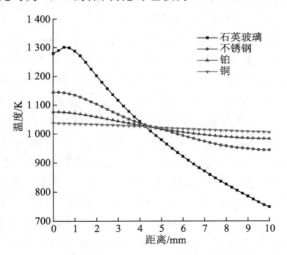

图 8.4.17　不同材质燃烧室外壁面中心线上的温度分布

(四)催化面形状的影响

表面催化反应的强弱主要与活性催化位的数量有关.而当催化面面积和催化剂活性位密度相同时,催化面形状也会影响催化燃烧过程.本部分将在内部尺寸为 1 mm ×10 mm×1 mm 的平板型燃烧室中,以图 8.4.18

中 3 种不同形状的催化面[即三角形(Case A)、圆弧形(Case B)和长方形 (Case C)]作为研究对象,采用数值模拟的方法,探讨不同催化面形状对催化燃烧过程的影响. 采用氢气-空气进行预混燃烧,铂催化面的面积为 20 mm^2,氢气的流量为 300 mL/min,当量比为 1.0,其他初始边界条件保持不变.

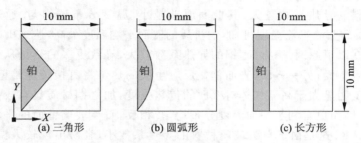

图 8.4.18　3 种不同形状的催化面布置图

图 8.4.19a 所示为上述条件下 3 种不同形状催化面的燃烧室中心截面 (XOZ 面)上流体温度场和 OH 基质量分数分布云图. 从图 8.4.19a 的温度场分布云图可以看出,在 3 种不同形状的催化面燃烧室中,高温区主要集中在入口附近,且高温区的大小基本一致. 从 OH 基质量分数分布云图可以看出,在催化段的近壁面处,Case B 和 Case C 的 OH 基质量分数比催化段下游近壁面附近的 OH 基质量分数低,这说明表面催化反应对气相反应具有抑制作用;对于 Case A,近壁面附近的 OH 基质量分数变化不明显,这主要是因为中心截面上三角形催化面的顶点所在位置比另外两种催化面更远离入口,所以表面催化反应对空间气相反应的影响更强. 从图 8.4.19b 中 XOY 截面上流体温度场和 OH 基质量分数分布云图可以看出,当催化面为三角形和圆弧形时,高温和高 OH 基质量分数分布在通道的两侧,这是由于通道两侧的区域中无表面催化反应的发生,空间气相反应受到的影响较小. 而催化面为长方形时,高温和高 OH 基质量分数分布在通道的中间部分,这是由于入口处(0~2 mm 区域)的空间气相反应全部处于表面催化反应的影响区域,因此受到混合气流动影响的空间气相反应中的高温区和高 OH 基质量分数区呈梯形分布. 此外,这 3 种不同催化面形状的燃烧室出口处的燃料转化率分别为 0.989,0.984 和 0.988,相对应的出口混合气体平均温度依次为 1 170.1,1 182.4 和 1 171.2 K. 由此可以看出,燃烧室的催化面为三角形时燃料转化率最高,出口温度最低;圆弧形催化面燃烧室的燃料转化率最低,出口温度最高.

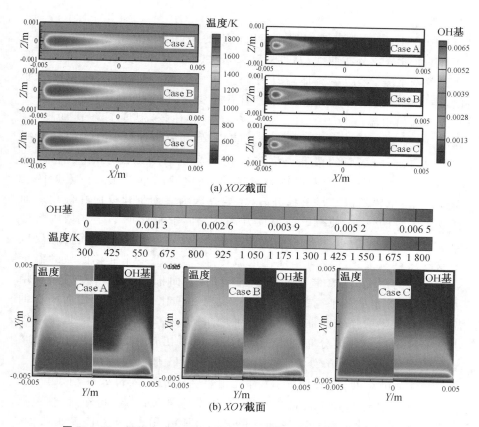

(a) *XOZ*截面

(b) *XOY*截面

图 8.4.19　燃烧室中心 *XOZ* 截面和 *XOY* 截面上流体温度场(左列)
和 OH 基质量分数(右列)分布云图

(五) 催化面面积的影响

当催化面形状和催化剂活性位密度相同时,催化面面积大小也会影响催化燃烧过程.本部分将使用不同催化面面积的铂催化燃烧室,其通道的尺寸为 10 mm ×10 mm×1 mm,将长 1 mm 的长方形催化段自入口处依次叠加形成具有不同催化面面积的催化壁面,形成的最大的单面催化面面积为100 mm². 为了方便描述,引入催化面积比 θ,将其定义为催化剂分段面积与最大的单面催化面面积之比. 当催化段面积为 0~100 mm² 时,θ 的取值范围为 0~1.0.这里选择 θ 值为 0,0.1,0.2,0.4,0.5,0.6,0.8,1.0,采用氢气-空气预混燃烧,研究不同催化面面积对催化燃烧特性的影响. 所采用的相关边界条件如下:混合物的流速为 1.5 m/s,当量比为 1.0,其他边界条件不变.

图 8.4.20 给出了不同催化面积比下的通道及内壁中心线上的温度、OH 基质量分数分布曲线. 从图 8.4.20a 中可以看出,通道中心线上的温度先急剧上升,然后在流体流动方向上缓慢下降. 随着催化面积比的变化,通道中心线上的温度也出现了明显的变化. 例如,$\theta=1.0$ 时,通道中心线上的出口温度为 1 014.1 K,与 $\theta=0$ 时相比,该温度下降了 19.3%,原因是表面催化反应减弱了气相反应强度,使其放热量减少. 从图 8.4.20b 中可以看出,内壁面的最高温度随催化面面积的增加而逐渐升高,$\theta=0$ 与 $\theta=0.1$ 时相比,上述表现较为明显. 当催化壁面布置在入口附近的上游处时,该位置的温度显著提升,这主要是因为表面催化反应在催化壁面释放了大量的热量,使得壁面温度升高. 此外,非催化的一定区域内的壁面温度也会高于 $\theta=0$ 时对应位置上的温度,这主要是由于表面催化反应释放的热量从催化区域向非催化区域传递,因此出现非催化区域的温度显著升高的情况. 随着催化面面积的增加,表面催化反应产生的热量增大,并逐渐趋于放热平衡的稳定状态,说明在催化燃烧时,催化面面积的增大不会无限增强表面催化反应的强度. 图 8.4.20c 所示为通道中心线上的 OH 基质量分数分布曲线. 从图中可以看出,$\theta=0$ 时的 OH 基质量分数的峰值位于 1 mm 处,而其他情况下的 OH 基质量分数峰值均位于入口至 1 mm 之间,这表明 $\theta=0$ 时气相燃烧火焰向入口处移动,由于表面催化反应消耗了部分反应物,使得气相反应强度减弱. 此外,在相关研究中发现,铂催化剂对 OH 基具有很强的吸附作用,一旦 OH 基被吸附,气相反应的链式反应将被终止,使气相反应受到抑制. 图 8.4.20d 所示为 OH 基质量分数在催化壁面中心线上的变化. 当表面催化反应发生时,图中出现了两种变化趋势,代表两个不同的反应区域. 第一种 OH 基质量分数变化趋势较为平滑且质量分数较低,该区域以表面催化反应为主导. 由于 OH 基被催化剂吸附,引起 OH 基质量分数急剧下降,使其在催化区附近维持较低水平. 第二种 OH 基质量分数有一次跃升,主要是由于气相反应在该区域起主导作用.

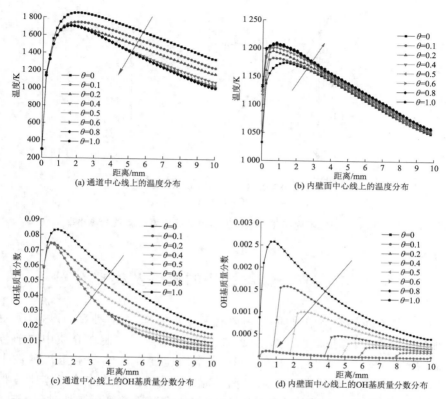

图 8.4.20　不同催化面积比下通道和内壁中心线上的温度和 OH 基质量分数分布

　　燃料的转化率通常用来考察燃烧效率. 图 8.4.21 为不同催化面积比下的出口平均温度和氢气转化率. 由图可以看出, 当催化面积比增大时, 出口平均温度逐渐降低. 相反, 氢气转化率随着催化面积比的增大而提高. $\theta = 0$ 时, 具有最高的出口平均温度和最低的氢气转化率, 这主要是因为此时的气体混合物在微燃烧室中的驻留时间非常短, 所以燃料燃烧不完全. 随着 θ 的增大, 出口平均温度逐渐降低, 氢气转化率逐渐提高, 这表明催化面积的增大有利于催化燃烧效率的提高. 此外, $\theta = 1.0$ 时的氢气转化率比 $\theta = 0$ 时提高了约 0.03, 表明催化反应的加入能显著提高燃料的转化率.

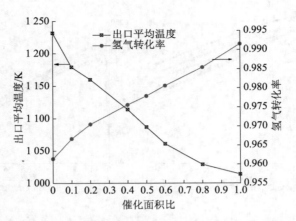

图 8.4.21 不同催化面积比下的出口平均温度和氢气转化率

第五节 爆震燃烧的测试及模拟

燃烧在可燃介质中传播时,一般有两种传播模式:一种称为爆燃,另一种称为爆震.爆燃是借助于热传导、扩散和热辐射等机制在介质中向前传播的燃烧,爆燃波的传播速度较低(典型的速度为每秒数米至每秒数十米),它主要受层流或湍流的质量与热量扩散控制.爆燃波使流体比体积(密度的倒数)增大,压力略有下降,可近似认为爆燃是等压燃烧过程.与普通的爆燃过程相比,爆震是由激波诱导,以稳定方式传播的燃烧.由于该燃烧的化学反应更为激烈,故具有极高的火焰传播速度,通常情况下可达到1 800 m/s 左右,其产物也具有极高的温度和压力.激波压缩反应物就如同反应物与产物之间的活塞压缩.爆震波传播速度极快,由于没有足够的时间平衡反应物和产物之间的压力,可认为爆震燃烧接近等容燃烧过程.在热动力装置中,基于等容燃烧过程的发动机比基于等压燃烧过程的发动机具有更高的热效率,飞行速度可达 5 马赫以上.同样,在污染物排放方面,爆震发动机可大幅度降低 NO_x 和 CO_2 排放.因此,以爆震燃烧为基础的发动机具有更高的热效率、更少的污染和更宽广的飞行马赫数适用范围,有望成为未来航空航天等快速交通工具的动力.

一、爆震发动机的分类

Humphrey 最早提出将爆震波用于推进系统的设想,但直到最近各种无害爆震的实现,关于爆震发动机的研究才有重大进展.爆震发动机研究的关键技术之一是如何将其控制在燃烧室内.研究表明,通过驻定、循环脉冲和绕轴旋转的方式可将爆震波限制在发动机的燃烧室内.据此,爆震发动机分为斜爆震发动机(oblique detonation wave engine,ODWE)、旋转爆震发动机(rotating detonation engine,RDE)和脉冲爆震发动机(pulse detonation engine,PDE).爆震发动机既可以作为高超声速飞行器的独立动力装置,也可以与火箭发动机、涡轮喷气发动机及冲压发动机组成混合动力系统.

(一)脉冲爆震发动机

1. 脉冲爆震发动机简介

脉冲爆震发动机(PDE)是一种利用脉冲式的爆震波来产生推力的新概念发动机.根据是否采用大气作为工质,它可分为吸气式脉冲爆震发动机和火箭式脉冲爆震发动机(pulse detonation rocket engine,PDRE).脉冲爆震发动机与常规发动机的区别在于非定常工作和爆震过程.图8.5.1所示是一个典型的脉冲爆震发动机示意图.PDE由进气系统、点火系统、燃烧室、喷管等组成,一个周期的工作过程包括进气、点火、燃烧(爆燃转爆震过程)和排气,整个工作过程是间歇式、周期性的往复过程.当爆震频率大于100 Hz时,可近似认为发动机是连续工作的.由于爆震波能产生较高的压比,不需要另外装备笨重又昂贵的高压供给系统,从而降低了推进系统的质量、复杂性、成本,减小了封装体积.

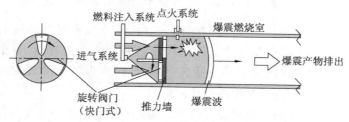

图 8.5.1　脉冲爆震发动机示意图

为进一步阐述脉冲爆震发动机的工作特点,这里对脉冲爆震发动机工作原理给予简单说明.脉冲爆震发动机的主要构件为一端封闭、另一端开口的爆震管,封闭的一端是推力壁,开口一端是排气口.根据脉冲爆震发动机的工作特点,可以把每一个工作循环分为4个阶段,图8.5.2形象地表示了理想脉冲爆震发动机一个周期的工作过程.

(1)充气阶段.打开推力端和管壁上的进气装置、燃料装置,填充氧化剂和燃料,并通过预混装置,在管内形成充分混合的气体.

(2) 爆震阶段.关闭进气阀门,使用点火装置点燃混合气体,并使其迅速转变成爆震波,并向开口端传播.爆震波形成后的高压爆震产物作用于推力壁,产生推力.

(3) 排气阶段.爆震波溢出爆震管后,在管口产生的膨胀波向管内传播,抵达推力壁后,降低推力壁上压力,导致推力下降.

(4) 扫气阶段.排气过程结束后,打开阀门,让新鲜预混气体填充爆震燃烧室.阀门打开时应控制新鲜预混气不排出爆震室,避免浪费.这就要求下一个循环的爆震波在爆震室某个地方(通常在出口)能赶上新鲜预混气.在填充过程完成后,关闭阀门,开始下一个循环过程.

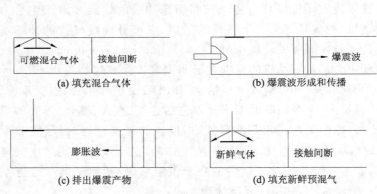

图 8.5.2 脉冲爆震发动机的工作循环

一个循环中的每一个阶段,在爆震管内、外流场中都有相应的特征波系.这些特征波系的传播和相互作用构成了每个阶段的特点.每个阶段具有不同的特征时间,构成了一个循环过程,可以根据每个阶段的特点对其进行参数调整以实现调整爆震循环的目的.

一个循环的开始阶段是充气阶段,即通过燃料装置和进气装置填充燃料和氧化剂,并通过预混装置实现气体的充分混合.混合气体向开口端运动,推动前面的惰性气体,这个过程会形成一个弱压缩波和接触间断.调整充气阀尺寸可以改变充气速度,从而改变充气时间,进而实现爆震循环频率的调整.这个阶段推力很小,甚至是负推力.

当混合气体填充到管内适当位置时,开始点火起爆.通常根据充气速度和爆震波速度来决定填充的位置,一般原则是当爆震波抵达管口时,混合气体和惰性气体的接触间断刚好也抵达管口,这样可以不浪费燃料.在某些情况下,为了实现某种需要,人为将这个位置提前或延后.点火后,通过起爆装置,在短距离内形成爆震.此时,推力壁上的压力很高,系统推力很大.稳定传播的爆震波向管口传播,波后产生一个膨胀波区(Tayler 波),使波后的压力和速度下降.此时,推力壁上的压力降为一个稳定的相对起爆时较小的压力,从而形成推力平台,这是脉冲爆震发动机产生推力的重要阶段.

爆震波溢出爆震管口,在管口接触间断产生发射膨胀波,管口附近由于 Prandtl–Meyer 流产生的膨胀波都会向管内传播.膨胀波的参数与爆震产物的压力、速度和管口尺寸等有关.在膨胀波的作用下,管内爆震产物加速运动,并排出爆震管,同时管内压力、温度等开始降低.当膨胀波抵达推力壁时,推力壁上的推力下降,此时也是推力阶段的结束时刻.

值得注意的是,经过一段时间,推力壁附近的压力等于甚至低于环境压力,但温度仍然较高.此时可向管内填充惰性气体,形成低温隔离带,把高温的爆震产物与新鲜的燃料隔离开,避免新鲜的燃料自燃.惰性气体向管口运动,推动前面的爆震产物,此过程也会形成一个弱压缩波和接触间断.惰性气体的填充位置由燃料的燃点和爆震产物的温度决定.

根据经典的 ZND 爆震理论,爆震管内的热力学参数分布如图 8.5.3 所示.爆震波的前导激波压缩可燃气体,使其温度超过自燃极限到达状态 TN 和 PN,经过一定时间的点火延迟,释放化学能量到达 C-J 平面(T_2,p_2).过了 C-J 平面,气体逐渐膨胀到零速度条件达到热力平衡状态(T_3,p_3),直到爆震波溢出爆震管并产生膨胀波进入爆震管,(T_3,p_3)状态改变.这里脉冲爆震发动机爆震状态指发动机爆震达到 C-J 状态(T_2,p_2).

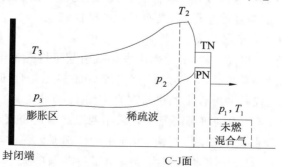

图 8.5.3　爆震波产生后沿爆震管轴线方向的热力学参数分布示意图

2. 脉冲爆震发动机的潜在优势

相对于其他推进系统,脉冲爆震发动机结构比简单,且可以成比例地放大或缩小.脉冲爆震发动机不需要压气机对来流进行压缩,因而也不需要涡轮做功,起飞时不需要助推器,这样就大大地降低了结构的复杂程度和发动机成本.脉冲爆震发动机的具体优势表现如下.

(1)热循环效率高.脉冲爆震发动机利用气体的爆燃爆震原理,其爆燃爆震过程可近似认为是等容过程,一般喷气发动机循环过程是等压燃烧过程,而等容过程的热循环效率比等压循环高20%~40%,所以脉冲爆震发动机的热循环效率高,燃料消耗率低.

(2)爆震波能提高可燃气体的压力.脉冲爆震发动机没有一般喷气发动机必须有的涡轮和压缩机等部件,所以其具有质量轻、结构简单、推重比大、比冲大和制造成本低等优点.

(3)工作范围宽.脉冲爆震发动机可在马赫数(Ma)为0~10,飞行高度为0~50 km的范围内工作,且与冲压发动机相比,它具有在地面启动,启动性能和加速性能较好的优点.

(4)适用多种工作方式.按其使用自由来流或机载氧化剂,脉冲爆震发动机能分别以吸气式发动机或火箭发动机方式工作.

(5)机动性能好.多个微型脉冲爆震发动机组成阵列可产生矢量推力,且推力可调,推力范围为0.5~50 000 kN;可以单独控制每一个发动机,从而提升飞行器的机动性能.

(6)污染少.由于爆燃爆震速度快且效率高,燃烧产物(包括氮氧化物等)在高温区滞留时间短,因而能减少对环境的污染.

(7)应用领域广.除了应用于国防军事领域外,脉冲爆震发动机还可应用于民用领域,如磁流体发电、热交换器、供暖设备等,利用此技术既可提高经济效益,又能降低能量消耗,具有重大的节能意义.

3. 脉冲爆震发动机的发展

从20世纪80年代开始,脉冲爆震发动机引起了世界各国的极大兴趣,这一时期实验设备更加接近实际,研究内容更加多元化且研究进展很快,因此通常认为现代脉冲爆震发动机研究真正始于20世纪80年代.

1985—1986年,美国海军研究生院采用两级起爆的方案成功进行了世界上首次现代脉冲爆震发动机试验.实验用的燃料是乙烯-空气,获得的最大工作频率是25 Hz.研究者根据实验提出了一些新的概念:首先,采用两级起爆的方案可满足爆震起爆对能量的要求,从而克服燃料起爆需要高能量和爆燃转爆震时间过长的困难;其次,提出自吸式脉冲爆震发动机的概念,实验时爆震产物溢出发动机时,在管口产生的反射膨胀波和管口附近产生的Prandtl-Meyer流会使管内压力低于环境压力,因此下一次循环所需的新鲜燃料-空气被吸入爆震管,即以自吸气方式工作.

接着,美国科学应用国际公司成功地在飞行速度为 $Ma=0.3$ 状态下进行了试验.实验所用的爆震管长度为 24 cm,实验持续 3 min,工作频率为 15 Hz.据了解,这是世界上第一次模拟自由飞行状态下自吸气式的脉冲爆震发动机试验.

2008 年第一台搭载脉冲爆震管的试飞机在美国莫哈维空军基地起飞,如图 8.5.4 所示.其在传统航空发动机上组合了 4 个脉冲爆震管,在 100 英尺(约 30.50 m)的高度爆震管持续工作了 10 s,频率为 80 Hz,产生 200 磅推力(890 N).此次试飞对于验证这项技术的可行性具有重要意义.

图 8.5.4 搭载脉冲爆震发动机的试飞机

(二) 斜爆震发动机

1. 斜爆震发动机简介

斜爆震发动机(ODWE)利用驻定的斜爆震波来组织燃烧,它主要应用于来流速度达到或超过 C-J(Chapman-Jouguet)爆震速度的情况.它允许进入燃烧室的气流比扩散控制的超燃冲压发动机有更高的马赫数,同时要求来流已经充分预混,达到起爆临界条件.通过在燃烧室入口附近产生的几道斜激波诱导燃烧或爆震,或者通过外加点火源直接起爆完成燃烧,这类发动机统称为驻定斜爆震发动机,如图 8.5.5 所示.

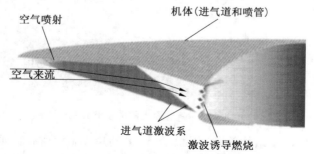

图 8.5.5 驻定斜爆震发动机概念图

斜爆震发动机在很多方面都优于涡轮发动机,主要体现在以下两个方面:① 燃烧能在很短的距离内完成,并且燃烧热力效率很高;② 燃烧室可以设计得很短,大大减轻了发动机的结构重量,也减轻了壁面的冷却负荷.通过 C-J 爆震的方式来组织的燃烧,熵增最小,总压损失最小,发动机的效率最高.形成驻定爆震的方式较多,包括固定尖劈、飞行的尖锥、钝体和球,以及正爆震在不同介质中的透射诱导的斜爆震,对于 ODWE 结构的研究开展得比较广泛且深入.

2. 燃烧室内的斜爆震结构

图 8.5.6 所示为燃烧室中尖劈诱导的斜爆震示意图,坐标建立在尖劈表面上.高速气流从左至右进入燃烧室,并与斜劈面发生作用,形成激波面,强激波诱导高温高压点燃预混气,形成驻定于斜劈面上的爆震燃烧,爆震燃烧产物由出口端流出,进而形成推力.

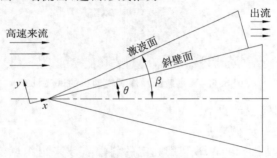

图 8.5.6　尖劈诱导斜爆震示意图

驻定爆震波阵面一般分为两个区域:斜激波(oblique shock waves,OSW)和斜爆震波(oblique detonation waves,ODW). 当尖劈表面足够长时,斜爆震阵面又分为 3 个区域:类 ZND 区、类胞格区和胞格区,如图 8.5.7所示,其中 AB 为斜激波,BE 为斜爆震波,在点 B 出现爆震转捩.

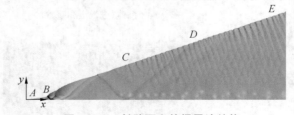

图 8.5.7　斜劈面上的爆震波结构

斜爆震发动机结构简单,体积小,能量利用率高,无需连续点火,但爆震燃烧的稳定性较低,一旦来流速度变化较大,驻定爆震可能失稳,进而转变成爆燃.再则斜爆震发动机属于自然吸气型,在启动阶段无高速气流存在,无法实现零启动,因此需与常规的涡轮发动机进行组合.

3. 斜爆震发动机的发展

目前,针对斜爆震发动机开展的主要是理论分析与数值模拟方面的工作,也有一些原理性试验.Bykovskin 等建立了一维模型,对驻定爆震发动机性能进行了初步分析.Ostrander 则发展了较为详细的模型进行了分析.近年来,运用强激光诱导直接起爆受到很多关注,这种非接触起爆方式可避免因在超声速气流中布置实体引起的总压损失,但目前激光点火的相关试验都是在静止气流中完成的.

（三）旋转爆震发动机

1. 旋转爆震发动机简介

爆震燃烧的另一形式为旋转爆震,由于旋转爆震波传播方向与来流的方向是垂直的,所以它是通过横向爆震波燃烧的,其形成的爆震结构与其他爆震波相差较大.图 8.5.8 所示为旋转爆震发动机的三维结构示意图.

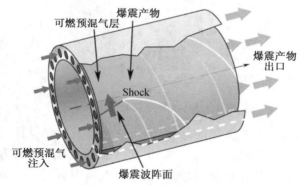

图 8.5.8　旋转爆震装置结构

爆震波在环形燃烧室中紧贴燃料注入面传播并消耗波前预混气体,波后流场压力下降到与进气压力相同时,燃料开始注入,随着燃料持续的注入,爆震波前始终有预混气体存在,从而保证爆震波持续稳定地旋转.波后燃烧产物通过膨胀经由轴向至开口端排出,从而产生推力.爆震波在夹层中连续旋转,其在燃烧室内的工作频率能达到 $1\sim10$ kHz.由于该爆震波一直处于运动状态,并长期存在于燃烧室中,故无需高速来流和不停顿的点火,也不产生因爆震出口诱导的噪声.可以说在推进方面,旋转爆震同时具备了脉冲爆震和驻定爆震的某些优点,既可以零起动,又没有出口爆震产生的噪声,且爆震产物的污染性很弱.同时对于燃烧室中的空间某点,与脉冲爆震发动机一样,旋转爆震波是脉冲出现的;如果将坐标建立在爆震正面上,则与斜爆震发动机一样,旋转爆震的流场是定常的.因此在爆震发动机研究中,旋转爆震的研究具有一定的优势.

2. 燃烧室内的爆震波结构

在旋转爆震发动机中,爆震波被限制在环形燃烧室中旋转.如图8.5.9所示,在爆震波阵面前,存在压力低于储气罐压力的区域,燃料可由储气罐注入该区域,从而形成楔形的新鲜气体层.

图 8.5.9 旋转爆震的三维流场

由于该新鲜可燃气体层的存在,使得旋转爆震得以持续.旋转爆震阵面有4边,其中3边分别与燃烧室的内、外壁面及进气端面相接触,剩下的一边则与已燃烧的气体接触.因爆震在已燃气体中透射而形成斜激波-子爆震波的复合波阵面(detonation-shock combined wave).两次爆震循环产物的交界面为接触间断,也称滑移线(slip line).子爆震波、斜激波和滑移线为旋转爆震的基本结构.

如果将圆环展开成矩形,如图8.5.10所示,接触间断和爆震-激波波系将流场分为4个区域.Ⅰ区为爆震波前未燃区,在剖面上呈三角形;Ⅱ区为爆震产物区,与Ⅰ区之间存在接触间断;Ⅲ区为爆震波后的爆震产物区,与Ⅱ区相连,Ⅰ区与Ⅲ区之间为爆震阵面;Ⅳ区与Ⅱ区之间为与爆震波相连的斜激波,Ⅳ区为经斜激波压缩的爆震产物区.Ⅲ区与Ⅳ区之间为接触间断.由图可以看出,由于侧向稀疏波的影响,爆震波与进气壁面存在一定的夹角.

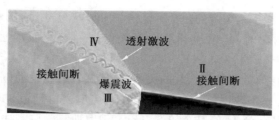

图 8.5.10　燃烧室内稳定旋转的爆震波的流场结构

图 8.5.11 所示为旋转爆震燃烧室内流场的温度分布及内壁面上流线的分布.

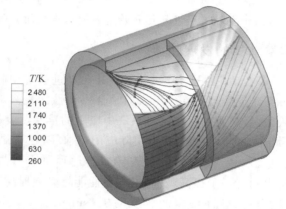

图 8.5.11　旋转爆震燃烧室内流场的温度分布及内壁面上流线云图

从图中流线的分布可以看出,在爆震波之前的深黑色新鲜气体层中,燃料粒子几乎都是沿轴向运动的;在紧随爆震波阵面之后的区域内,爆震产物粒子则主要沿周向运动,由于受到 Taylor 稀疏波的作用,其周向速度下降很快,爆震产物在子爆震波-斜激波的复合阵面后区域内膨胀,最终由出口端喷出燃烧室外.

3. 旋转爆震发动机的发展

早在 20 世纪 60 年代前,苏联科学家 Nicholls 和 Voitsekhovskii 就提出了一种可以实现连续爆震的方法,并首次在充有乙炔或乙烯预混燃气的圆管内实现短暂的旋转爆震.此后,Mikhailov 分析了此类爆震波应该具有的结构.直到 20 世纪 80 年代,随着实验技术的提高与数值研究的发展,人们对旋转爆震的机理也有了更深的认识.Bykovskii 等利用不同的燃料(如氢气、丙烷、丙酮、煤油等),在大小和形状不同的燃烧室内(如环形燃烧室、带扩张管道的环形燃烧室等)实现了旋转爆震.研究发现,连续旋转爆震的可持续性与预混可燃气体的压力、燃烧室的形状尺寸、周围环境等密切相关.混合高度均匀时,其爆速和结构都能保持一定的稳定性.法国科学家Daniau 等在 $GH_2 - LO_2$ 和 $LHC - GO_2$ 的两相预混系统中,实现了旋转爆震,通过研究燃料层厚度和旋转爆震的关系,发现旋转爆震发动机尺寸存在临界值.Wolanski 等以乙炔、氧气为预混气,在燃烧室内得到稳定传播的旋转爆震,其波速与理论 C-J 值符合较好.最近,俄罗斯科学院和法国飞行器动力部(MBDA)联合进行了旋转爆震实验,研究了其工作模式和一些关键点,结果表明:旋转爆震发动机能在小尺寸下产生可观的稳定推力(2 750 N,直径50 mm,长 100 mm,航空煤油和氧气).同时,一些研究者将旋转爆震发动机与火箭发动机结合,组合发动机最近几年开始进入演示样机研究阶段.

二、爆震发动机的发展趋势

随着人们对爆震理论的研究不断深入,其在推进系统中的应用将更加接近实际,也可与其他类型的推进形式相结合得到性能更高的组合循环推进系统.笔者认为,爆震发动机在推进系统中应用的重要发展趋势如下:

(1)脉冲爆震发动机性能更接近实际应用需求.随着基础研究的深入,脉冲爆震发动机燃料混合、爆燃向爆震转变等过程所需时间将进一步缩短,脉冲频率将得到进一步提高,发动机推力性能将大大提高.

(2)关于超声速、脉冲爆震冲压发动机(supersonic pulse detonation rocket engine,SPDRE)与斜爆震发动机(ODWE)的研究更加深入.最近几年,俄罗斯把脉冲爆震引入吸气式冲压发动机中,开展超声速脉冲爆震冲压发动机研究,在解决燃料与来流的混合、预混气流的预着火及爆震的有效起爆问题方面,此类发动机将提高现有超燃冲压发动机的性能.

(3)旋转爆震燃烧机理及发动机验证样机试验广泛开展.连续爆震与液体火箭发动机相结合的旋转爆震发动机将极大地提高现有液体火箭发动机性能,目前法国和俄罗斯正合作开展大量研究工作.

(4)基于爆震燃烧的组合循环发动机研究逐步展开.由于组合发动机有很宽的马赫数适用范围,因此它具有单级入轨的应用前景,受到国内外的普遍关注.

三、爆震燃烧实验系统

爆震燃烧实验通常在静止、均匀的可爆混合气中进行,实验系统通常包括爆震燃烧室、混配气系统、点火系统和数据采集系统.图 8.5.12 为爆震燃烧实验系统的基本组成.

爆震燃烧室通常是由金属或具有一定强度的聚碳酸甲酯等材料制作成的一端封闭、另一端开放的半封闭腔室.实验时,需利用铝箔胶等材料进行封口.燃烧室封闭端通常布置用于点火的火花塞或电极.

混配气系统通常是基于道尔顿分压原理设计的,包括气瓶、管道、阀门、压力表、真空表、混气罐及真空泵等,主要用于可爆混合气的配置及填充.为了保障实验人员的安全,通常还需在管路的关键位置安装防回火器(也称阻火器)和单向阀.

点火系统主要由升压器和火花塞(或电极)组成.

数据采集系统主要用于对实验数据进行采集,通常包括安装在燃烧室壁面上的各类传感器、用于捕捉火焰传播过程的高速数码相机、数据采集卡和计算机等.

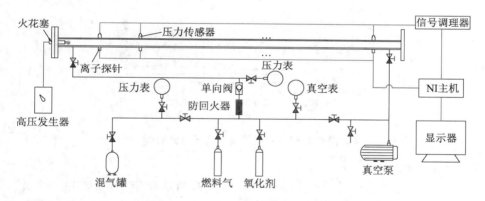

图 8.5.12 爆震燃烧实验系统示意图

(一)爆震燃烧的测试手段

爆震波在可爆介质中的传播速度极快,为瞬态过程,波后的压力和温度较高.因此,在对爆震波进行研究时,需要选择合适的测试设备及方法.这里介绍几种常见的爆震燃烧测试设备与技术.

1.压力传感器

对于一些非对称晶体,如 α-石英(或称水晶),当其在特定方向上受到挤压时,其内部发生极化,并在表面产生不同的电荷.撤去外力后,晶体又可恢复到原来的状态.这种效应称为压电效应,能发生这种效应的晶体被称作压电晶体.利用压电晶体的这种特殊性能,可以将压力信号转变为微弱的电信号,经前置放大器的放大及数据采集系统的记录,再将电压信号转换为对应的压力信号,便可以获得压力波形图.根据压力波形图上的信号强弱及信号突变位置可以获取爆震波的状态及达到时刻等信息,从而为爆震波的起爆及传播过程的相关研究提供可靠依据.在实际进行测试时,一般会在管道壁面布置多个压力传感器,然后通过相邻传感器的间距和爆震波到达时间差来计算爆震波的传播速度.图 8.5.13 即为一组等间距压力传感器记录的典型爆震波压力波形图.

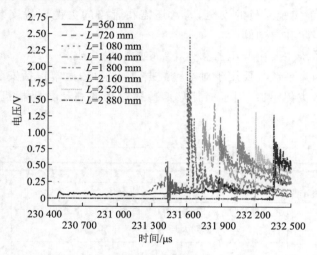

图 8.5.13　典型爆震波的压力波形图

2. 离子探针

爆震波可近似看作由一道激波和紧随其后的化学反应区组成,在化学反应区内,存在大量的离子(包括带电原子及基团),这些带电离子可使原本开路的电路导通.离子探针就是基于这个原理工作的.图 8.5.14 所示为离子探针的电路原理示意图,其基本电路由电源、保护电阻和彼此分离的探针组成.爆震波到来之前,电路为开路,电阻两端的电压与电源电压相等.当爆震波的化学反应区到达时,电路短路,保护电阻两端电压发生突跃.相较于压力传感器,离子探针制作简单、费用低,但只能定性地反映爆震波的状态,能反映出的信息相对较少.通常,离子探针成组使用,如图 8.5.15 所示为一组等间距离子探针记录的典型爆震波离子信号波形图.

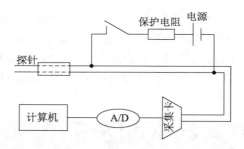

图 8.5.14 离子探针工作原理示意图

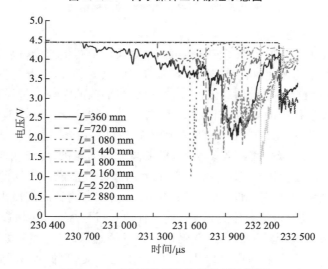

图 8.5.15 典型爆震波离子信号波形图

3. 烟膜板

与激波不同,爆震波锋面存在间断的弯曲结构,这些弯曲结构被称为马赫杆,与之相邻的平直结构被称作入射波.波后还存在横向运动的激波——横波.入射波、马赫杆和横波相交于三波点.由于激波的相互作用,三波点上的压力和温度高于其他区域.通过对三波点运动轨迹的记录,可以获得鱼鳞形的胞格结构.胞格结构的规则程度及尺寸可以反映爆震波的传播模式、稳定性及强度等重要信息,因此爆震波胞格结构也是研究爆震波的重要数据.

在实验测试过程中,通常采用烟膜来记录胞格结构.将干净、光滑的聚酯薄膜或金属板(片)放在煤油灯上方熏制,使其均匀地覆盖上一层薄薄的碳烟颗粒.然后将熏制好的烟膜板固定在爆震燃烧室内.在三波点的作用下,附着在烟膜板上的碳烟被擦除,留下白色的轨迹,即为三波点的运动轨迹.爆震波传播过程中,相邻三波点不断碰撞,不同三波点的运动轨迹彼此交错,从而在烟膜上留下鱼鳞形的胞格结构.对于稳定爆震波,胞格结构大小均匀,形状规则;对于不稳定爆震波,则相反.图 8.5.16 为不稳定爆震波的胞格结构.

图 8.5.16　不稳定爆震波的胞格结构

4. 高速数码相机

虽然压力传感器和离子探针均可测量爆震波的传播速度,但只能测得相邻测点间的平均速度,精度较差,且容易造成信息的丢失,在爆震波起爆过程的研究中应用存在较大的局限性.为获得更为准确的爆震波传播速度,捕捉爆震波起爆过程中的更多细节,如缓燃向爆震的转捩(deflagration to detonation transition,DDT)需要使用高速数码相机等设备.通过在爆震燃烧室上开设石英窗口或使用石英燃烧室,借助高速数码相机,可清楚地观测到燃烧室内火焰的发展过程.图 8.5.17 为典型的爆震波形成及传播的火焰时序图,根据相邻图像的时间间隔及火焰传播距离可以获得该时间段内的平均火焰传播速度,同时根据图片的亮度也能定性地判断是否形成了爆震波.

爆震波测试所采用的高速数码相机每秒钟通常可以拍摄数万帧图像,相邻图片的时间间隔为微秒级别,因此可以捕获更多的细节,如传播过程中的速度波动,从而确定爆震波的传播模式,为爆震波的形成及传播机制研究提供可靠信息.

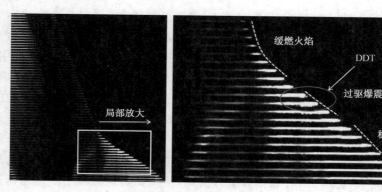

图 8.5.17　典型的爆震波形成及传播过程中的火焰时序图

5. 密度纹影技术

上述设备主要用于对爆震波形成及传播过程中的宏观量进行测量,如果想对爆震波的精细结构(如三波结构)及形成机理进行分析,往往需要采用密度纹影等光学测试技术.密度纹影技术的基本原理:光在被测流体中的折射率与流体密度成正比,因此当光穿过流场时,密度梯度的存在会使得垂直于被测流场方向上的光强发生变化.通过高速数码相机可记录不同时刻的光强,获得不同时刻流场中的密度梯度分布情况.Austin[①] 针对爆震波开展了大量的实验研究,图 8.5.18 为其通过密度纹影技术捕捉到的典型稳定和不稳定爆震波的锋面结构.

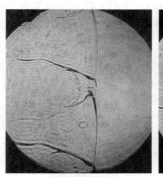 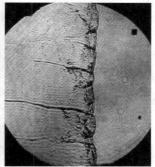

(a) 稳定爆震波　　　　　　　(b) 不稳定爆震波

图 8.5.18　稳定和不稳定爆震波的锋面结构

四、爆震燃烧的数值模拟

(一) 模拟方法

模拟采用二维可压缩附带化学反应的 Navier – Stokes(N – S)方程,质量、动量、能量及组分守恒方程如下:

$$\frac{\partial \rho}{\partial t} + \nabla \cdot (\rho \boldsymbol{u}) = 0 \tag{8.5.1}$$

$$\frac{\partial \rho \boldsymbol{u}}{\partial t} + \nabla \cdot (\rho \boldsymbol{u}\boldsymbol{u}) = -\nabla p + \nabla \cdot \boldsymbol{\tau} \tag{8.5.2}$$

$$\frac{\partial \rho E}{\partial t} + \nabla \cdot (\rho E \boldsymbol{u} + p \boldsymbol{u}) = -\nabla \cdot \boldsymbol{q} + \nabla \cdot (\boldsymbol{\tau} \cdot \boldsymbol{u}) + \dot{\omega}_T \tag{8.5.3}$$

---

① Austin J M. The role of instability in gaseous detonation[D]. California：California Institute of Technology，2003.

$$\frac{\partial \rho w_i}{\partial t} + \nabla \cdot (\rho u_i \boldsymbol{u}) + \nabla \cdot J_i = \dot{\omega}_i \tag{8.5.4}$$

式中,$\rho, \boldsymbol{u}, p, \boldsymbol{\tau}, E, \dot{\omega}_T, w_i (i=1,\cdots,n), \dot{\omega}_i, J_i, \boldsymbol{q}$ 分别为密度、速度、压力、黏性剪切应力、总能、燃烧热、组分 $i(i=1,\cdots,n)$ 的质量分数、组分 i 的反应速率、组分 i 的质量扩散通量及热通量.

模拟采用基于 OpenFOAM 平台开发的密度基可压缩燃烧求解器 DCRFoam,其通量格式包含 KNP,AUSM+up 格式等;时间项采用 RK4 格式,扩散项采用二阶中心差分格式;燃烧模型选择 PaSR. 为了平衡计算资源和计算时间,应用自适应网格加密技术(AMR)对计算区域进行局部网格加密和粗化.

(二)模型验证

1. 一维惰性激波管

首先选取一维惰性激波管问题对 DCRFoam 的激波捕捉能力进行测试. 计算区域长 10 cm,包含 1 000 个网格. 管道中充满静止的空气,初始压力和温度如下:

$$p_L = 100 \text{ kPa}, T_L = 348.4 \text{ K}(0 \leqslant x < 5)$$
$$p_R = 10 \text{ kPa}, T_R = 278.7 \text{ K}(5 \leqslant x < 10)$$

计算结果与理论值对比如图 8.5.19 所示,由图可知,计算结果与理论值吻合得较好,说明 DCRFoam 有较好的激波捕捉能力.

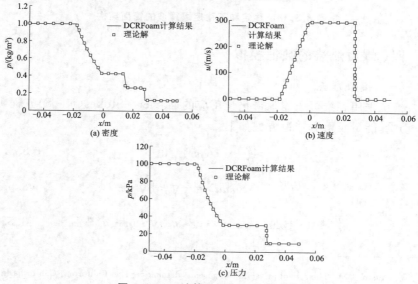

图 8.5.19　计算结果与理论值对比

2. 一维反应性激波管

计算区域长 12 cm,包含 400 个网格.左端为壁面,右端为入口.管道中充满 H_2 和 O_2(当量比为 1),并用 70％Ar 进行稀释.初始条件如下:

$$p_L = 7\ 173\ \text{Pa}, \rho_L = 0.072\ \text{kg/m}^3, u_L = 0\ \text{m/s}(0 \leqslant x < 6)$$

$$p_R = 35\ 594\ \text{Pa}, \rho_R = 0.180\ 75\ \text{kg/m}^3, u_R = -487.34\ \text{m/s}(6 \leqslant x < 12)$$

化学反应机理包含 8 组分、18 步基元反应.计算结果如图 8.5.20 所示.与参考文献[1]进行对比,不同时刻(170,190,230 μs)的 H 基质量分数、温度及速度分布与参考文献结果一致.

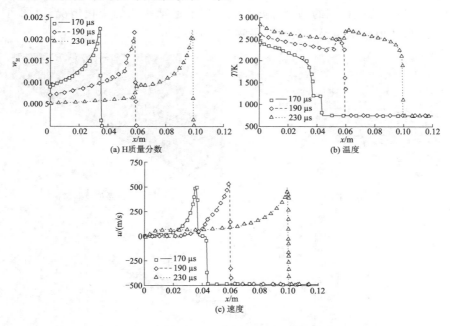

图 8.5.20　不同时刻 H 质量分数、温度及速度分布

注:图中线条表示 DCRFoam 计算结果;符号表示文献结果.

3. 二维楔面反射

为进一步验证 DCRFoam 的可靠性,在相同工况下对文献[2]中 30°直边顶

① Ferrer P J M, Buttay R, Lehnasch G, et al. A detailed verification procedure for compressible reactive multicomponent Navier-Stokes solvers[J]. Computers and Fluids, 2014(89): 88-110.

② Li J, Ren H, Wang X, et al. Length scale effect on mach reflection of cellular detonations[J]. Combustion and Flame, 2017(189): 378-392.

点楔面进行模型计算并进行了对比,结果如图 8.5.21 所示,其中图 8.5.21a 是文献①的实验烟膜图片,图 8.5.21b 为本书求解器计算相同工况下的数值模拟的烟膜图,图 8.5.21c 为数值模拟得到的马赫杆高度与文献①中多次重复实验结果的对比.在靠近楔面顶点处,马赫反射是非自相似的,即对应的三波点轨迹线为曲线,而当楔面足够长时,在远离楔面顶点时,三波点轨迹线为直线,此时可称之为渐近自相似.图 8.5.21b 可以很好地反映这种变化,图中虚线表示远离楔面顶点时马赫反射的三波点轨迹线,而在靠近楔面顶点时,马赫反射轨迹线偏离虚线,向楔面弯曲.图 8.5.21c 展示了数值模拟和实验得到的马赫杆高度随反射点运动距离的变化情况,由图可以看出,数值模拟结果与实验结果吻合较好.

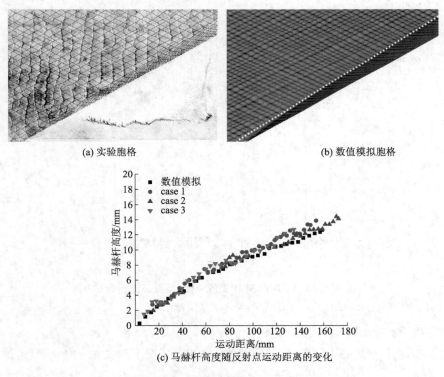

(a) 实验胞格　　　　　　　　　　　　(b) 数值模拟胞格

(c) 马赫杆高度随反射点运动距离的变化

图 8.5.21　数值模拟与实验结果对比

① Li J, Ren H, Wang X, et al. Length scale effect on mach reflection of cellular detonations [J]. Combustion and Flame,2017(189):378－392.

（三）爆震波传播过程的模拟

1. 爆震波在不同楔面上的反射

基于 DCRFoam 对 $2H_2 + O_2 + 2Ar$ 混合气（初始压力为 20 kPa，初始温度为 300 K）所形成的爆震波在不同类型楔面上的反射情况进行模拟，模拟结果如下：

（1）直边楔面

与激波反射类似，当爆震波与楔面发生碰撞时，会发生马赫反射或规则反射.其中马赫反射中入射波和反射波通过强马赫杆与楔面相连，而规则反射的入射波和反射波直接与楔面相连.图 8.5.22 所示为爆震波在直边楔面上反射时马赫杆高度随反射点运动距离的变化曲线.在靠近楔面顶点时，马赫杆高度随着运动距离的增加而增加，但增加幅度减小，此时三波点轨迹线为向楔面弯曲的曲线.在远离楔面顶点时，马赫杆高度随着运动距离的增加而线性变化，即达到了渐近自相似.随着楔面角度的增加，马赫杆高度随反射点运动距离的变化幅度减小.

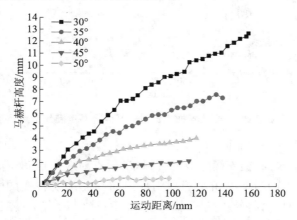

图 8.5.22　爆震波在直边楔面上反射时马赫杆高度随反射点运动距离的变化

（2）凹弧-直边楔面

对于凹弧楔面，随着爆震波的传播，反射点的楔角逐渐增加，对应的反射类型也会发生变化.图 8.5.23 给出了不同角度下爆震波在凹弧-直边楔面上发生马赫反射时马赫杆高度随反射点运动距离的变化曲线.对于不同楔面角度的凹弧-直边楔面而言，爆震波都经历了直接马赫反射、固定马赫反射和反转马赫反射这几个过程.爆震波刚进入凹弧部分时，马赫杆高度随着运动距离的增加而增加，且增加幅度明显.随着爆震波进一步向前传播,马赫杆高度随运动距离的增加而增加,但增加幅度减小.当反射点楔角为 23°~25°时,马赫杆高度达到最大值.反射点继续向前运动时,马赫杆高度随着反射点运动距离的增加而减小.反射点运动到直边段时,由于受到上游凹弧段的影响,马赫杆高度将继续减小,但当爆震波传出一定距离之后,凹弧段对爆震波反射的影响"失效",反射只受到直边楔面的影响,具体表现为马赫杆高度随着运动距离的增加而增加.

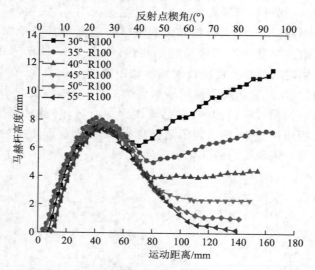

图 8.5.23　爆震波在凹弧-直边楔面上反射时马赫杆高度随反射点运动距离的变化

（3）凸弧-直边楔面

对于凸弧楔面,随着爆震波的传播,反射点对应的楔角从 90°开始逐渐减小,当反射点的当地楔角小于规则反射向马赫反射转变的临界角时,初始建立的规则反射将转变为马赫反射.图 8.5.24 给出了爆震波在不同角度的凸弧-直边组合楔面(凸弧半径为 50 mm)发生反射时马赫杆高度随反射点运动距离的变化曲线.从图中可以看出,当楔面角度小于 50°时,各楔面上马赫杆高度的变化规律基本一致.当爆震波开始碰撞楔面时,楔面角度较大,发生规则反射.当反射点的当地楔角约为 47°时,规则反射转变成马赫反射,开始出现马赫杆,随后马赫杆高度随着反射点运动距离的增加而逐渐增大.

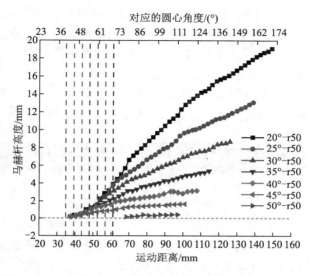

图 8.5.24 不同角度下马赫杆高度随反射点运动距离的变化

2. 爆震波 T 型管中再次起爆

计算模型为 T 型管道,如图 8.5.25 所示.水平管道 x 方向长为 $L=468\ mm$,管道内径为 $D=32\ mm$.管道内充满 H_2,O_2 混合气,初始压力为 $6.67\ kPa$,温度为 $298\ K$.管道内壁面边界条件设置为绝热和无滑移,左右端面为出口.

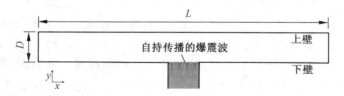

图 8.5.25 管道示意图

通常稳定自持传播的爆震波的波阵面并非像一维 ZND 结构的平面状态,二维和三维爆震波的波阵面是不稳定的,该波阵面由一系列马赫杆组成.横波、马赫杆及入射激波相交形成三波点结构,三波点的运行轨迹称为爆震波的胞格结构.爆震波由 T 型管的垂直管道进入水平管道,形成规则的网状胞格结构.当爆震波经过垂直拐角时,分叉区域管道面积突然变大,横波失去了与壁面碰撞的机会,逐渐衰减,导致三波结构消失,因此区域 I (见图 8.5.26)两侧的网状结构逐渐消失.爆震波撞击水平管道上壁面经历第一次反射(1st),反射激波向水平管道两侧传播并形成较强的横向爆震波,横向爆震波的轨迹如区域 Ⅱ 所示.反射激波撞击下壁面发生第二次反射(2nd),形成与区域 Ⅱ 类似的结构.模拟发现,第二次反射是管道中爆震波再次起爆的关键.多道横波在第二次反射期间形成,横波撞击上壁面反射并与其他横波相互作用形成胞格状结构,如图 8.5.26 中区域Ⅳ 所示.水平管道中的胞格结构经历由不规则大胞格向规则小胞格的转变.

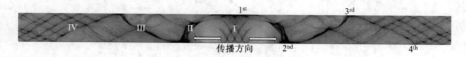

图 8.5.26 胞格结构

图 8.5.27 所示为不同时刻爆震波反射过程的密度纹影及 OH 基云图.爆震波经过分叉管道的垂直拐角时,从拐角处散发出稀疏波并与前导激波相互作用,使前导波波后压力下降,激波面发生弯曲.在受稀疏波扰动的区域,反应前锋逐渐与前导激波解耦,两者之间存在经过前导激波压缩预热的未燃混合气.由于没有足够的化学反应能量的支持,在两侧受扰动的区域爆震波逐渐熄爆.在前方未受稀疏波扰动的区域,前导激波和化学反应锋面仍然耦合在一起,带有三波结构的爆震波继续向前传播.在 $t=94\ \mu s$ 时,爆震波撞击水平管道的上壁面发生第一次反射,反射波后较高的 OH 基质量分数分布表明该区域发生了剧烈的放热反应,形成了高温高压区.反射激波主要分为两部分:一部分为非反应性反射激波,其向 T 型管竖直部分传播;另一部分为反应性反射激波,它在传播过程中逐渐分为马赫爆震波及横向爆震波.从 $t=108\sim126\ \mu s$ 的火焰锋面处的 OH 基质量分数可以看出,火焰锋面厚度不断增加,这说明马赫爆震波不断衰减,前导激波和火焰锋面逐渐解耦.在 $t=112\ \mu s$ 时,横向爆震波与下壁面碰撞,发生第二次反射.第二次反射期间发生了两次局部爆炸,如图 8.5.27c,d 中 hot spot1 和 hot spot2 所示.第一次局部爆炸是由于第一次反射的非反应性反射激波撞击下壁面形成高温高压区域,瞬间引燃经前导激波压缩的未燃混合气;第二次局部爆炸是由于横向爆震波与下壁面碰撞.两次局部爆炸在波阵面引起小扰动,这些小扰动会进一步发展为弱横波,如图 8.5.27e,f 马赫杆的波阵面所示.爆炸波向上游传播的过程中,点燃位于前导激波和火焰锋面之间的混合物,形成一道横向传播的强爆震波.

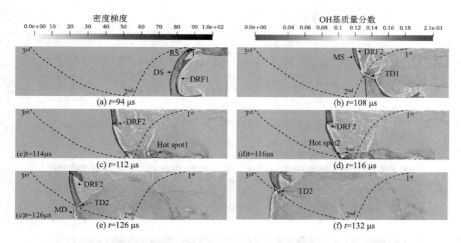

图 8.5.27 不同时刻爆震波反射过程的密度纹影和 OH 基云图叠加

注:分离激波(DS);分离反应面(DRF);横向爆震波(TD);马赫杆(MS);虚线:三波点轨迹.

在第二次反射期间,规则反射逐渐转变为马赫反射,剧烈的局部爆炸产生的扰动使马赫爆震波的波阵面变得不光滑,这些小扰动逐渐演化为较弱的横波.图 8.5.28 为第二次反射后爆震波在低浓度梯度混合气中再起爆的过程.如图 8.5.28a 所示,带有箭头的虚线为弱横波的传播轨迹,LM 和 MN 分别为第二次反射和第三次反射过程中强横波的传播轨迹.向上传播的横波轨迹与向下传播的横波轨迹形成了类似于胞格的网状结构.图 8.5.28b 所示为横波在低浓度梯度混合气中的演化过程.A-G 为横波,它们的轨迹对应于图 8.5.28a 中的 A-G.在 $t=128$ μs 时,波阵面存在许多弱横波,这些弱横波相互碰撞,形成新的横波.弱横波 B 和 C 向下传播,横波 A 与下壁面碰撞后反射.沿 LM 向上壁面横向传播的过驱爆震波消耗上方未燃混合气,当过驱爆震波经过惰性横波 G 时,惰性横波 G 变为反应性横波,并且横波 G 的强度大于横波 A-F.在 $t=140$ μs 时,横向传播的过驱爆震波与上壁面碰撞发生第三次反射,反射形成的横波轨迹见虚线 MN.向上传播的弱横波与第三次反射形成的强横波碰撞后,弱横波的强度会增强,如图 8.5.28b 中 $t=146$ μs 至 $t=154$ μs 时刻所示.当弱横波从下壁面反射,如弱横波 A 与向下传播的弱横波 B-G 相互碰撞,它们的传播轨迹交织在一起构成网状结构.因此,爆震波在较小的浓度梯度作用下的衍射再起爆过程与在均匀介质中类似,经历弱横波形成,弱横波相互作用及在壁面间多次反射,最终实现重新起爆.

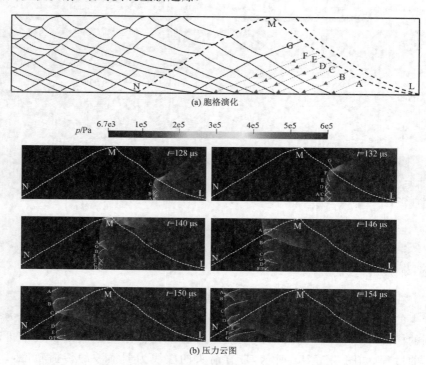

(a) 胞格演化

(b) 压力云图

图 8.5.28 第二次反射后爆震波再次起爆的过程

思考题

1. 试介绍一种发动机的先进燃烧方式.
2. 微尺度燃烧的定义是什么?
3. 简述研究微尺度燃烧的难点.
4. 哪些因素对微燃烧特性有影响?
5. 简述脉冲爆震发动机的工作过程.
6. 简述 3 种爆震发动机的共同点及各自的特点.

参 考 文 献

[1] 徐旭常,周力行.燃烧技术手册[M].北京:化学工业出版社,2008.

[2] Turns S R.燃烧学导论:概念与应用[M].2版.姚强,李水清,王宇,译.北京:清华大学出版社,2009.

[3] 史绍熙.清洁燃烧:煤和石油的高效率低污染燃烧过程的基础研究[M].长沙:湖南科学技术出版社,1997.

[4] 李德桃.涡流室式柴油机的燃烧过程和燃烧系统[M].北京:科学出版社,2000.

[5] 傅维标,卫景彬.燃烧物理学[M].北京:机械工业出版社,1984.

[6] 傅维标,张永廉,王清安.燃烧学[M].北京:高等教育出版社,1989.

[7] 万俊华,郜冶,夏允庆.燃烧理论基础[M].哈尔滨:哈尔滨工程大学出版社,2008.

[8] 刘联胜.燃烧理论与技术[M].北京:化学工业出版社,2008.

[9] 张博,白春华.气相爆轰动力学[M].北京:科学出版社,2012.

[10] 陈家骅,万俊华,魏象仪,等.内燃机燃烧[M].哈尔滨:哈尔滨船舶工程学院出版社,1986.

[11] 魏象仪.内燃机燃烧学[M].大连:大连理工大学出版社,1992.

[12] 许晋源,徐通模.燃烧学[M].北京:机械工业出版社,2017.

[13] 韩昭沧.燃料及燃烧[M].2版.北京:冶金工业出版社,1994.

[14] 庄永茂,施惠邦.燃烧与污染控制[M].上海:同济大学出版社,1998.

[15] 张松寿.工程燃烧学[M].上海:上海交通大学出版社,1987.

[16] 王应时,范维澄,周力行,等.燃烧过程数值计算[M].北京:科学出版社,1986.

[17] 斯柏尔丁.燃烧与传质[M].常弘哲,张连方,叶懋权,等译.北京:国防工业出版社,1984.

[18] 斯坦标林努.工业火焰的燃烧过程[M].清华大学热能工程教研组,译.北京:机械工业出版社,1983.

[19] 威廉斯.燃烧理论[M].北京:科学出版社,1976.

[20] 徐通模,惠世恩.燃烧学[M].2版.北京:机械工业出版社,2017.

[21] 水谷辛夫.燃烧工学[M].东京:森北出版株式会社,1997.

[22] 岑可法,姚强,骆仲泱,等.燃烧理论与污染控制[M].北京:机械工业出版社,2004.

[23] 刘易斯,埃尔贝.燃气燃烧与瓦斯爆炸[M].王方,译.北京:中国建筑工业出版社,2007.

[24] 汪亮.燃烧实验诊断学[M].2版.北京:国防工业出版社,2011.

[25] 岑可法,樊建人.工程气固多相流动的理论及计算[M].杭州:浙江大学出版社,1990.

[26] 范维澄,万跃鹏.流动及燃烧的模型与计算[M].合肥:中国科学技术大学出版社,1992.

[27] 周力行.湍流气粒两相流动和燃烧的理论与数值模拟[M].陈文芳,林文漪,译.北京:科学出版社,1994.

[28] 徐明厚,于敦喜,刘小伟.燃煤可吸入颗粒物的形成与排放[M].北京:科学出版社,2009.

[29] 潘剑锋,卢青波,王谦,等.柴油机燃烧过程的数值模拟及燃烧室改进[J].江苏大学学报(自然科学版),2012,33(4):390-395.

[30] 潘剑锋,范宝伟,陈瑞,等.点火位置对天然气转子发动机燃烧的影响[J].内燃机工程,2013,34(1):1-7.

[31] 张孝友,卫尧,李德桃,等.开发微型发动机燃烧器遇到的问题和解决途径[J].内燃机工程,2003,24(4):70-73.

[32] 潘剑锋,周俊,段炼,等.亚毫米通道内的氢氧预混合燃烧[J].燃烧科学与技术,2011,17(3):219-223.

[33] 潘剑锋,李晓春,唐爱坤,等.亚毫米平板式微燃烧室性能的影响因素研究[J].中国机械工程,2010,21(17):2119-2122.

[34] 严传俊,范玮.燃烧学[M].西安:西北工业大学出版社,2008.

[35] 王振国,梁剑寒,丁猛.高超声速飞行器动力系统研究进展[J].力学进展,2009,39(6):716-739.

[36] 严传俊,范玮,等.脉冲爆震发动机原理及关键技术[M].西安:西北工业大学出版社,2005.

[37] 于陆军.多循环脉冲爆轰发动机内、外流场的实验和数值研究[D].南京:南京理工大学,2010.

[38] 范宝春.两相系统的燃烧、爆炸和爆轰[M].北京:国防工业出版

社,1998.

[39] 归明月,范宝春.尖劈诱导的斜爆轰的胞格结构的数值研究[J].弹道学报,2012,24(2):83—87.

[40] 张博,白春华.气相爆轰动力学[M].北京:科学出版社,2012.

[41] Anderson J D. 计算流体力学入门[M].姚朝晖,周强,译.北京:清华大学出版社,2010.

[42] Heywood J B. Internal combustion engine fundamentals[M]. New York:McGraw Hill,Inc.,1988.

[43] Lewis B,Pease R H,Taylor H S. Combustion processes[M]. Princeton: Princeton University Press,1956.

[44] Gray B. Combustion engineering[M]. New York:McGraw Hill, Inc.,1999.

[45] Olikara C,Borman G L. A computer program for calculating properties of equilibrium products with some application to I. C. Engine, SAE Paper 750468,1975.

[46] Pletcher R H,Tannehill J C,Anderson D. Computational fluid mechanics and heat transfer[M]. 2nd editon. Washington:Hemisphere,1997.

[47] Minkowycz W J,Sparrow E M. Advances in numerical heat transfer [J]. New York:Taylor & Francis,1997(1).

[48] Fernandez‐Pello A C. Micropower generation using combustion: issues and approaches[C]. 29th International Combustion Symposium,Japan:Sapporo,2002:883—899.

[49] Chigier N,Gemci T. A review of micro-propulsion technology[C]. 41st Aerospace Sciences Meeting and Exhibit, Nevada:Reno, 2003:670,

[50] Maruta K. Micro and mesoscale combustion[J]. Proceedings of the Combustion Institute,2011,33(1):125—150.

[51] Ju Y,Maruta K. Microscale combustion:Technology development and fundamental research[J]. Progress in Energy and Combustion Science,2011,37(6):669—715.

[52] Waitz I A,Gauba G,Tzeng Y S. Combustors for micro-gas turbine engines[J]. Journal of Fluids Engineering Research Papers,1998 (120):109—117.

[53] Pan Z H，Fan B C，Zhang X D，et al. Wavelet pattern and self-sus-
tained mechanism of gaseous detonation rotating in a coaxial cylinder
[J]. Combustionand Flame，2011，158(11)：2220—2228.